应用化学

基础及其应用研究

YINGYONG HUAXUE JICHU JIQI YINGYONG YANJIU

谢海泉　何林　李杰　编著

中国水利水电出版社
www.waterpub.com.cn

内 容 提 要

本书主要论述了应用化学的基础知识、基本原理和主要技能。全书共 11 章,主要包括绪论、物质结构、化学反应速率和化学平衡、电解质溶液、有机化合物、金属材料、非金属材料、化学与能源、化学与环境、化学在日常生活中的应用、功能材料的进展等内容。

本书既可作为高等院校化学、化工、石油、生物、环境、医学、农学、材料等专业的基础课程教材,也可作为高专层次相关专业的教材和参考用书。

图书在版编目(CIP)数据

应用化学基础及其应用研究/谢海泉,何林,李杰
编著.--北京:中国水利水电出版社,2014.3 (2022.10重印)
ISBN 978-7-5170-1810-0

Ⅰ.①应… Ⅱ.①谢… ②何… ③李… Ⅲ.①应用化
学—研究 Ⅳ.①O69

中国版本图书馆 CIP 数据核字(2014)第 049160 号

策划编辑:杨庆川　　责任编辑:杨元泓　　封面设计:马静静

书 名	应用化学基础及其应用研究
作 者	谢海泉 何 林 李 杰 编著
出版发行	中国水利水电出版社
	(北京市海淀区玉渊潭南路 1 号 D 座 100038)
	网址:www.waterpub.com.cn
	E-mail:mchannel@263.net(万水)
	sales@mwr.gov.cn
	电话:(010)68545888(营销中心) 、82562819(万水)
经 售	北京科水图书销售有限公司
	电话:(010)63202643、68545874
	全国各地新华书店和相关出版物销售网点
排 版	北京鑫海胜蓝数码科技有限公司
印 刷	三河市人民印务有限公司
规 格	184mm×260mm　16 开本　16.75 印张　407 千字
版 次	2014年10月第1版　2022年10月第2次印刷
印 数	3001-4001册
定 价	58.00 元

凡购买我社图书,如有缺页、倒页、脱页的,本社发行部负责调换

前　言

化学是自然科学中的一个重要组成部分,它的研究对象是物质的化学变化。物质的化学变化取决于物质的化学性质,而化学性质又由物质的组成和结构所决定。因此,化学是研究物质组成、结构、性质、合成及其变化规律的一门自然科学。21世纪,人类的文明得到长足的进步,化学科学对此作出了重大的贡献,它已渗透到现代科学技术和人类生活的各个方面,起着日益重要的作用。

应用化学是化学科学中的一个重要的基础课程,主要涉及化学方面的基础知识、基本原理和基本技能,同时它又是一个在物理、化学、数学等学科基础上发展起来的交叉性很强的学科。基于此,特编撰了《应用化学基础及其应用研究》一书。

本书在编撰的过程中以贯彻理论知识,注重联系实际,强调应用为原则。全书共分11章:第1章绪论主要介绍了化学在社会发展中的作用与地位和应用化学所包含的内容;第2～5章由浅入深地分别讨论了物质结构、化学反应速率和化学平衡、电解质溶液和有机化合物等;第6、7章根据材料的分类分别对金属材料和非金属材料进行了探讨;第8～10章从社会发展中的各个方面研究了应用化学的具体应用,即化学与能源、化学与环境和化学在日常生活中的应用,通过这三章的内容,可以更清晰、更具体、更实际、更全方面地了解应用化学,理解应用化学;第11章探讨了功能材料的新进展,包括有机电致发光材料、富勒烯有机太阳能电池、糖类药物、高性能有机颜料、酞菁类功能材料。

本书与其他书籍相比,具有以下显著特点。

(1)是内容安排合理。针对应用化学知识点多、涉及面广的特点,本书采用由浅入深、层层渗透的方法将应用化学的知识点全面系统的展现出来。

(2)是联系实际,应用性强。针对应用化学学科应用性强、学科交叉性强的特点,本书注重淡化理论,强调应用,注重理论联系实际。

(3)是引入了生态文明理念。介绍了应用化学专业知识对人与人、人与社会和人与自然的影响和作用,强调了应用化学在社会发展和人类进步中的重要作用。

本书在编撰过程中,参考了大量有价值的文献与资料,吸取了许多宝贵经验,在此向这些文献的作者表示敬意。由于作者水平有限,书中难免有错误和疏漏之处,敬请广大读者和专家批评指正。

作者

2014年1月

目　　录

第1章 绪 论

1.1 化学在社会发展中的作用与地位

1.1.1 化学与生活

化学是自然学科和社会发展中的重要组成部分,化学对人类物质生活作出巨大的贡献。化学在改善和提高人类的生活质量、促进社会进步方面起着十分重要的作用,人们的生活、生产和经济的发展均离不开化学。人们居住着有化学材料建筑的公寓,穿着化学染色加工的服装,吃着化学肥料滋养培育出的食物,乘坐着靠化学加工生产出的汽车、火车或是飞机等等。可以说人类生活的世界是由化学组成。

俗话说:"民以食为天",化学的发展提高了农作物的产量,为人类提供了最根本的生活保障。化学研发的高效肥料、饲料添加剂、农药、农用材料、环境友好的生物肥料等都大大推动了农业的发展。

医学上,化学的发展使得人类对自身结构的认识更为清晰,因此,可以更好地了解生理、病理现象的本质,从而认识生命活动的规律。在疾病诊断的过程中,需要用化学手段对血、尿、胃液等进行化学检验;在治疗疾病的过程中,需使用药物,而药物的制备、药物药理作用的确定,都与化学结构和化学知识有关。化学的发展还使得许多历史性疾病的治愈成为了可能。

随着公众环保意识的提高和国家对环境治理的越来越重视,化学在环境保护方面的作用越来越突出。无论是控制、抑制生态或环境恶化,还是保护人类身体健康、改善环境质量和促进国民经济的持续发展等方面都发挥着重要作用。重污染企业的整治、废水污水的净化处理、大气污染的改善、温室效应的治理、臭氧层的保护等都主要涉及到化学方面的知识与技术。

1.1.2 化学与社会发展

化学与国民经济各个部门都有着非常密切的关系。化学在国防和工业现代化方面发挥着重要的作用。现代化的工业不仅急需研制各种性能的催化剂,还需研制高性能的金属、非金属和高分子材料以及开发新工艺。

1.纳米化学

纳米化学使化学在生命科学、环境、能源和材料等研究上发挥越来越重要的作用。从物理学角度或化学应用基础化学的角度来看,纳米级(10^{-9} m)的微粒,其性能由于表面原子或分子所占的比例超乎寻常地大而变得不同寻常。研究其特殊的催化性、光学、电学性质以及特别的量子效应已受到重视。纳米化学的研究进展将大大促进纳米材料的研究与应用。

2.绿色化学

绿色化学又叫清洁化学、环境友好化学、环境无公害化学,它是指用化学的原理、技术和方法去消除对人体健康、安全、生态环境有毒有害的化学品。为了强化环保,减沙污染,我国现阶段一方面,正在强制降低各种工业过程的废物排放,废料的净化处理和环境污染的治理;另一方面,鼓励并重视开发低污染或无污染的产品。因此,现代化学家除了要追求高效率和高选择性,还要追求反应过程的"绿色"。这种"绿色化学"将促使 21 世纪化学与其他学科之间相互渗透、相互融合,不断形成许多新的边缘学科和应用学科,如大分子化学、医学化学、药物化学、生物化学和环境化学等。

3.清洁生产

清洁生产是人类思想和观念的一种转变,是环境保护反被动为主动的行为转变。清洁生产包括清洁能源、清洁原料、清洁的生产过程和清洁的产品四个方面,通过化学新型催化剂书、化学生物工程技术、膜技术、微波化学技术、声化学技术、电化学技术、光化学技术等实现工业的低消耗、低污染、高产出、高效益的生产模式,从而实现我国工业的可持续发展。

化学知识不仅是化学工作者的专业知识,也是医务工作者的必备知识,更是人类在日常生活中需要掌握的的常识。化学的发展必将对生命科学、环境保护和新材料的合成等重大课题的研究起到重要的作用。因此说,化学是人类社会,是社会发展的动力。

1.2　应用化学的内容

应用化学是对原来无机化学、分析化学的基本理论、基本知识进行优化组合、整合而成的一门知识。应用化学包括以下基本内容:

(1)近代物质结构理论。研究原子结构、分子结构和晶体结构,了解物质的性质、化学变化与物质结构之间的关系。

(2)元素化学。在元素周期律的基础上,研究重要元素及其化合物的结构、组成、性质的变化规律,了解常见元素及其化合物在各有关领域中的应用。

(3)物质组成的化学分析法及有关理论。应用平衡原理和物质的化学性质,确定物质的化学成分、测定各组分的含量,即四种平衡在定量分析中的应用,掌握一些基本的分析方法。

(4)化学平衡理论。研究化学平衡原理以及平衡移动的一般规律,讨论酸碱平衡、沉淀溶解平衡、氧化还原平衡和配位平衡。

应用化学的基本内容可描述为:结构、平衡、性质、应用。学习应用化学要求理解并掌握物质结构的基础理论、化学反应的基本原理及其具体应用、元素化学的基本知识、培养运用理论去解决一般问题的能力。

任何科学研究几乎都要涉及化学现象与化学变化。应用化学的基本理论、基本知识以及基本实验技能都被运用到研究工作中。如化工新产品的开发研究、工艺参数的确定、食品新资源的开发、食品中的各种营养成分与有害元素的研究与测试、控制以及环境保护和环境监测、三废的监测治理及综合利用等都需要牢固扎实的化学基础。

第2章 物质结构

2.1 原子结构和元素周期律

2.1.1 波尔原子模型

1. 光与电磁辐射

1865 年,麦克斯伟指出光是电磁波,即电磁辐射的一种形式。太阳或白炽灯发出的白光通过三棱镜时,其中不同波长的光折射的程度不同,形成红、橙、黄、绿、蓝、靛、紫等没有明显界限的光谱,这类光谱称为连续光谱。一般炽热的固体、液体、高压气体所发出的光都形成连续光谱。

人类肉眼能观察到的电磁辐射,波长范围是 $400\sim700$ nm,这仅仅是电磁辐射的一小部分。电磁辐射包括无线电波、TV 波、微波、红外射线、可见光、紫外射线、X 射线、γ 射线和宇宙射线,如图 2-1 所示。这些不同形式的辐射在真空中均以光速运行。它们的区别只在于频率、波长的不同。电磁辐射的频率与波长的乘积等于光速,即

$$c = \nu\lambda$$

式中,ν 为频率,Hz;λ 为波长,m;c 为光速,$c=2.998\times10^8$ m·s^{-1}。

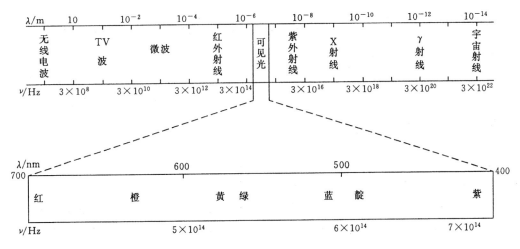

图 2-1 电磁辐射与可见光

2.氢原子光谱

氢原子是最简单的原子,人们对原子结构的研究从研究氢原子结构开始。将白光通过三棱镜后,产生红、橙、黄、绿、青、蓝、紫七种颜色的谱带,波长连续,称为连续光谱。若将化学元素置于高温环境(火焰或电弧)中,所发射出的光谱通过三棱镜后,则会得到一系列不连续的线状光谱,称为原子光谱。

1885 年,巴尔麦在可见光区观察氢原子的发射光谱时发现光谱线的波长符合如下经验公式:

$$\lambda = B \frac{n^2}{n^2 - 4}$$

式中,λ 为波长;B 为常数;n 为大于 2 的正整数。

1913 年,里德堡找出了能概括氢原子光谱各线系频率的经验公式:

$$\nu = R\left(\frac{1}{n_1^2} - \frac{1}{n_2^2}\right) \text{ s}^{-1} \tag{2-1}$$

式中,$R = 3.29 \times 10^{15}$ s^{-1},海森堡常数;n_1 和 n_2 为正整数,且 $n_2 > n_1$。

式(2-1)为著名的里德堡方程。

3.玻尔理论

1900 年,普朗克为了解释黑体辐射的实验事实,提出了著名的量子论。他认为,在微观领域里能量是不连续的,物质吸收或辐射的能量总是一个最小的能量单位的整数倍,即

$$E_n = nE \qquad n = 1,2,3\cdots \text{ 正整数}$$

能量的这种不连续性,称为(能量)量子化,E 称为能量子。能量子的大小与辐射的频率 ν 成正比,即

$$E_{(能量子)} = h\nu_{(能量子)}$$

式中,h 为普朗克常数。

1905 年,爱因斯坦为了解释光电效应,提出了光子学说。他认为光子的能量与光的频率 ν 成正比:

$$E_{(光子)} = h\nu_{(光子)}$$

式中,h 为普朗克常数。

1913 年,波尔在卢瑟福原子模型的基础上,根据原子光谱为线状光谱的事实,吸收了普朗克的量子论和爱因斯坦的光子学说,提出了以下点假设:

(1)在原子中,电子只能在符合一定条件的某些特定轨道上运动。这些轨道的角动量为

$$P = m\upsilon r = n\frac{h}{2\pi}$$

式中,P 为角动量;n 为主量子数,其取值为 1,2,3,…,正整数;m 为电子的质量;υ 为电子运动的线速率;r 为电子运动轨道的半径。

符合量子化条件的轨道称为能级。电子在稳定轨道上运动时不辐射能量。

(2)离核近的轨道能量低,离核远的轨道能量高。正常情况下,原子中的电子总是尽可能处在能量最低的轨道上,也称原子处于基态。当原子从外界吸收能量时,电子从基态跃迁到能

量较高的轨道上,这时原子和电子处于激发态。

(3)处于激发态的电子不稳定,很快跳回较低能级,同时以光的形式辐射能量,光的频率取决于轨道的能量之差,即

$$\nu = \frac{E_2 - E_1}{h}$$

波尔根据上述基本假设,计算出氢原子原子轨道的能量为

$$E = -\frac{2.18 \times 10^{-18}}{n^2} \quad \text{J}$$

式中,负号表示电子被原子核吸引。

将 E_1 和 E_2 带入光频率之差的表达式得

$$\nu = 3.29 \times 10^{15} \left(\frac{1}{n_1^2} - \frac{1}{n_2^2} \right) \quad \text{s}^{-1}$$

上式与海森堡方程完全吻合。

玻尔原子模型成功地解释了氢原子和类氢粒子(如 He^+、Li^{2+}、Be^{3+} 等)的光谱现象。时至今日,波尔提出的关于原子中轨道能级的概念仍然有用。但是玻尔理论有着严重的局限性,它只能解释单电子原子(或离子)光谱的一般现象,不能解释多电子原子光谱,其根本原因在于玻尔的原子模型是建立在牛顿的经典力学理论基础上的。它的假设是把原子描绘成一个太阳系,认为电子在核外运动就犹如行星围绕着太阳旋转,会遵循经典力学的运动规律。但实际上电子这样微小、运动速度又极快的粒子在极小的原子体积内的运动不遵循经典力学的运动定律。玻尔理论的缺陷促使人们去研究和建立能描述原子内电子运动规律的量子力学原子模型。

2.1.2　原子结构的近代概念

1926 年,薛定谔(E. Schrodinger)奥地利科学家建立起描述微观粒子运动规律的量子力学理论。人们运用量子力学理论研究原子结构,逐步形成了原子结构的近代概念。

2.1.2.1　电子的波粒二象性

17～18 世纪,关于光的本质问题存在着两种学说,即微粒说和波动说。人们对这两种学说一直争论不休,直到 20 世纪初才逐渐认识到光既有波的性质又有粒子的性质,即光具有波粒二象性。1905 年,爱因斯坦在他的光子学说中提出了联系二象性的关系式:

$$p = \frac{h}{\lambda} \tag{2-2}$$

式中,p 是为动量表征粒子性的物理量;λ 为波长,表征波动性的物理量;h 为普朗克常数。式(2-2)很好地揭示了光的波粒二象性的本质。

1924 年,德布罗意(de Bröglie 法国科学家)受到光的二象性启发,大胆提出电子、原子等实物粒子也具有波粒二象性的假设。这种微粒的波称为物质波,也称德布罗意波,并提出了表征粒子性的质量和表征波动性的波长之间存在如下关系:

$$\lambda = \frac{h}{p} = \frac{h}{mv} \tag{2-3}$$

式(2-3)即著名的德布罗意关系式。式中,v 为粒子运动的速度;h 为为普朗克常数。它

虽然形式上与爱因斯坦关系式相同,但却完全是一个新的假定,因为它不仅适用于光,而且适用于电子等实物粒子。它将微观粒子的波动性与粒子性通过普朗克常数 h 联系起来。

德布罗意关系式的正确性很快被证实了。1927 年美国物理学家 Davisson C 和 Germer L 用电子束代替 X 射线,用镍晶体薄层作光栅进行衍射实验,得到与 X 射线衍射类似的图像,如图 2-2(a)所示。同年英国的 Thomson G 用金箔作光栅也得到类似的电子衍射图。

电子的波动性既不意味着电子是一种电磁波,也不意味着电子在运动过程中以一种振动的方式行进,电子的波动性与电子运动的统计性规律相关。以电子衍射为例,让一束强的电子流穿越晶体投射到照相底片上,可以得到电子的衍射图像。如果电子流很微弱,几乎只能让电子一个一个射出,只要时间足够长,也可形成同样的衍射图像,如图 2-2 (b)、(c)所示。也就是说,一个电子每次到达底片上的位置是随机的,不能预测,但多次重复以后,电子到达底片上某个位置的概率就显现出来了。衍射图像上,亮斑强度大的地方,电子出现的概率大;反之,电子出现少的地方,亮斑强度就弱。所以,电子波是概率波,它反映了电子在空间区域出现的概率。电子运动遵循统计规律。

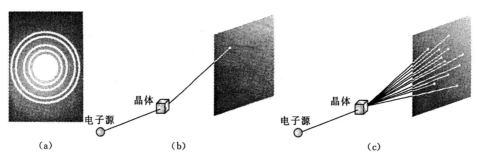

图 2-2　电子衍射图

2.1.2.2　原子轨道

1. 波函数

1926 年,薛定谔根据波粒二象性的概念提出了一个描述微观粒子运动的基本方程为薛定谔波动方程。这个方程是一个二阶偏微分方程,即

$$\left(\frac{\partial^2 \psi}{\partial x^2} + \frac{\partial^2 \psi}{\partial y^2} + \frac{\partial^2 \psi}{\partial z^2}\right) + \frac{8\pi^2 m}{h^2}(E - V)\varphi = 0$$

式中,ψ 为波函数,h 为普朗克常量,m 为粒子的质量,x、y、z 为粒子的空间坐标;E 为氢原子的总能量,V 为电子的势能(亦即核对电子的吸引能)。对氢原子体系来说,波函数 ψ 是描述氢核外电子运动状态的数学表示式,是空间坐标 x、y、z 的函数 $\psi = f(x、y、z)$ 解一个体系(如氢原子体系)的薛定谔方程,一般可以得到一系列的波函数 ψ_{1s},ψ_{2s},ψ_{2p_x},$\cdots$,ψ_i 和相应的一系列能量值 E_{1s},E_{2s},E_{2p_x},$\cdots$,E_i。方程式的每一个合理的解 ψ_i 代表体系中电子的一种可能的运动状态。例如,基态氢原子中电子所处的能态:

$$\psi_{1s} = \sqrt{\frac{1}{\pi a_0^3}}\, e^{-r/a_0} \qquad E_{1s} = -2.179 \times 10^{-18}\,\text{J}$$

式中，r 为电子离原子核的距离；a_0 为玻尔半径，$a_0 = 53 \text{ pm}$。

可见，在量子力学中用波函数和与其对应的能量 a_0 描述微观粒子运动状态。原子中电子的波函数 ψ 既然是描述电子运动状态的数学表示式，而且又是空间坐标的函数，其空间图像可以理解为电子运动的空间范围，俗称"原子轨道"。原子轨道与玻尔原子模型所指的原子轨道截然不同：前者指电子在原子核外运动的某个空间范围；后者指原子核外电子运动的某个确定的圆形轨道。

2.原子轨道的角度分布

波函数 ψ 描述原子中电子运动状态的数学表达式，解薛定谔方程可得出一系列波函数 ψ，它们是三维空间坐标函数。每一个 ψ 都代表着电子在原子中的一种运动状态。求解薛定谔方程时，为了数学处理方便，用极坐标代替直角坐标，把直角坐标表 $\psi(x、y、z)$ 转换成球极坐标表示的 $\psi(r, \theta, \varphi)$。球极坐标与直角坐标的关系如图 2-3 所示。为了方便起见，通常把 $\psi(r, \theta, \varphi)$ 描述的一种电子运动状态仍称为一个原子轨道，即波函数 ψ 就是原子轨道。但这里原子轨道仅仅是波函数 ψ 的代名词，绝无经典力学中的轨道含义。$\psi(r, \theta, \varphi)$ 将在球极坐标中作图，可以得到原子轨道的图形表示，如图 2-4 实线部分表示。

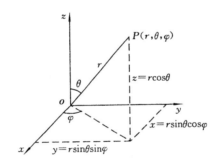

图 2-3　将直角坐标转换成球极坐标

3.概率密度与电子云

在光的波动方程中，ψ 代表电磁波的电磁场强度。由于

$$\text{光的强度} \propto \text{光子密度}$$

而光的强度又与电磁场强度（ψ）的绝对值平方成正比，即

$$\text{光的强度} \propto |\psi|^2$$

所以，光子密度与 $|\psi|^2$ 成正比。同理，在原子核外某处空间，电子出现的概率密度（ρ）也是与该处波函数（ψ）的绝对值平方成正比，即

$$\rho \propto |\psi|^2$$

但在研究 ρ 时，有实际意义的只是它在空间各处的相对密度，而不是其绝对值本身，故作图时可不考虑 ρ 与 $|\psi|^2$ 之间的比例常数，因而电子在原子内核外某处出现的概率密度可直接用 $|\psi|^2$ 来表示。

由于电子在核外的高速运动，并不能肯定某一瞬间它在空间所处位置，只能用统计方法推

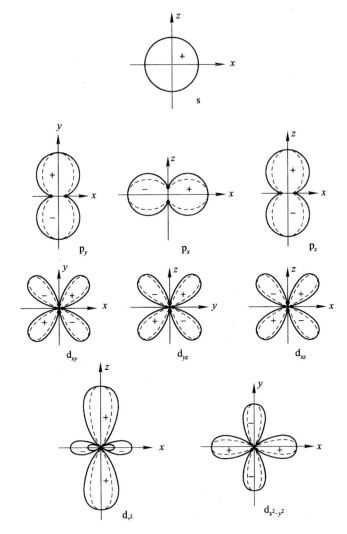

图 2-4　s、p、d 原子轨道(实线部分)、电子云(虚线部分)角度分布剖面图

算出在空间各处出现的概率,或者是电子在空间单位体积内出现的概率,即概率密度。如果用密度不同的小黑点来形象地表示电子在原子中的概率密度分布,所得图像称为电子云。所以,用 $|\psi|^2$ 作图可以得到电子云的近似图像。电子云的图像也是分别从角度分布和径向分布去表达的。图 2-5 为基态氢原子中电子的概率密度分布及电子云示意图。

电子云的角度分布图(见图 2-4 的虚线部分)与原子轨道角度分布图相比,两种图形基本相似,但有两点区别:①原子轨道的角度分布图带有正、负号,而电子云的角度分布图均为正值,通常不标出;②电子云角度分布的图形比较"瘦"些。

4.测不准原理

1927 年,海森伯格(Heisenberg)德国物理学家指出:人们不可能同时准确地测定微观粒子的空间位置和动量。这一观点称为测不准原理,它的数学表达式为

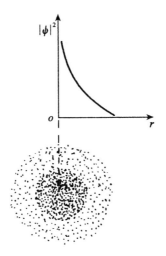

图 2-5　基态氢原子中电子概率密度分布及电子云

$$\Delta x \Delta p \geqslant \frac{h}{2\pi}$$

或

$$\Delta x \geqslant \frac{h}{2\pi m \Delta v} \qquad (2-4)$$

式中，Δx 为粒子位置的测量偏差；Δp 为粒子动量的测量偏差；Δv 为粒子运动速率的测量偏差。

　　式(2—4)说明，微观粒子位置的测量偏差 Δx 越小，则相应的动量的测定偏差 Δp 和速率的测定偏差 Δv 就越大；反之亦然。

　　测不准原理是粒子波动性的必然结果。如果微观粒子如同宏观物体那样在一个精确的轨道上运动，那就意味着它既有确定的位置同时又具有确定的速度，这违背了测不准原理，微观粒子的运动不存在确定的轨迹，不遵循经典力学规律。

　　2.1.2.3　量子数

　　描述原子中各电子的状态，包括电子所在的电子层和原子轨道的能级、形状、延展方向、以及电子的自旋方向等，需要主量子数、角量子数、磁选量子数和自旋量子数四个参数。

　　1.主量子数

　　主量子数用符号 n 表示。它是决定电子能量的主要因素。它可以取任意正整数值（即 1，2，…）。电子能量的高低主要取决于主量子数，h 越小能量越低，当 $n = 1$ 时能量最低。H 原子核外只有一个电子，能量只由主量子数决定，即 $E = -\dfrac{R_H}{n^2}$。

　　主量子数还决定电子离核的平均距离，或者说决定原子轨道的大小，所以 n 也称为电子层。n 越大，电子离核的平均距离越远，原子轨道也越大。具有相同量子数 n 的轨道属于同一电子层。按光谱学习惯，电子层的符号表示见表 2-1。

表 2-1　主量子数、电子层数名称和电子层符号对应的关系

n	1	2	3	4	5	6	…
电子层名称	第一层	第二层	第三层	第四层	第五层	第六层	…
电子层符号	K	L	M	N	O	P	…

电子层能高低顺序：

$$K<L<M<N<O<P$$

2.角量子数

角量子数用符号 l 表示。它决定原子轨道的形状。它的取值受主量子数限制,只能取小于 n 的正整数和零(即 $0,1,2,\cdots,(n-1)$),共可取 n 个值,给 n 种不同形状的轨道。

在多电子原子中,角量子数还决定电子能量高低。当 n 一定时,即在同一电子层中,l 越大原子轨道能量越高,所以 l 又称为能级或电子亚层。按光谱学习惯,见表 2-2。

表 2-2　主量子数与角量子数的关系

n	1	2	3	4
l	0	0,1	0,1,2	0,1,2,3

每个 l 值代表一个亚层,亚层用光谱符号 s,p,d,f 等表示。角量子数、亚层符号及原子轨道对应关系式见表 2-3。

表 2-3　角量子数、亚层符号及原子轨道形状对应的关系

l	0	1	2	3
亚层符号	s	p	d	f
原子轨道或电子云形状	球形	哑铃形	花瓣形	花瓣形

同一电子层中,随着 l 数值的增大,原子轨道能量也依次升高,即 $E_{ns}<E_{np}<E_{nd}<E_{nf}$。

3.磁选量子数

磁量子数用符号 m 表示。它决定原子轨道的空间取向。它的取值受角量子数的限制,可以取 -1 到 $+1$ 共 $2l+1$ 个值(即 $0,\pm1,\pm2,\cdots,\pm l$。所以,l 亚层共有 $2l+1$ 个不同空间伸展方向的原子轨道。例如,$l=1$ 时,磁量子数可以有三个取值(即 $m=0,\pm1$),p 轨道有三种空间取向,或者说这个亚层有 3 个 p 轨道。磁量子数与电子能量无关,这 3 个 p 轨道的能级相同,能量相等,称为简并轨道或等价轨道。

量子数 n,l,m 的组合很有规律。例如,$n=1$ 时,l 和 m 只能等于 0,量子数组合只有一种,即 $(1,0,0)$,这说明 K 电子层只有一个能级,也只有一个轨道,这个轨道可以表示为 $\psi_{1,0,0}$ 或 ψ_{1s}。$\psi_{1,0,0}$ 或 ψ_{1s} 也称为 1s 轨道。当 $n=2$ 时,l 可以等于 0 和 1,所以 L 电子层有两个能级。当 $n=2$,$l=0$ 时,m 只能等于 0,只有一个轨道 $\psi_{2,0,0}$ 或 ψ_{2s};当 $n=2$,$l=1$ 时,m 可以等于 0、±1,有三个轨道：$\psi_{2,1,0}$、$\psi_{2,1,1}$、$\psi_{2,1,-1}$ 或 ψ_{2p_x}、ψ_{2p_y}、ψ_{2p_z}。ψ_{2p_x}、ψ_{2p_y}、ψ_{2p_z} 分别表示、p_x、p_y 和 p_z 轨道。L 电子层共有 4 个轨道,其中 s 能级 1 个、p 能级 3 个。由此类推,每个电子层

的轨道总数为 n^2 。表 2-4 给出了 n 、 l 和 m 之间的关系。

表 2-4　 n , l , m 之间的关系

主量子数（ n ）	1	2		3			4			
电子层符号	K	L		M			N			
角量子数（ l ）	0	0	1	0	1	2	0	1	2	3
电子亚层符号	1s	2s	2p	3s	3p	3d	4s	4p	4d	4f
磁量子数 m	0	0	0 ±1	0	0 ±1	0 ±1 ±2	0	0 ±1	0 ±1 ±2	0 ±1 ±2 ±3
亚层轨道数（ $2l+1$ ）	1	1	3	1	3	5	1	3	5	7
电子层轨道数 n^2	1	4		9			16			

4. 自旋量子数

自旋量子数用符号 m_s 表示。一个原子轨道由 n 、 l 和 m 三个量子数决定，但要描述电子的运动状态还需要有第四个量子数即自旋量子数，它不是通过解薛定谔方程得到的。自旋量子数可以取 $+\dfrac{1}{2}$ 和 $-\dfrac{1}{2}$ 两个值，分别表示电子自旋的两种相反方向。电子自旋方向也可用箭头符号"↑"和"↓"表示。两个电子的自旋方向相同称为平行自旋，方向相反称为反平行自旋。电子的运动状态由 n 、 l 、 m 和 m_s 四个量子数确定。

2.1.3　核外电子排布

2.1.3.1　基态电子分布原理

1. 泡利原理

1925 年，泡利(Pauli)瑞士科学家，根据实验结果以及周期系中每一周期元素的数目提出了一个假设：在同一个原子中不可能有四个量子数完全相同的两个电子。这一假设称为泡利不相容原理。

根据泡利不相容原理，每个原子轨道最多能容纳两个电子，而且这两个电子的自旋方向必须相反。

例如，氢原子的 1s 原子轨道中有两个电子，其中一个电子的量子数 n 、 l 、 m 、 m_s 如果是 $(1,0,0,+1/2)$ ，则另一个电子的量子数必然是 $(1,0,0,-1/2)$ 。

He、Li 原子中电子填充的轨道表示式及电子排布式如下：

$$\begin{array}{lll}
\text{He} & \boxed{\uparrow\downarrow} & 1s^2 \\
\text{Li} & \boxed{\uparrow\downarrow}\ \boxed{\uparrow} & 1s^2 2s^1 \\
& 1s\quad 2s &
\end{array}$$

2.洪德规则

碳原子核外有 6 个电子,其中 2 个排布在 1s 轨道上,2 个排布在 2s 轨道上,剩余 2 个将排布在 2p 轨道上。但 2p 轨道有 3 个伸展方向,那么这两个电子是在同一个 p 轨道上,还是分占两个 p 轨道? 如果分占两个 p 轨道,电子自旋方向是相同还是相反?

为了回答这样一类问题,物理学家洪德(Hund,德)从光谱实验中总结出一个规律:在等价轨道上分布的电子,总是尽先占据磁量子数不同的轨道,且自旋方向相同,称为洪德规则。

根据洪德规则,碳原子中电子填充的轨道表示式及电子排布式如下:

C　　⊛ ⊛　　⊕ ⊕ ○　　$1s^2 2s^2 2p^2$
　　1s 2s　　　2p

另外,作为洪德规则的特例,等价轨道全充满、半充满或全空的状态是比较稳定的。全充满、半充满和全空的结构分别表示如下:

全充满 p^6,d^{10},f^{14}
半充满 p^3,d^5,f^7
全空 p^0,d^0,f^0

3.能量最低

多电子原子处于基态时,核外电子的分布在不违背泡利原理的基础上,总是尽可能分布在能量较低的轨道上,以使电子处于能量最低的状态。

2.1.3.2 影响轨道能量的因素

在已发现的一百多种元素中,除氢以外的原子都是多电子原子。在多电子原子中,电子不仅受原子核的吸引,而且还存在着电子之间的相互排斥,导致能级发生变化,出现能级分裂和能级交错现象。

量子力学认为,能级分裂和能级交错现象的产生与屏蔽效应和钻穿效应有关。

1.屏蔽效应

单电子原子或离子核外只有一个电子,这个电子只存在与原子核之间的作用力,电子的能量只与主量子数有关,即

$$E = -\frac{2.18 \times 10^{-18} Z^2}{n^2} \quad \text{J}$$

式中,Z 为核电荷数。

在多电子原子中,每个电子不仅受到原子核的吸引而且还要受到其他电子的排斥。例如,锂原子核带三个正电荷,核外有三个电子,第一层有两个电子,第二层有一个电子。对于第二层的一个电子来说,除了受到原子核对它的引力作用之外,还受到第一层两个电子对它的排斥力的作用。这种内层电子的排斥作用可以考虑为对核电荷 Z 的抵消或屏蔽,相当于使原子核有效电荷数的减小,即

$$Z^* = Z - \sigma$$

式中，Z^* 为有效核电荷；σ 为屏蔽常数，表示由于电子间的斥力使核电荷减小的部分。

这种在多电子原子中，电子间相互排斥造成的原子核对电子引力减弱的作用，称为屏蔽效应。多电子原子中某个电子的能量便可近似求出：

$$E = \frac{2.18 \times 10^{-18}(Z-\sigma)^2}{n^2} \quad \text{J}$$

屏蔽常数可依据斯莱特规则近似计算。

斯莱特规则的主要内容有：

将原子中的电子分为(1s)(2s,2p)(3s,3p)(3d)(4s4p)(4d)(4f)(5s5p)…

(1)同组内电子的屏蔽，1s 电子之间 $\sigma = 0.30$，其他 $\sigma = 0.35$。

(2)左边各组对右边各组电子的屏蔽，除 $(n-1)$ 层各电子对 ns 或 np 电子的 $\sigma = 0.85$ 外，其他 $\sigma = 1.00$。

(3)右边各组对左边各组电子不存在屏蔽效应，即 $\sigma = 0$。

在计算某原子中某个电子的 σ 值时，可将有关屏蔽电子对该电子的 σ 值相加而得。

2. 钻穿效应

原子轨道不仅按能量高低分层排布而且还存在渗透现象，这种外层电子钻进内层电子的内部空间，一方面能够较好的避免其他电子的屏蔽，另一方面受到原子核的吸引力较强，使轨道能量降低。这种电子的渗透作用使轨道能量降低的现象称钻穿效应。

不同的电子，钻穿本领不同，能量降低程度也不同。对于 n 相同、l 不同的电子，l 越小钻穿的越深，能量越低

$$E_{ns} < E_{np} < E_{nd} < E_{nf}$$

从而出现能级分裂。对于 n 较大、l 较小的电子，当钻穿效应显著时，其能量有可能比 n 较小，l 较大的电子低，即可能出现能级交错现象。例如，在 15～20 号元素中就出现了 $E_{4s} < E_{3d}$ 的现象。

由此可见，屏蔽效应主要考虑某被屏蔽电子所受的屏蔽作用，而钻穿效应则主要考虑某被屏蔽电子避开其他电子对它的屏蔽影响。它们从不同角度说明了多电子原子中电子之间相互作用对轨道能量的影响。

2.1.3.3　多电子原子的能级

鲍林根据大量的光谱实验数据和理论计算结果，提出了多电子原子中的原子轨道近似能级图，如图 2-6 所示。

在图中每一个小圆圈代表一个原子轨道。每个小圆圈所在的位置的高低就表示这个轨道能量的高低(但并未按真实比例绘出)。图中还根据各轨道能量大小的相互接近情况，把原子轨道划分为若干个能级组(图中实线方框 内各原子轨道的能量较接近，构成一个能级组)。以后我们将会了解："能级组"与元素周期表的周期是相对应的。

由图 2-6 可以看出：

(1)各电子层能级相对高低为 K<L<M<N<O<P<…。

(2)同一原子同一电子层内，对多电子原子来说，电子间的相互作用造成同层能级的分裂。各亚层能级的相对高低为 $E_{ns} < E_{np} < E_{nd} < E_{nf} < \cdots$。

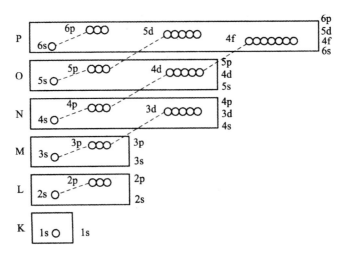

图 2-6 鲍林近似能级图

(3)同一电子亚层内,各原子轨道能级相同,如 $E_{np_x} = E_{np_y} = E_{np_z}$。

(4)同一原子内,不同类型的亚层之间,有能级交错现象,例如,$E_{4s} < E_{3d} < E_{4p} < E_{5s} < E_{4d} < E_{5p}$,$E_{6s} < E_{4f} < E_{5d} < E_{6p}$。

2.1.3.4 核外电子填入轨道的顺序

核外电子的分布是客观事实,本来不存在人为地向核外原子轨道填入电子以及填充电子的先后次序问题,但这作为研究原子核外电子运动状态的一种科学假想,对了解原子电子层的结构有益。

对多电子原子来说,由于紧靠核的电子层一般都布满了电子,所以其核外电子的分布主要

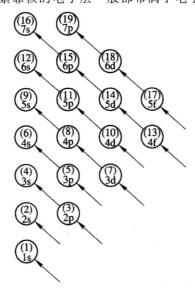

图 2-7 电子填充轨道顺序图

看外层电子的分布。鲍林近似能级图能反映外电子层中原子轨道能级的相对高低,因此也能反映核外电子填入轨道的先后顺序。

应用鲍林近似能级图并根据能量最低原理,可以设计出核外电子填入轨道顺序,如图 2-7 所示。有了核外电子填入轨道顺序图,再根据泡利不相容原理、洪德规则和能量最低原理,就可以准确无误地写出 91 种化学元素原子的核外电子分布式来。

在已知的 115 种元素中,有 19 种元素($_{24}$Cr、$_{29}$Cu、$_{41}$Nb、$_{42}$Mo、$_{44}$Ru、$_{45}$Rh、$_{46}$Pd、$_{47}$Ag、$_{57}$La、$_{58}$Ce、$_{64}$Gd、$_{78}$Pt、$_{79}$Au、$_{89}$Ac、$_{90}$Th、$_{91}$Pa、$_{92}$U、$_{93}$Np、$_{96}$Cm)原子外层电子的分布情况稍有例外。这是因为,对于同一电子亚层,当电子分布为全充满(p^6 或 d^{10} 或 f^{14})、半充满(p^3 或 d^5 或 f^7)或全空(p^0 或 d^0 或 f^0)时,电子云分布呈球状,原子结构较稳定。亚层全充满分布的例子如 $_{29}$Cu,它的电子分布式为…$3d^{10}4s^1$,而不是…$3d^94s^2$,此外 $_{46}$Pd、$_{47}$Ag 、$_{79}$Au 也有类似情况;亚层半充满的例子如 $_{24}$Cr,它的电子分布式为…$3d^54s^1$,而不是 $3d^44s^2$。

2.1.3.5　简单基态阳离子的核外电子排布

根据鲍林能级图,基态原子外层轨道能级高低顺序为:$E_{ns} < E_{(n-2)f} < E_{(n-1)d} < E_{np}$ 若按此顺序,Fe^{2+} 的电子分布式似应为:$[Ar]3d^44s^2$,但根据实验证实,Fe^{2+} 的电子分布式实为:$[Ar]3d^64s^0$。原因是阳离子的有效核电荷比原子的多,造成基态阳离子的轨道能级与基态原子的轨道能级有所不同。

通过对基态原子和离子内轨道能级的研究,从大量光谱数据中归纳出如下经验规律:

基态原子外层电子填充顺序: $\rightarrow ns \rightarrow (n-2)f \rightarrow (n-1)d \rightarrow np$。

价电子电离顺序: $\rightarrow np \rightarrow ns \rightarrow (n-1)d \rightarrow (n-2)f$。

2.1.4　元素周期表及元素周期律

2.1.4.1　元素的周期和族

1. 周期

化学元素周期表中共有 7 行,即有 7 个周期。第一周期有 2 种元素,称为特短周期;第二、三周期各有 8 个元素,称为短周期;第四、五周期有 18 个元素,称为长周期;第六周期有 32 个元素,称为特长周期;第七周期元素尚未填满,称为不完全周期。

从原子核外电子的排布规律可以看出,能级组的划分是元素划分为周期的本质原因。一个周期相应于一个能级组。每当一个新的能级组开始填充电子时,周期表中就开始了一个新的周期,而当该能级组中的各原子轨道被电子全部充满时,这个周期也就结束了。因此,每一周期所包含的元素数目恰好等于该能级组所能容纳的最多电子数,元素所在的周期数等于相应能级组的序数,也等于该元素原子的电子数。

2. 族

长式周期表从左到右共有 18 列。每一列中元素具有相似的价层电子结构和相似的化学性质,如同一个家族一样。关于族的划分,目前主要有两种方法:一种是国际纯粹与应用化学联合会 1986 年推荐的方法,即每列为一族,共分为 18 个族,从左到右分别用 1~18 标明族数;

另一种是我国广泛采用的方法。考虑到第 8、9、10 三列元素既具有纵向相似性又具有水平相似性(指同一周期的三个元素化学性质相似),将其合为一族。因此,周期表中的元素共划分为 16 个族,其中 7 个主族(ⅠA～ⅦA,分别对应第 1、2、13～17 列),7 个副族(ⅠB～ⅦB,分别对应第 11、12、3～7 列)及Ⅷ族(第 8、9、10 三列)和零族(第 18 列)。

族的序数与元素的价层电子结构有一定的关系。按照我国广泛采用的方法,主族元素的序数等于价层电子的总数;ⅠB、ⅡB 族的序数等于最外层电子数;Ⅲ B～ⅦB 族的序数通常等于元素的价层电子的总数(镧系和锕系除外);Ⅷ族价层电子总数分别为 8、9、10;零族元素最外电子层处于全充满状态,电子数为 8 或 2。

2.1.4.2 元素的分区

根据元素原子价电子构型的不同,可以把元素在周期表中所在的位置分为 s,p,d,ds,f 五个区,如图 2-8 所示。

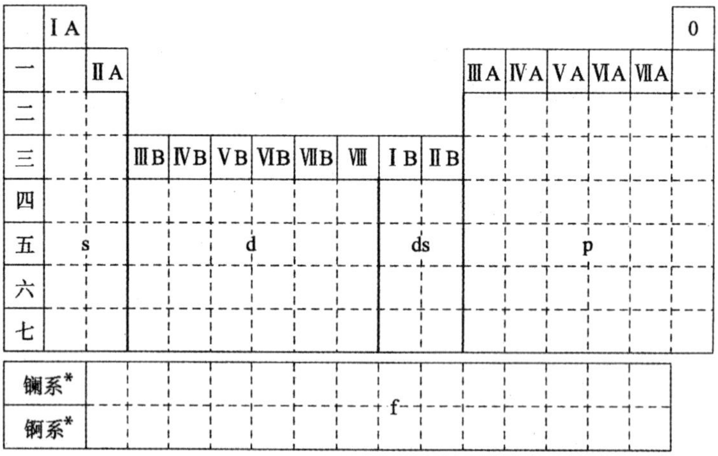

图 2-8 长式周期表元素分布示意图

s 区:价层电子构型为 $ns^1 \sim ns^2$,包括ⅠA、ⅡA 族。

p 区:价层电子构型为 $ns^2np^1 \sim ns^2np^6$ (He 除外),包括ⅢA～ⅦA 族、零族。

d 区:价层电子构型一般为 $(n-1)d^1ns^2 \sim (n-1)d^9ns^2$,包括ⅢB～ⅦB 族、Ⅷ族。

ds 区:价层电子构型为 $((n-1)d^{10}ns^1 \sim (n-1)d^{10}ns^2$,包括ⅠB～ⅡB 族。通常将 ds 区元素和 d 区元素合在一起,统称过渡元素。

f 区:价层电子构型一般为 $(n-2)f^{1\sim14}(n-1)d^{0-2}ns^2$,包括镧系元素和锕系元素。通常称 f 区元素为内过渡元素。

2.1.4.3 元素性质的周期性

1. 原子半径

原子在化合物及晶体中,化学键的类型不同,同一元素在不同情况下测得的原子半径数值也不相同。通常分共价半径、金属半径和范德华半径。

元素的半径随着原子序数的增加呈现周期性的变化。影响原子半径的因素主要是原子的有效电荷和主量子数 n。主要变化规律如下。

（1）Z 同一周期的主族元素其电子层数相同，而有效核电荷 Z^* 从左到右依次明显递增，原子半径随之递减。

（2）同族元素从上到下由于电子层数增加，原子半径逐渐增大。

（3）过渡元素的有效核电荷 Z^* 增加缓慢，原子半径减小也较缓慢，镧系元素从镧到镥因增加的电子填入靠近内层的 f 亚层，而使有效核电荷 Z^* 增加得更为缓慢，故镧系元素的原子半径自左向右的递减也更趋缓慢。

镧系元素原子半径的这种缓慢递减的现象称为镧系收缩。尽管每个镧系元素的原子半径减小得都不多，但 14 种镧系元素半径减小的累计值还是可观的，且恰好使其后的几个第 6 周期副族元素与对应的第 5 周期同族元素的原子半径十分接近，以致 Y 和 Lu，Nb 和 Ta，Mo 和 W 及 Zr 和 Hf 等的半径和性质十分相近，此即镧系收缩效应。

2.电离能(I)

电离能是元素的一个气态原子在最低能态时失去电子成为气态阳离子时所需要的能量。失去第一个电子成为气态 +1 价阳离子所需要的能量称为该元素的第一电离能，以 I_1 表示，其单位为 $kJ \cdot mol^{-1}$。从气态 +1 价阳离子再失去一个电子成为气态 2 价阳离子所需要的能量，称为第二电离能，以 I_2 表示，其余类推。随着原子逐步失去电子所形成的离子正电荷数越来越多，失去电子变得越来越难。因此，同一元素原子的各级电离能依次增大，例如：

$$Li(g) - e^- = Li^+(g) \qquad I_1 = 520.2 \ kJ \cdot mol^{-1}$$
$$Li^+(g) - e^- = Li^{2+}(g) \qquad I_2 = 7298.1 \ kJ \cdot mol^{-1}$$
$$Li^{2+}(g) - e^- = Li^{3+}(g) \qquad I_2 = 11815 \ kJ \cdot mol^{-1}$$

电离能的大小反映原子失电子的难易，通常用第一电离能 I_1 来衡量原子失去电子的能力。电离能越小，原子失去电子越容易，金属性越强；反之，电离能越大，原子失去电子越难，金属性越弱。电离能的大小主要取决于原子的有效核电荷、原子半径和原子的电子层结构。各元素的第一电离能随着原子序数的增加呈现周期性的变化，如图 2-9 所示。

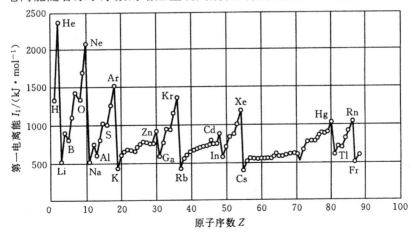

图 2-9　第一电离能的周期性变化

同一周期,从碱金属到卤素,原子半径逐渐减小,原子的最外层电子数逐渐增多,电离能逐渐增大。IA 族的 I_1 最小,稀有气体的 I_1 最大。长周期的中部过渡元素,由于电子增加到次外层,有效核电荷增加不多,原子半径减小缓慢,电离能仅略有增加。N、P、As、Be、Mg 等元素的电离能均比它们后面元素的电离能大,这是由于它们的电子层结构分别是半充满或全充满状态,比较稳定,失电子相对较难,因此电离能相对较大。

同一主族元素从上到下有效核电荷增加不明显,但原子的电子层数相应增多,原子半径增大显著,因此,核对外层电子的引力逐渐减弱,电子失去就较为容易,故电离能逐渐减小。

3. 电子亲核能

基态原子得到电子会放出能量,单位物质的量的基态气态原子得到一个电子成为气态 -1 价阴离子时所放出的能量,称为电子亲和能,用符号 Y 表示,其单位也为 $kJ \cdot mol^{-1}$。电子亲和能也有 Y_1、Y_2、Y_3 等,例如:

$$O(g) + e^- \rightarrow O^-(g) \qquad Y_1 = -141 \ kJ \cdot mol^{-1}$$

$$O^-(g) + e^- \rightarrow O^{2-}(g) \qquad Y_1 = +844.2 \ kJ \cdot mol^{-1}$$

如果没有特别说明,通常说的电子亲和能就是指第一电子亲和能。电子亲和能的大小反映了原子得到电子的难易程度。非金属原子的第一电子亲和能总是负值,稀有气体的电子亲和能均为正值。电子亲和能的大小取决于原子的原子半径和原子的电子层结构,它们的周期性规律如图 2-10 所示。

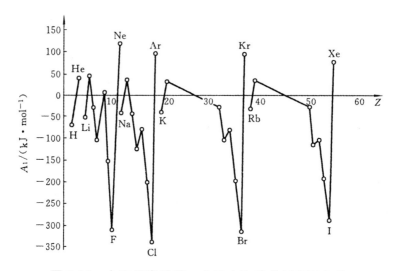

图 2-10 主族元素的第一电子亲和能的周期性规律

同一周期,从左到右,原子半径逐渐减小,同时由于最外层电子数逐渐增多,原子趋向于结合电子形成 8 电子稳定电子层结构,元素的电子亲和能变小。卤素电子亲和能相对较小。碱土金属因为半径较大,且其电子层结构难以结合电子,电子亲和能为正值。稀有气体具有 8 电子稳定电子层结构,更难以结合电子,因此电子亲和能相对较大。

同一主族,从上到下电子亲和能的变化规律不如同周期变化那么明显。比较特殊的是 N 原子的电子亲和能是 p 区元素中除稀有气体外唯一的正值,这是由于它具有半满 p 亚层稳定电子层结构,且其原子半径小,电子间排斥力大,得电子较困难。需要提醒的是:电子亲和能最大负值不是出现在 F 原子,而是 Cl 原子。这可能是由于 F 原子的半径小,进入的电子受到原有电子较强的排斥,用于克服电子排斥所消耗的能量相对多些。

4.电负性

电负性是指元素原子在分子中吸引电子的能力,用 χ 表示。它指定最活泼的非金属元素(氟)原子的电负性为 4.0,然后通过计算得到其他元素原子的电负性值。

元素原子的电负性呈周期性变化。同一周期,从左到右电负性逐渐增大;同一主族,从上到下电负性逐渐减小。副族元素原子的电负性变化不规律。在周期表中,氟的电负性最大,铯的电负性最小。

一般来说,非金属的电负性大于金属的电负性,但二者之间并没有严格的界限。不过,大多数非金属的电负性在 2.0 以上,大多数金属的电负性在 2.0 以下。根据元素的电负性的大小,可以衡量元素的金属性和非金属性的强弱。

元素周期律是人们在长期科学实践活动中积累了大量感性资料后总结出来的规律,它使人们对化学元素的认识形成了一个完整的系统,使化学成为一门系统的科学。

2.2　化学键

2.2.1　离子键

2.2.1.1　离子键的形成与结构特点

1.离子键的形成

离子键理论认为:当活泼的金属原子与活泼的非金属原子在一定的反应条件下相遇时,它们都有达到稳定的稀有气体结构的倾向,由于电负性相差较大,活泼金属原子容易失去电子变成带正电荷的金属阳离子,而活泼非金属原子容易得到电子变成带负电的阴离子。正负离子由于静电引力的作用而相互吸引形成离子键:Na:核外电子排布为 $1s^2 2s^2 2p^6 3s^1$,失去 1 个电子后变为 Na^+,其核外电子排布为 $1s^2 2s^2 2p^6$,从而使 Na^+ 也达到了稀有气体原子的稳定结构。Cl:核外电子排布为 $1s^2 2s^2 2p^6 3s^2 3p^5$,得到 1 个电子后变为 Cl^-,其核外电子排布为 $1s^2 2s^2 2p^6 3s^2 3p^6$,从而使 Cl^- 达到了稀有气体原子的稳定结构,Na^+ 和 Cl^- 在静电引力的作用下以离子键的形式结合形成 NaCl,即

$$Na^+ + Cl^- \rightarrow NaCl$$

这种由原子间发生电子的转移,形成正、负离子,并通过静电引力作用而形成的化学键叫离子键。生成离子键的条件是金属原子和非金属原子的电负性相差较大,一般要大于 2.0,这样才能形成阴阳离子。由离子键形成的化合物叫离子化合物。如大多数碱金属和碱土金属的卤化物是典型的离子化合物。

2.离子键的结构特点

(1)没有方向性。离子电荷的分布是球形对称的,它的静电场力是向空间各个方向伸展

的,所以它可以在空间任何方向与带有相反电荷的离子相互吸引而形成离子键。

(2)没有饱和性。每一个离子总是尽可能多地吸引带相反电荷的离子,只不过近的引力强,远的引力弱而已。但这并不意味着每个离子周围所排列的相反电荷离子数目是任意的。实际上,受空间条件的限制,每一种离子都各有自己的配位数,如在 NaCl 晶体中,Na^+ 和 Cl^- 的配位数都是 6。

(3)键的离子性成分与元素的电负性有关。键的离子性成分是指在两个相邻原子间所形成的单键中纯静电引力所占的百分比。以最典型的离子化合物 CsF 为例,它的离子性成分为 92%,也就是说,Cs^+ 与 F^- 之间并不完全是静电作用,仍有 8% 的原子轨道重叠——共价性成分。通常将离子性成分大于 50% 的单键称为离子键,而把共价性成分大于 50% 的单键称为共价键。

2.2.1.2 离子的结构特点

1.离子电荷数

简单离子的电荷是由原子获得或失去电子形成的,其电荷绝对值为得到或失去的电子数。对于阳离子来说,其电荷数就是金属原子失去的电子数,而阴离子是非金属原子得到的电子数。

2.离子的电子层结构

所有简单阴离子的电子构型都是 8 电子型,与其相邻稀有气体的电子构型相同。如 F^- ($2s^2 2p^6$)。

阳离子的构型如下:

(1)2 电子型。例如 Li^+,Be^{2+} 等($1s^2$)。

(2)8 电子型。例如 K^+,Ba^{2+} 等($ns^2 np^6$)。

(3)18 电子型。例如 Ag^+,Zn^{2+},Sn^{4+} 等($ns^2 np^6 nd^{10}$)。

(4)18+2 电子型。例如 Sn^{2+},Bi^{3+} 等($ns^2 np^6 nd^{10} (n+1)s^2$)。

(5)9~17 电子型。例如 Fe^{2+},Fe^{3+},Cu^{2+},Pt^{2+} 等($ns^2 np^6 nd^{1\sim10}$)。

2.2.2 共价键

2.2.2.1 共价键的特征与类型

1.价键理论的基本要点

1930 年,鲍林等人将海特勒和伦敦对氢分子形成的研究成果扩展到其他分子,建立了现代价键理论。该理论的基本要点有两条。

第一,电子配对原理。成键两原子中自旋相反的未成对电子相互靠近时,可相互配对形成稳定的共价键。这就意味着原子所能形成的共价键数目受到未成对电子数的限制。因此,共价键具有饱和性。电子配对以后会放出能量,放出能量越多,化学键越稳定。

第二,最大重叠原理。成键时原子轨道必须同号重叠,并且沿着最大重叠方向,因此共价键具有方向性。原子轨道重叠的越多,形成的共价键越牢固。

　　例如,HCl 分子中的共价键是由氢原子的 1s 轨道与氯原子的 3p 轨道重叠形成,它们的重叠方式有四种可能,只有图 2-11(a)满足最大重叠原理,故 HCl 分子采取图 2-11(a)的方式重叠成键。

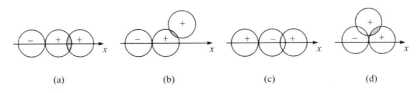

$$\text{图 2-11}\quad \text{s 与 } p_x \text{ 轨道杂化的可能}$$

2.键价理论的特征

根据价键理论要点,可以推知共价键具有饱和性和方向性。

(1)饱和性。共价键的饱和性是指每个原子的成键总数是一定的,即原子有几个未成对的价电子,一般就只能和几个自旋方向相反的电子配对成键。例如,N 原子含有 3 个未成对的价电子,因此 2 个 N 原子间最多只能形成三键,即形成 N≡N 分子。这说明一个原子形成共价键的能力是有限的,即共价键具有饱和性。

(2)方向性。根据最大重叠原理,在形成共价键时,原子间总是尽可能地沿着原子轨道最大重叠的方向成键,成键电子的原子轨道重叠程度越高,电子在两核间出现的概率密度越大,形成的共价键越牢固。

3.价键理论的类型

共价键是由不同原子的原子轨道重叠而成,原子轨道的分布对于形成分子结构有很重要作用。如果只讨论 s 和 p 轨道的重叠方式,共价键有 σ 键和 π 键两类。

(1)σ 键。为了达到原子轨道的最大程度重叠,两原子轨道沿着键轴(即成键两原子核间的连线,这里设为 z 轴)方向以"头碰头"方式进行重叠,轨道的重叠部分沿键轴呈圆柱形对称分布,原子轨道间以这种重叠方式形成的共价键称为 σ 键。如图 2-12 所示,s-s、p_x-s 和 p_x-p_x 均为圆柱形对称分布,x 轴为键轴。

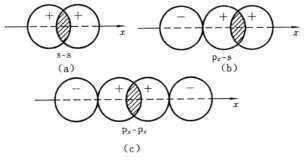

$$\text{图 2-12}\quad \sigma \text{ 键示意图}$$

（2）π键。原子轨道的重叠部分,对键轴所在的某一特定平面具有反对称性,即两个互相平行的 p_y 或 p_z 轨道以"肩并肩"方式进行重叠,轨道的重叠部分垂直于键轴并呈镜面反对称分布（原子轨道在镜面两边波瓣的符号相反）,原子轨道以这种重叠方式形成的共价键称为 π 键,形成 π 键的电子称为 π 电子,π 键类型如图 2-13 所示。

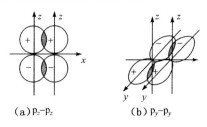

（a）p_z–p_z （b）p_y–p_y

图 2-13   π 键示意图

在具有双键或三键的两原子之间,常常既有 σ 键又有 π 键。例如,N_2 分子内 N 原子之间就有 1 个 σ 键和 2 个 π 键。N 原子的价层电子构型是 $2s^2 2p^3$,形成 N_2 分子时用的是 2p 轨道上的 3 个单电子。这 3 个 2p 电子分别分布在 3 个相互垂直的 $2p_x$、$2p_y$、$2p_z$ 轨道内。当 2 个 N 原子的 $2p_x$ 轨道沿着 x 轴方向以"头碰头"的方式重叠时,随着 σ 键的形成,2 个 N 原子将进一步靠近,这时垂直于键轴（这里指 x 轴）的 $2p_y$ 和 $2p_z$ 轨道只能以"肩并肩"的方式两两重叠,形成 2 个 π 键。图 2-14 为 N_2 分子中化学键的形成示意图。

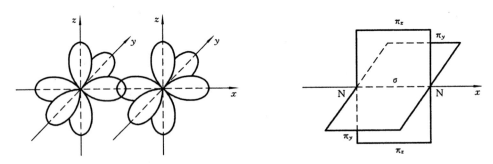

图 2-14 N_2 分子的化学键形成示意图

值得一提的是:在 s 和 p 轨道的重叠方式形成的 σ 键和 π 键两类共价键中,σ 键比 π 键牢固。π 键易断裂化学性质活泼。

2.2.2.2   键参数

能表达化学键性质的物理量称为键参数。共价键的键参数主要有键能、键长、键角和键极性。

1.键能

（1）键能。键能是衡量原子之间形成的化学键强度（键牢固程度）的键参数。或者,键能是指在标准状态下,气态分子每单位物质的量的某键断裂时的焓变。

$$HCl(g) = H(g) + Cl(g) \quad E^\theta = \Delta_r H_m^\theta = 431 \text{ kJ} \cdot \text{mol}^{-1}$$

(2)键离解能。气态分子中每单位物质的量的某特定键离解时所需的能量。分子而言(如 HCl),其键能数值等于该键的离解能;多原子分子中若有多个相同的键,则该键的键能为同种键逐级离解能的平均值。

以 NH_3 分子为例说明键能与键离解能在多原子分子中的区别与关联。$NH_3(g)$ 分子中三个 N—H 键的键能是相同的,三级离解能不同。

$$NH_3(g) = NH_2(g) + H(g), D^\theta_{1,N-H} = 435 \text{ kJ} \cdot \text{mol}^{-1}$$
$$NH_2(g) = NH(g) + H(g), D^\theta_{2,N-H} = 398 \text{ kJ} \cdot \text{mol}^{-1}$$
$$NH(g) = N(g) + H(g), D^\theta_{3,N-H} = 339 \text{ kJ} \cdot \text{mol}^{-1}$$
$$E^\theta_{N-H} = (D^\theta_{1,N-H} + D^\theta_{2,N-H} + D^\theta_{3,N-H})/3 = 391 \text{ kJ} \cdot \text{mol}^{-1}$$

同一种共价键在不同的多原子分子中的键能虽有差别,但差别不大。用不同分子中同一种键能的平均值即平均键能作为该键的键能。一般键能越大,键越牢固。

2.键长

分子内成键两原子核间的平均距离称为键长,用符号 L_b 表示。光谱及衍射实验的结果表明,同一种键在不同分子中的键长数值基本上是一定值。例如,C—C 单键的键长在金刚石中为 154.2 pm,在乙烷中为 153.3 pm,在丙烷中为 154 pm,因此将 C—C 单键的键长定义为 154 pm。

两个确定原子之间形成不同的化学键,其键长值越小,键能越大,键就越牢固。

3.键角

分子中同一原子形成的两个化学键间的夹角称为键角。它是反映分子空间构型的一个重要参数。如 H_2O 分子中的键角为 $104°45'$,表明 H_2O 分子为 V 形结构;CO_2 分子中的键角 $180°$,表明 CO_2 分子为直线型结构。一般来说,根据分子中的键角和键长可确定分子的空间构型。

4.键极性

键的极性是由成键原子的电负性不同而引起的。当成键原子的电负性相同时,核间的电子云密集区域在两核的中间位置,两个原子核正电荷所形成的正电荷重心和成键电子对的负电荷重心恰好重合,这样的共价键称为非极性共价键。如 H_2、O_2 分子中的共价键就是非极性共价键。当成键原子的电负性不同时,核间的电子云密集区域偏向电负性较大的原子一端,使之带部分负电荷,而电负性较小的原子一端则带部分正电荷,键的正电荷重心与负电荷重心不重合,这样的共价键称为极性共价键。如 HCl 分子中的 H—Cl 键就是极性共价键。成键原子的电负性差值越大,键的极性就越大。当成键原子的电负性相差很大时,可以认为成键电子对完全转移到电负性较大的原子上,这时原子转变为离子,形成离子键。从键的极性看,可以认为离子键是最强的极性键,极性共价键是由离子键到非极性共价键之间的一种过渡情况。

2.2.3 金属键

1.金属键

20 世纪初 P. Drude 和 H. A. Lorentz 就金属及其合金中电子的运动状态,提出了自由电子模型,认为金属原子电负性、电离能较小,价电子容易脱离原子的束缚,这些价电子有些类似理想气体分子,在阳离子之间可以自由运动,形成了离域的自由电子氛。自由电子氛把金属阳离子"胶合"成金属晶体。金属晶体中金属原子间的结合力称为金属键。金属键没有方向性和饱和性。

自由电子氛的存在使金属具有良好的导电性、导热性和延展性。但金属结构毕竟是很复杂的,致使某些金属的熔点、硬度相差很大。例如:

金属	熔点	金属	硬度
汞	38.87℃	钠	0.4
钨	3410℃	铬	9.0

2.金属键的能带理论

金属键能带理论是在分子轨道理论的基础上发展起来的现代金属键理论。能带理论把金属晶体看做一个大分子,这个分子由晶体中所有原子组合而成。由于各原子的原子轨道之间的相互作用便组成一系列相应的分子轨道,其数目与形成它的原子轨道数目相同。根据分子轨道理论,一个气态双原子分子 Li_2 的分子轨道是由 2 个 Li 原子轨道($1s^2 2s^1$)组合而成的。6 个电子在分子轨道中的分布如图 2-15(a)所示。σ_{2s} 成键轨道填 2 个电子,σ_{2s}^* 反键轨道没有电子。若有 n 个原子聚积成金属晶体,则各价电子波函数将相互叠加而组成 n 条分子轨道,其中 $n/2$ 条的分子轨道有电子占据,另外 $n/2$ 条是空的,如图 2-15(b)所示。

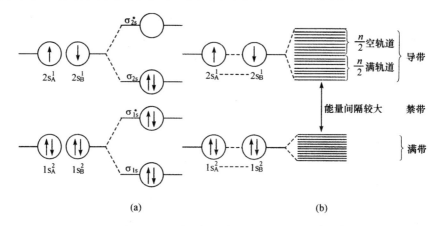

图 2-15 Li_2 双原子分子轨道(a)与 Li_n 金属分子轨道(b)的比较

由于金属晶体中原子数目 n 极大,因此这些分子轨道之间的能级间隔极小,几乎连成一片形成能带,由已充满电子的原子轨道所形成的低能量能带称为满带;满带与导带之间的能量相差很大,电子不易逾越,故又称为禁带;由未充满电子的能级所组成的高能量能带称为导带。

若金属导体的价电子能带是半满的(如 Li、Na),或价电子能带虽全满,但可与能量间隔不大的空带发生部分重叠,当外电场存在时,价电子可跃迁到相邻的空轨道上,因而能导电,如图 2-16(a)所示。

绝缘体中的价电子都处于满带,满带与相邻空带之间存在禁带,能量间隔大,一般电场条件下,难以将满带电子激发入空带,即不能形成导带,故不能导电(如金刚石),如图 2-16(b)

所示。

　　半导体的价电子也处于满带(如 Si、Ge),但其与相邻的空带间距较小,能量相差也小。低温时是电子的绝缘体,高温时电子能激发跃过禁带而导电,所以半导体的导电性随温度的升高而升高,而金属却因温度升高后原子振动加剧、电子运动受阻等导电性下降,如图 2-16(c)所示。

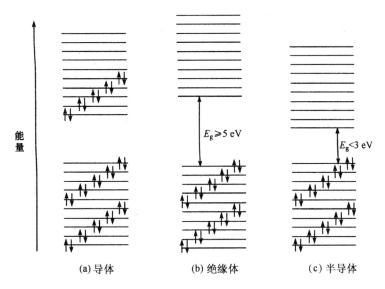

图 2-16　导体、绝缘体和半导体的能带

2.3　分子结构

2.3.1　杂化轨道理论

　　1931 年,鲍林在价键理论的基础上提出了轨道杂化的概念,较好地解释了多原子分子和配离子的空间构型问题,形成了杂化轨道理论。

2.3.1.1　杂化轨道理论要点

　　杂化轨道理论的基本要点如下:

　　(1)多原子在形成分子时,在成键作用下,由于原子间的相互影响,同一原子中几个能量相近的不同类型的原子轨道(即波函数)进行线性组合,重新分配能量和确定空间方向,组成数目相等的新的原子轨道,这种轨道重新组合的过程称为杂化。杂化后形成的新轨道称为杂化轨道。

　　(2)杂化轨道比原来的轨道成键能力强,形成的化学键键能大,生成的分子更稳定。由于成键原子轨道杂化后,轨道角度分布图的形状发生了变化,其一头大,一头小。杂化轨道与未杂化的 p 轨道和 s 轨道相比,其角度分布更加集中于某个方向,在这些方向上有利于形成更大的重叠,因此杂化轨道比原有的原子轨道成键能力更强。

（3）形成的杂化轨道之间应尽可能地满足化学键间排斥力越小，体系越稳定的最小排斥力原理，在最小排斥力原理下，杂化轨道之间的夹角应达到最大。分子的空间构型主要取决于分子中 σ 键形成的骨架，而杂化轨道形成的键为 σ 键，所以杂化轨道的类型与分子的空间构型相关。

2.3.1.2 杂化轨道的类型与分子空间构型

1. sp 杂化

sp 杂化是同一原子的 1 个 s 轨道和 1 个 p 轨道之间进行的杂化，形成 2 个等价的 sp 杂化轨道。这两个轨道在一直线上，杂化轨道间的夹角为 180°。

以 $HgCl_2$ 分子的形成为例，实验测得 $HgCl_2$ 的分子构型为直线形，键角为 180°用杂化理论分析，该分子的形成过程如下：

（1）Hg 原子的价层电子为 $5d^{10}6s^2$，成键时 1 个 6s 轨道上的电子激发到空的 6p 轨道上（成为激发态 $6s^16p^1$），同时发生杂化，组成 2 个新的等价的 sp 杂化轨道。

（2）$HgCl_2$ 分子中三个原子在一直线上，Hg 原子位于中间（中心原子）。这样就圆满地解释了 $HgCl_2$ 分子的几何构型。$BeCl_2$ 以及 ⅡB 族元素的其他 AB_2 型直线形分子的形成过程与上述过程相似。

2. sp^2 杂化

同一原子内由 1 个 ns 轨道和 2 个 np 轨道发生的杂化，称为 sp^2 杂化。杂化后组成的轨道称为 sp^2 杂化轨道。

实验测知，气态氟化硼（BF_3）具有平面三角形的结构。B 原子位于三角形的中心，3 个 B—F 键是等同的，键角为 120°，如图 2-17 所示。

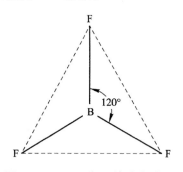

图 2-17　BF_3 分子的空间构型

基态 B 原子的价层电子构型为 $2s^22p^1$，表面看来似乎只能形成一个共价键。但杂化轨道理论认为，成键时 B 原子中的 1 个 2s 电子可以被激发到 1 个空的 2p 轨道上去，使基态的 B 原子转变为激发态的 B 原子；与此同时，B 原子的 2s 轨道与各填有 1 个电子的 2 个 2p 轨道发生 sp^2 杂化，形成 3 个能量等同的 sp^2 杂化道：

其中每个 sp^2 杂化轨道都含有 $\frac{1}{3}$ s 轨道和 $\frac{2}{3}$ p 轨道的成分。sp^2 杂化轨道的形状如图 2-18 所

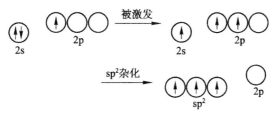

示。由于所含的 s 轨道和 p 轨道成分不同，在形状的"肥瘦"上有所差异。成键时，以杂化轨道大的一头与 F 原子的成键轨道重叠而形成 3 个 σ 键。根据理论推算，键角为 $120°$，BF_3 分子中的 4 个原子都在同一平面上。这样，推断结果与实验事实相符。除 BF_3 气态分子外，其他气态卤化硼分子内，B 原子也是采取 sp^2 杂化的方式成键的。

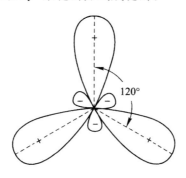

图 2-18　sp^2 杂化轨道

3. sp^3 杂化

同一原子内由 1 个 ns 轨道和 3 个 n_p 轨道发生的杂化，称为 sp^3 杂化，杂化后组成的轨道称为 sp^3 杂化轨道。sp^3 杂化可以而且只能得到 4 个 sp^3 杂化轨道。4 个杂化轨道的大头指向四面体的四个顶点，杂化轨道间的夹角为 $109°28'$，如图 2-19 所示。4 个 H 原子的 s 轨道以"头顶头"的形式与 4 个杂化轨道的大头重叠，形成 4 个 σ 键。因此甲烷分子为正四面体构型，与实验测得完全相符除 CH_4 分子外，CCl_4、CF_4、SiH_4、$SiCl_4$、$CeCl_4$ 等分子也是采取 sp^3 杂化的方式成键的。

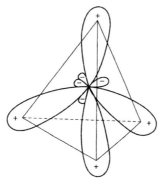

图 2-19　sp^3 杂化轨道

4.等性杂化与不等性杂化

(1)等性杂化。在以上三种杂化轨道类型中,每种类型形成的各个杂化轨道的形状和能量完全相同,所含 s 轨道和 p 轨道的成分也相等,这类杂化称为等性杂化。

(2)不等性杂化。当几个能量相近的原子轨道杂化后,所形成的各杂化轨道的成分不完全相等时,即为不等性杂化。以 NH_3 分子形成为例。

实验测定 NH_3 为三角锥形,键角为 $107°18'$,略小于正四面体时的键角。N 原子的价层电子构型为 $2s^2 2p^3$,成键时形成 4 个 sp^3 杂化轨道。其中 3 个杂化轨道中各有 1 个成单电子,分别与 H 原子的 1s 轨道重叠成键。第 4 个杂化轨道被成对电子所占有,不参与成键。由于孤对电子与成键电子对间的斥力大于成键电子对与成键电子对间的斥力,使 N—H 键的夹角变小,如图 2-20 所示。

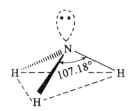

图 2-20 N_{H_3} 的几何构型

杂化轨道理论圆满地解释了一些分子的构型,加深了我们对分子构型的理解,但不论先有实验事实再用理论解释,或是先根据理论推测再用实验验证,都必须符合实践。

2.3.2 分子轨道理论

价键理论和杂化轨道理论抓住了形成共价键的主要因素,比较直观,容易为人们接受,特别是用杂化轨道理论解释分子的空间构型相当成功。但它们过分强调成键电子仅在相邻原子之间的小区域内运动,因而具有局限性。例如,无法解释 O_2、B_2 等分子具有顺磁性。1932 年,一种将分子作为整体来考虑的分子轨道理论新理论出现了,它较好地解释了上述问题。

2.3.2.1 分子轨道理论要点

(1)强调分子的整体性,认为原子在形成分子以后,电子不再局限于个别原子轨道,而是在属于整个分子的若干分子轨道中运动。

(2)分子轨道可以通过原子轨道线性组合而成。几个原子轨道可以组合成几个分子轨道,其中有一些分子轨道的能量比原来的原子轨道能量低,有利于成键,称为成键轨道;另一些分子轨道的能量比原来的原子轨道能量高,不利于成键,称为反键轨道。在一些较复杂的分子中,还可能有一些不参加成键的分子轨道,它们的能量与原来的原子轨道相同,称为非键轨道。

(3)电子在分子轨道中的排布服从能量最低原理、泡利不相容原理和洪德规则。

(4)为了组合成有效的分子轨道,原子轨道要遵循能量相近、对称性匹配和最大重叠三项原则。

2.3.2.2　分子轨道的形成

1. s—s 原子轨道的组合

一个原子的 ns 原子轨道与另一个原子的 ns 原子轨道组合成 2 个分子轨道的情况,如图 2-21 所示。

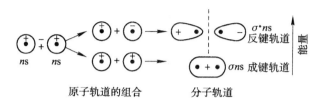

图 2-21　s—s 原子轨道的组合成分子轨道示意图

由图 2-21 的 2 个分子轨道的形状可以看出:电子若进入上面那种分子轨道,其电子云的分布偏于两核外侧,在核间的分布稀疏,不能抵消两核之间的斥力,对分子的稳定不利,对分子中原子的键合会起反作用,因此上面这种分子轨道称为反键分子轨道(简称反键轨道);电子若进入下面那种分子轨道,其电子云在核间的分布密集,对两核的吸引能有效地抵消两核之间的斥力,对分子的稳定有利,使分子中原子间发生键合作用,因此下面这种分子轨道称为成键分子轨道(简称成键轨道)。

由 s—s 原子轨道组合而成的这两种分子轨道,其电子云沿键轴(两原子核间的连线)对称分布,这类分子轨道称为 σ 分子轨道。为了进一步把这两种分子轨道区别开来,图 2-21 中上面那种称 σ^*ns 键分子轨道;下面那种称为 σns 成键分子轨道。通过理论计算和实验测定可知 σ^*ns 分子轨道的能量比组合该分子轨道的 ns 原子轨道的能量要高。电子进入 σ^*ns 反键轨道会使体系能量升高,电子进入 σns 成键轨道则会使体系能量降低,在轨 σ 道上的电子称为 σ 电子。

例如,H_2 分子轨道和 H 原子轨道能量关系可用图 2-22 表示。图中每一实线表示 1 个轨道。当来自 2 个 H 原子的自旋方向相反的 2 个 1s 电子成键时,根据能量最低原理,将进入能量较低的 $\sigma 1s$ 成键分子轨道,体系能量降低的结果形成 1 个以 σ 键结合的 H_2 分子。H_2 分子轨道式可表示为 $H_2[(\sigma 1s)^2]$。

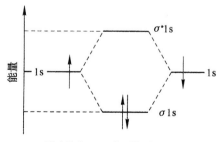

图 2-22　H_2 分子轨道能级示意图

2. p－p 原子轨道的组合

一个原子的 p 轨道和另一个原子的 p 轨道组合成分子轨道,可以有"头碰头"和"肩并肩"两种组合方式。其中,当两个原子沿 x 轴靠近时,两个原子的 p_x 轨道将以"头碰头"方式组合成两个 σ 轨道,分别是成键轨道 σ_{p_x} 和反键轨道 $\sigma_{p_x}^*$,如图 2-23 所示。

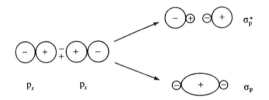

图 2-23   p－p "头碰头"组合成的分子轨道

当 2 个原子的 np_z 原子轨道沿着 x 轴的方向相互接近,可以组合成 2 个分子轨道,其电子云的分布有一对称面,此平面通过 x 轴,电子云则对称地分布在此平面的两侧,这类分子轨道称为 π 分子轨道。在这 2 个 π 分子轨道中,能量比组合该分子轨道的 np_z 原子轨道高的称 $\pi^* np_z$ 反键分子轨道;而能量比组合该分子轨道的 np_z 原子轨道低的,称 πnp_z 成键分子轨道,如图 2-24 所示。

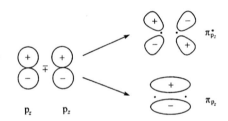

图 2-24   p－p"肩并肩"形成的分子轨道

当 2 个原子的 np_y 原子轨道沿着 x 轴的方向相互接近,可组合成 πnp_y 成键分子轨道和 $\pi^* np_y$ 反键分子轨道。πnp_y 轨道与 πnp_z 轨道,$\pi^* np_y$ 轨道与 $\pi^* np_z$ 轨道,其形状相同,能量相等,只是空间取向互成 90°角。

2.3.2.3   分子轨道能级

每个分子轨道都有相应的能量,其数值主要通过光谱实验来确定。将分子中各分子轨道按能量由低到高排列起来,就得到分子轨道能级图。对于第二周期的同核双原子分子来说,分子轨道能级图有两种情况。

1. O_2、F_2 分子轨道能级图

O 原子和 F 原子的 2s、2p 轨道能量相差较大,在组合成分子轨道时,基本不发生 2s 与 2p 轨道的相互作用,只是发生两原子对应的原子轨道之间的线性组合,因此,分子轨道能级顺序为

$$\sigma_{1s} < \sigma_{1s}^* < \sigma_{2s} < \sigma_{2s}^* < \sigma_{2p_y} < \pi_{2p_y} = \pi_{2p_z} < \pi_{2p_y^*} = \pi_{2p_z^*} < \sigma_{2p_x^*}$$

相应的分子能级图如图 2-25 所示。

2. 第二周期其他分子的分子轨道能级图

除 O、F 原子外,第二周期其他元素原子的 2s、2p 轨道能量相差较小,在组合成分子轨道时,不仅发生两原子对应的原子轨道之间的线性组合,而且发生 2s 与 2p 轨道的相互组合,从而使分子轨道的能级次序发生改变。此时,分子轨道能级顺序为

$$\sigma_{1s} < \sigma_{1s}^* < \sigma_{2s} < \sigma_{2s}^* < \pi_{2p_y} = \pi_{2p_z} < \sigma_{2p_x} < \pi_{2p_y^*} = \pi_{2p_z^*} < \sigma_{2p_x^*}$$

相应的分子能级图,如图 2-26 所示。

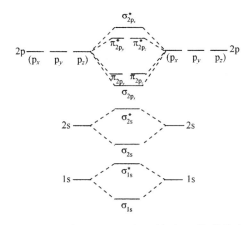

图 2-25　O_2 分子和 F_2 分子的分子轨道能级图

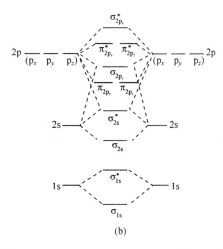

(b)

图 2-26　第二周期其他同核双原子分子的分子轨道能级图

电子进入成键轨道有利于两个原子的结合,而进入反键轨道则不利于两个原子的结合。因此,进入成键轨道的电子数越多,化学键越牢固,分子越稳定;反之,进入反键轨道的电子数越多,化学键越不牢固,分子越不稳定。为了粗略地衡量化学键的相对强度,分子轨道理论中

将分子中净成键电子数的一半定义为键级,即

$$键极 = \frac{成键轨道电子数 - 反键轨道电子数}{2}$$

一般来说,键极越大,分子越稳定,当键极为零时,分子不存在。

2.4 晶体结构

2.4.1 金属晶体

金属晶体中,晶格结点上排列的粒子就是金属原子、金属阳离子。对于金属单质而言,晶体中原子在空间的排布情况,可以近似地看成是等径圆球的堆积。为了形成稳定的金属结构,金属原子将采取尽可能紧密的方式堆积起来,所以金属一般密度较大,而且每个原子都被较多的相同原子包围着,配位数较大。

根据研究,等径圆球的密堆积有面心立方密堆积、六方密堆积和体心立方密堆积三种基本构型,具体见图2-27。

有些金属可以有几种不同的构型,例如,$\alpha\text{-}Fe$ 是体心立方密堆积,$\gamma\text{-}Fe$ 是面心立方密堆积。

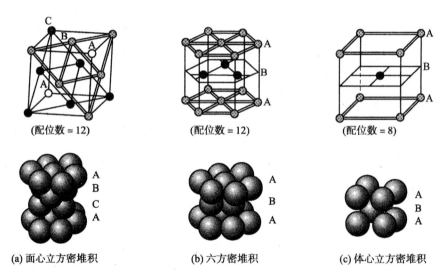

图 2-27　金属晶体的密堆积构型

2.4.2 离子晶体

离子晶体中阳、阴离子在空间的排列多种多样。这里主要介绍 AB 型(只含有一种阳离子和一种阴离子,且两者电荷数相同)。离子晶体中三种典型的结构类型:NaCl 型、立方 ZnS 型和 CsCl 型。

1. NaCl 型晶体

NaCl 型是 AB 型离子晶体中最常见的结构类型,如图 2-28 所示。它的晶胞形状是简单立方,阳、阴离子的配位数均为 6。KI、LiF、NaBr、MgO、CaS 等晶体均属 NaCl 型。

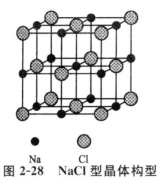

Na　Cl

图 2-28　NaCl 型晶体构型

2. ZnS 型晶体

ZnS 型晶体的晶胞是正立方体,但粒子排列较复杂,阴、阳离子配位数均为 4,如图 2-29 所示。BeO、ZnSe 等晶体均属 ZnS 型。

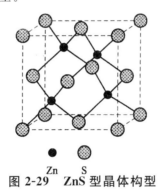

Zn　S

图 2-29　ZnS 型晶体构型

3. CsCl 型晶体

CsCl 型晶体的晶胞是正立方体,其中每个阳离子周围有 8 个阴离子,每个阴离子周围同样也有 8 个阳离子,阴、阳离子的配位数均为 8,如图 2-30 所示。T1C1、CsBr、CsI 等晶体均属 CsCl 型。

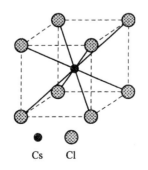

Cs　Cl

图 2-30　CsCl 型晶体构型

2.4.3 分子晶体

在分子晶体中,组成晶格的质点是分子,分子之间以分子间作用力(范德华力和氢键)结合。它们可以是单质分子,也可以是化合物分子;可以是极性分子,也可以是非极性分子。

由于分子间的作用力远小于离子键和共价键的结合作用,因此分子晶体的熔、沸点都很低,硬度都很小。许多分子晶体在常温下呈气态或液态。例如,O_2、CO_2 等是气体,C_2H_5OH、CH_3COOH 酸等是液体,有些是固体,如单质 I_2 等。同类型分子的晶体,其熔、沸点随相对分子质量的增加而升高。例如,卤素单质的熔、沸点按 F_2、Cl_2、Br_2、I_2 顺序递增,这是因为它们均为非极性分子,分子间的色散力随分子的相对分子质量增加而增大。HF、H_2O、NH_3、CH_3CH_2OH 等分子间除存在范德华力外,还有氢键的作用力,它们的熔、沸点较高。

分子晶体在固态和熔融状态时都不导电。图 2-31(a)和(b)分别表示 CO_2 和 Cl_2、Br_2、I_2 的晶体结构。在立方体的每个顶点以及每个面的中心均有一个分子,为面心立方晶格。

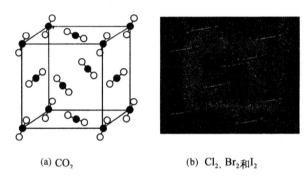

(a) CO₂   (b) Cl₂、Br₂和I₂

图 2-31　干冰和氯、溴、碘的晶体结构

2.4.4 原子晶体

晶格结点上排列的是原子,原子之间通过共价键结合。凡靠共价键结合而成的晶体统称为原子晶体。例如,金刚石就是一种典型的原子晶体。

在金刚石晶体中,每个碳原子都被相邻的 4 个碳原子包围(配位数为 4),处在 4 个碳原子的中心,以 sp^3 杂化形式与相邻的 4 个碳原子结合,成为正四面体的结构。由于每个碳原子都形成 4 个等同的 C−C 键(σ 键),把晶体内所有的碳原子联结成一个整体,因此在金刚石内不存在独立的小分子。金刚石的见图 2-32。

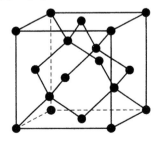

图 2-32　金刚石的晶体构型

不同的原子晶体,原子排列的方式可能有所不同,但原子之间都是共价键相结合。由于共价键的结合力强,因此原子晶体熔点高,硬度大。原子晶体物质一般多为绝缘体,即使熔化也不能导电。

属于原子晶体的物质为数不多。除金刚石外,单质硅(Si)、单质硼(B)、碳化硅(SIC)、石英(SiO_2)、碳化硼(B_4C)、氮化硼(BN)和氮化铝(AlN)等,亦属原子晶体。

第3章 化学反应速率和化学平衡

3.1 化学反应速率

3.1.1 概述

化学反应,有的进行得很快,例如爆炸反应、强酸和强碱的中和反应等,几乎在顷刻之间完成;有的则进行得很慢,例如岩石的风化、钟乳石的生长、镭的衰变等,历时千百万年。所以,研究化学反应速率对生产和人类的生活都十分重要。

化学反应的反应速率通常以单位时间内反映物浓度的减少或生成物浓度的增加来表示。根据时间的长短,单位时间可用 s,min,h,d,year 等不同单位表示。

3.1.2 平均速率和瞬时速率

1.平均速率

化学反应的平均速率是反应进程中某时间间隔内参与反应的物质的量的变化量,可以用单位时间内反应物的减少的量或生成物量的增加的来表示,一般表示为

$$v = \Delta n_B / \Delta t$$

式中,Δn_B 是 Δt 为时间间隔,Δt;$v = t_{终态} - t_{始态}$ 为反应速率。$\Delta t(= t_{终态} - t_{始态})$的参与反应 B 的物量的变化量,$\Delta n_B = n_{始态} - n_{终态}$;$\Delta t$ 为时间间隔,Δt;$v = t_{终态} - t_{始态}$。

例如,某条件下,合成氨反应过程中各物质浓度变化为

$$N_2(g) + 3H_2(g) = 2NH_3(g)$$

起始浓度/(mol·L⁻¹)   1.00   3.00   0

2s 后浓度/(mol·L⁻¹)   0.80   2.40   0.40

若以生成物 NH_3 的浓度变化表示反应速率,则有

$$\overline{v}(NH_3) = \frac{\Delta[NH_3]}{\Delta t} = \frac{(0.40 - 0)\,mol \cdot L^{-1}}{2s} = 0.20 \ mol \cdot L^{-1} \cdot s^{-1}$$

若以反应物 N_2 和 H_2 的浓度变化表示反应速率,则有

$$\overline{v}(N_2) = \frac{\Delta[N_2]}{\Delta t} = -\frac{(0.80 - 1.00)\,mol \cdot L^{-1}}{2s} = 0.10 \ mol \cdot L^{-1} \cdot s^{-1}$$

$$\overline{v}(H_2) = \frac{\Delta[H_2]}{\Delta t} = -\frac{(2.40 - 3.00)\,mol \cdot L^{-1}}{2s} = 0.30 \ mol \cdot L^{-1} \cdot s^{-1}$$

在化学反应速率的表达式中,用反应物浓度变化表示反应速率时,浓度前加负号,以保证速率为正值。从合成氨的反应例子还可以看出,在同一时间间隔内,用不同物种表示的反应速

率不相同,但互相之间存在一定联系。由反应方程式可知,1molN_2(g)和 3molH_2(g)反应后必然生成 2molNH_3(g),故有

$$-\frac{\Delta[N_2]}{\Delta t} = -\frac{1}{3}\frac{\Delta[H_2]}{\Delta t} = \frac{1}{2}\frac{\Delta[NH_3]}{\Delta t}$$

即

$$\overline{v}(N_2) = \frac{1}{3}\overline{v}(H_2) = \frac{1}{2}\overline{v}(NH_3)$$

对于一般的化学反应,有

$$aA + bB = gG + hH$$

$$-\frac{1}{a}\frac{\Delta[A]}{\Delta t} = -\frac{1}{b}\frac{\Delta[B]}{\Delta t} = \frac{1}{g}\frac{\Delta[G]}{\Delta t} = \frac{1}{h}\frac{\Delta[H]}{\Delta t}$$

或

$$-\frac{1}{a}\overline{v}(A) = -\frac{1}{b}\overline{v}(B) = \frac{1}{g}\overline{v}(G) = \frac{1}{h}\overline{v}(H)$$

根据化学热力学中化学计量数的数符规定:反应物取负值;生成物取正值。

对于化学反应而言,任何一种反应物或生成物的浓度变化均可表示化学反应的速率,但常用浓度变化容易测量的物质来研究。例如,在"碘钟"实验中,

$$3I^- + S_2O_8^{2-} \Longrightarrow I_3^- + 2SO_4^{2-}$$

其反应速率是通过 I_3^- 与加入的淀粉溶液显色的时间 t 内 I_3^- 的浓度变化来衡量。

2. 瞬时速率

绝大多数化学反应的速率是随着反应不断进行越来越慢,即大多数化学反应速率不是定速,而是变速。

例如,有人测定在 CCl_4 溶液中 N_2O_5 的反应速率为

$$2N_2O_5 = 4NO_2 + O_2$$

得出不同时间间隔 N_2O_5 内浓度的变化量,从而得到反应的平均速率 v,如表 3-1 所示。

表 3-1 在 CCl_4 中 N_2O_5 的分解速率测定实验数据(298K)

反应时间 t/s	时间间隔 $\Delta t/s$	t 时 N_2O_5 浓度 $c(N_2O_5)/\text{mol}\cdot L^{-1}$	Δt 内 N_2O_5 浓度变化 $-\Delta c(N_2O_5)/(\text{mol}\cdot L^{-1})$	反应平均速率 $v=(-\Delta c/\Delta t)/(\text{mol}\cdot L^{-1}\cdot s^{-1})$
0		2.10		
100	100	1.95	0.15	1.5×10^{-3}
300	200	1.70	0.25	1.3×10^{-3}
700	400	1.31	0.39	0.99×10^{-3}
1 000	300	1.08	0.23	0.77×10^{-3}
1 700	700	0.76	0.32	0.45×10^{-3}
2 100	400	0.56	0.14	0.35×10^{-3}
2 800	700	0.37	0.19	0.27×10^{-3}

从表 3-1 中的数据可见,反应物 N_2O_5 的浓度随反应不断进行,不断发生变化,若将测定

时间的间隔缩小到无限小,这时用符号 d 来代替符号 Δ ,即

$$v \equiv \lim_{\Delta t \to 0} \overline{v} \equiv |\ dc_B/dt\ |$$

或

$$v \equiv \left(\frac{1}{\nu_B}\right) dc_B/dt$$

这种速率为瞬时速率。

$\dfrac{dc_B}{dt}$ 的几何意义是 $c \sim t$ 曲线上某点的斜率。以浓度 c 为纵坐标,以时间 t 为横坐标,画出 $c \sim t$ 曲线,然后做曲线上某一点的切线,该切线的斜率绝对值为横坐标 t 时的瞬时反映速率。

根据表 3-1 中的数据,做 N_2O_5 在 CCl_4 中分解的 $c \sim t$ 曲线图。见图 3-1。在 A 点做该曲线的切线,该切线与坐标轴相交于 B、E 点。根据切线与坐标轴的截距可计算切线的斜率($\dfrac{OE}{OB}$)。斜率的绝对值应为 N_2O_5 分解反应在 A 点的瞬时速率。

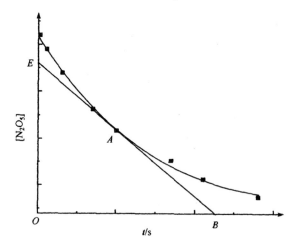

图 3-1　在 CCl_4 中 N_2O_5 的分解 $c \sim t$ 曲线图(298K)

3.反应速率的测定

通过设计实验来测定化学反应速率。要测定不同时刻反应物或生成物的浓度,可通过观察和测量系统中某一物质(反应物或生成物)的相关性质,再进行转换和计算来得到反应速率。

例如,测定碳酸钙与盐酸的反应速率,可根据测量单位时间内生成 CO_2 气体的体积来衡量。单位时间内生成 CO_2 气体越多,碳酸钙与盐酸的反应速率越大。

3.2　影响化学反应速率的因素

毫无疑问,反应物自身的性质是决定反应速率的首要因素。在同一反应中,反应物的浓度、压力、反应温度和催化剂等都对化学反应速率产生明显的影响。

3.2.1 浓度对化学反应速率的影响

1.速率方程

在一定条件下,表示化学反应速率和反应物浓度之间的定量关系的数学表达式称为反应速率方程式,简称速率方程。

对于一般的化学反应而言,$aA + bB = gG + hH$,速率方程的基本形式为

$$v = k[A]^m[B]^n$$

式中,v 为该反应中以某物种浓度变化测得的反应速率;k 为反应速率常数;$[A]$ 和 $[B]$ 为反应系中反应物 A、B 的浓度;m,n 为反应级数。该化学反应对反应物 A 是 m 级,对反应物 B 是 n 级,整个反应级数为 $m+n$ 级。

表 3-2 中列出了一些常见化学反应的速率方程与反应级数。

表 3-2　一些化学反应的速率与速率方程

序号	化学反应方程式	速率方程	反应级数
1	$2H_2O_2 = 2H_2O + O_2$	$v = kc(H_2O_2)$	1
2	$S_2O_8^{2-} + 2I^- = 2SO_4^{2-} + I_2$	$v = kc(S_2O_8^{2-})c(I^-)$	2
3	$4HBr + O_2 = 2H_2O + 2Br_2$	$v = kc(HBr)c(O_2)$	2
4	$2NO + 2H_2 = N_2 + 2H_2O$	$v = kc^2(NO)c(H_2)$	3
5	$CH_3CHO = CH_4 + CO$	$v = kc^{\frac{3}{2}}(CH_3CHO)$	1.5
6	$2NO_2 = 2NO + O_2$	$v = kc^2(NO_2)$	2
7	$NO_2 + CO = NO + CO_2$ (T>523K)	$v = kc(NO_2)c(CO)$	2

表 3-2 中的 4 号反应的总级数是 3 级,或者说是一个 3 级反应,而对 NO 是 2 级反应,对 H_2 是 1 级反应。反应级数越高反应受浓度的影响越大。例如,对于这个反应,NO 浓度加倍,反应速率将增大 4 倍,而 H_2 的浓度加倍,反应速率仅加倍。实验表明,反应的总级数一般不超过 3;反应级数不一定是整数,例如,表 3-2 中 5 号反应的级数为 1.5。反应级数也可能是零,例如某些固体表面上进行的分解反应是零级反应,这些反应的速率与反应物以及生成物的浓度是无关,零级反应的速率方程为

$$v = k$$

1 级反应是反应速率只与反应物的浓度呈正比。最典型的是放射性元素的衰变反应,样品因放射性元素衰变释放的放射性强度只与样品中放射性元素的含量(浓度)有关。分解反应是不是一级反应呢?按通常人的理解,似乎分解反应速率也只与反应物的浓度呈正比,但事实上是不能一概而论的。例如表 3-2 中第 5 号反应,乙醛 CH_3CHO 分解反应是 1.5 级反应。所以,上述用实验测定的速率方程的反应级数不能由化学方程式的类型断定的。

k 是化学反应在单位浓度下的反映速率,是温度的函数。在温度、压力、反应介质等一定的条件下,速率常数不随反应物浓度的变化而变化。速率常数越大,反应速率越快。

速率方程中的 k 称为速率常数,它的物理意义为单位浓度下的反应速率。由于速率常数与

浓度无关,因而是一个重要的表征反应动力学性质的参数,若不用速率常数表征反应的动力学性质,就必须注明浓度条件。总之,速率常数越大的反应,表明反应进行得越快。速率常数很大的反应,可以称为快速反应,例如大多数酸碱反应速率常数的数量级为 $10^{10} \; mol^{-1} \cdot L^{-1} \cdot s^{-1}$。但应特别注意,两个反应级数不同的反应,对比它们的速率常数大小是毫无意义,即它们的速率常数并没有可比性,这是因为,速率方程总级数不同时,速率常数的单位是不同的,当浓度以 $mol^{-1} \cdot L$ 为单位,时间以 S 为单位时,反应级数与反应速率常数的单位关系如表 3-3 所示。

表 3-3　反应级数与反应速率常数单位关系

反应级数	速率方程	速率常数 k 的单位
零级	$v = k$	$mol \cdot L^{-1} \cdot min^{-1}$（或 $mol \cdot L^{-1} \cdot s^{-1}$）
一级	$v = kc$	min^{-1}（或 s^{-1}）
二级	$v = kc^2$	$mol^{-1} \cdot L \cdot min^{-1}$（或 $mol^{-1} \cdot L \cdot s^{-1}$）
三级	$v = kc^3$	$mol^{-2} \cdot L^2 \cdot min^{-1}$（或 $mol^{-2} \cdot L^2 \cdot s^{-1}$）

正像体积和长度不能对比一样,单位不同的物理量不能对比的。

一般情况下,$m \neq a, n \neq b$。一般通过实验确定 m 和 n,也就确定速率方程的具体形式。化学反庆的级数不同,速率常数 k 的单位不同,反应级数与速率常数单位的关系见表 3-3 需要特别注意的是,对于多相反应,其中的固态反应物浓度不写入反应速率方程。例如,对于反应 $C(s) + O_2(g) = CO_2(g)$,其速率方程式为

$$v = k[O_2]$$

严格地说,速率常数只是一个比例系数,是排除浓度对速率的影响时表征反应速率的物理量,换句话说,只有当温度、反应介质、催化剂、固体的表面性质,甚至反应容器的形状和器壁的性质等都固定时,速率常数才是真正意义的常数。在影响速率常数的诸因素中最重要的是温度,经验表明,温度升高 10K 时,许多反应的速率会增大 2～4 倍,速率常数增大 2～4 倍。总之,速率常数与浓度无关,却是温度的函数。

2. 实验方法确定速率方程

速率方程必须以实验为依据来确定,怎样用实验方法确定速率方程呢？ 具体实验方法很多,这里我们只讨论怎样根据实验获得的数据建立速率方程,确定反应级数。个反应物的反应级数是不能直接根据化学反应计量式相应物种的计量数来推测。

(1)作图法

H_2O_2 在水溶液中以 I^- 为催化剂,放出氧气,反应方程式为:

$$H_2O_2(aq) = H_2O(l) + \frac{1}{2}O_2(g)$$

测定反应不同 Δt 内放出的 O_2,可计算出该 Δt 内 H_2O_2 的浓度变化,得到的数据列于表 3-4 中。

表 3-4　H_2O_2 水溶液在室温下的分解情况

反应时间 t/min	过氧化氢的浓度 $c(H_2O_2)/(mol \cdot L^{-1})$	平均速率 $-\dfrac{\Delta c(H_2O_2)}{\Delta t}/(mol \cdot L^{-1} \cdot min^{-1})$
0	0.80	
20	0.40	0.020
40	0.20	0.010
60	0.10	0.005
80	0.050	0.0025

解　有实验数据可见,在同样的时间间隔内,H_2O_2 的浓度每减少一半,平均速率也减少一半,可见,该反应的速率与 H_2O_2 的浓度,故有:

$$-\frac{\Delta c(H_2O_2)}{\Delta t} = kc(H_2O_2)$$

该反应是一级反应。

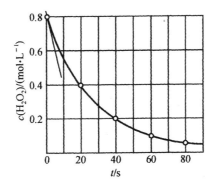

图 3-2　一级反应动力学曲线

更形象地描述反应的动力学特征,可将表 7-3 中的数据制作成以时间为横坐标,浓度为纵坐标曲线图,如图 3-2 所示,这种曲线称为化学反应的动力学曲线。通过制作并分析动力学曲线来建立速率方程叫做作图法,不仅能确定反应级数,而且可以用实验数据求出速率常数,请读者自己求算,并请注意给出速率常数的单位。

(2)初始速率法

初始速率法是指由反应物初始浓度的变化来确定反应速率和速率方程式的方法。初始速率是指在一定条件下反应开始的瞬时速率。此时,反应刚刚开始,逆反应和其他副反应的干扰小,较真实地反映出反应物浓度对反应速率的影响。

在实际应用中,先保持反应系统中其他反应物浓度不变,改变一种反应物的浓度开始反应,记录某时间间隔内该反应物浓度的变化量,作图获得 t=0 时的瞬时速率;根据该反应物浓度变化对其瞬时速率的影响来确定反应级数。以相同的方法确定其他反应物的反应级数,从而确定该反应的速率常数和速率方程。

图 3-2 中,在反应初始点上 $[t = 0, c(H_2O_2) = 0.8 mol \cdot L^{-1}]$ 有一条切线,斜率为反应时

的初始速率,即 $(-\mathrm{d}c/\mathrm{d}t)_{t=0}$。

例 3-2 在 T=600 K 时,反映 $2NO+O_2=2NO_2$ 中 NO 和 O_2 的初始浓度与反应速率关系如表 3-5 所示。

表 3-5 NO 与 O_2 的初始浓度与反映速率关系

序号	初始浓度/$(mol \cdot L^{-1})$		反应速率 $v(NO)/(mol \cdot L^{-1} \cdot s^{-1})$
	$[NO]_0$	$[O_2]_0$	
1	0.010	0.010	2.5×10^{-3}
2	0.010	0.020	5.0×10^{-3}
3	0.010	0.030	7.5×10^{-3}
4	0.020	0.020	2.0×10^{-2}
5	0.030	0.020	4.5×10^{-2}

①根据数据确定反应的速率方程。

②计算反映速率常数。

③计算当 $[NO]_0=0.015$ mol $\cdot$ L^{-1},$[O_2]_0=0.025$ mol $\cdot$ L^{-1} 的初速率。

解 ①对比试验 1、2 和 3 可知,保持 $[NO]$ 一定时,若 $[O_2]$ 增大 2 倍或 3 倍,则反应速率增大 2 倍或 3 倍,表明反应速率与 $[O_2]$ 成正比,即 $v \propto [O_2]$。

对比试验 2、4 和 5 可知,保持 $[O_2]$ 一定时,若 $[NO]$ 增大 2 倍或 3 倍,则反应速率增大 4 倍或 9 倍,表明反应速率与 $[NO]^2$ 成正比,即 $\gamma \propto [NO]^2$

综合考虑 $[O_2]$ 和 $[NO]$ 的浓度对反应速率的影响,可知

$$v \propto [O_2][NO]^2$$

故,该反应的速率方程可写为

$$v = k[O_2][NO]^2$$

②利用表 3-5 中给出的数据,求的反应速率常数 $k = 2.5 \times 10^3$ mol^{-2} $\cdot$ L^2 $\cdot$ s^{-1}。

③将初始浓度 $[NO]_0 = 0.015$ mol $\cdot$ L^{-1}、$[O_2]_0 = 0.025$ mol $\cdot$ L^{-1} 带入速率方程 $v = k[O_2][NO]^2$,得 $v(NO) = 1.4 \times 10^{-2}$ mol $\cdot$ L^{-1} $\cdot$ s^{-1}。

如前所述,速率常数不是浓度的函数,用其他各组数据代入速率方程理应得到相同的速率常数。然而,实验数据本身是有误差的,因此,为取得准确可靠的速率常数,应将每组实验数据代入速率方程,并按统计规律求速率常数。

(3)浓度和时间的定量关系

通过实验可获得反应物浓度与时间的关系曲线,再通过作图法可获得物质达到预定浓度的时间或者经过一段时间反应后的浓度。此外,可借助于反映速率方程进行计算。对于零级反应,$v = k$,反应速率与物质的浓度没有关系。以一级反应为例讨论浓度与时间的定量关系的方程式时,速率方程式可写为

$$v = k[A]$$

上式改写为

$$-\frac{\mathrm{d}[A]}{\mathrm{d}t} = k[A] \tag{3-1}$$

式中，[A]表示一级反应中反应物的浓度。

对式(3-1)式进行变形整理可得

$$\frac{d[A]}{[A]} = -kdt \tag{3-2}$$

设[A]$_0$表示$t=0$时 A 物质的初始浓度，[A]$_t$表示t时刻 A 物质的浓度，对式 3-2 求定积分可得：

$$\ln\frac{[A]_t}{[A]_0} = -kt$$

一个化学反应从开始到反应物消耗 1/2 的时间称为反应的半衰期，用$t_{\frac{1}{2}}$表示。半衰期是衡量化学反应快慢的一个重要指标，常用来表示放射性同位素的衰变特征。

对于 1 级反应来说，$t_{\frac{1}{2}} = \frac{0.693}{k}$，它与反应物的初始浓度无关。根据半衰期可以确定反应级数。

3.2.2　温度对反应速率的影响

温度对化学反应速率的影响特别显著。对大多数反应而言，温度升高反应速率明显加快。以氢气和氧气结合生成水的反应为例，在常温下氢气和氧气的反应十分缓慢，以致几年都观察不到有水生成。如果温度升高到 873K，它们立即起反应，并发生猛烈的爆炸。对一般的化学反应而言，温度每升高 10K，反应速率提高 2～3 倍。

1. 阿伦尼乌斯方程

温度对化学反应速率影响的定量研究建立在实验基础上。1989 年，阿伦尼乌斯通过大量的实验结果总结后指出，在一定条件下，化学反应的速率常数k和温度T之间存在着指数关系，即

$$k = Ae^{-\frac{E_a}{RT}} \tag{3-3}$$

对式(3-3)两边同取自然对数或常用对数，变为

$$\ln k = -\frac{E_a}{RT} + \ln A \tag{3-4}$$

$$\lg k = -\frac{E_a}{2.30RT} + \lg A \tag{3-5}$$

式中，k为反应速率常数；T为温度热力学温度，K；R为摩尔气体常量，$R=8.314$J·mol^{-1}·K^{-1}；A是指前因子或频率因子，常数；E_a是活化能，kJ·mol^{-1}，为区别于由动力学推导出来的活化能，后人称阿仑尼乌斯公式中的活化能为阿伦尼乌斯活化能或经验活化能。

显然，A具有速率常数的量纲，E_a具有能量量纲，阿伦尼乌斯并不知道它们的，但能够明确：温度对k的影响主要是A的指数项，化学反应的速率随温度升高的变化，主要与E_a值有关，在同一温度区间，E_a越小的反应，温度升高时反应速率增大的越快，这正是阿仑尼乌斯把E_a称为活化能的原因。由于该方程是一个指数函数，T 的微小变化将使k发生很大的变化。式(3-4)和式(3-5)均为阿仑尼乌斯公式，对数形式表示，若以 ln$k$为横坐标，以 1/T 为纵坐标作图，可得到一条直线，直线的斜率为$-E_a/R$，截距为 ln$A$。

使用阿仑尼乌斯方程讨论速率与温度的关系时，通常认为在一般的温度范围内，活化能 E_a 和指前因子 A 与研究的对象有关，而不随温度的改变而变化。

例如，在 CCl_4 溶液中，N_2O_5 的分解反应在不同温度下的反应速率常数如表 3-6 所示。

表 3-6　$N_2O_5 \Longrightarrow N_2O_4 + O_2$ 在不同温度下的反应速率常数

T/K	k/s^{-1}	$(1/T)/K^{-1}$	$\ln k$
293.15	0.235×10^{-4}	3.41×10^{-3}	-10.695
298.15	0.469×10^{-4}	3.35×10^{-3}	-9.967
303.15	0.933×10^{-4}	3.30×10^{-3}	-9.280
308.15	1.82×10^{-4}	3.25×10^{-3}	-8.612
313.15	3.62×10^{-4}	3.19×10^{-3}	-7.924
318.15	6.29×10^{-4}	3.14×10^{-3}	-7.371

分析数据可知，随 T 升高，速率常数 k 显著增大。分别作 $k-T$ 和 $\ln k-1/T$ 曲线，见图 3-3。

从图 3-3 中可以看出，k 与 T 之间的关系不是线性关系；$\ln k$ 与 $1/T$ 间为线性关系。

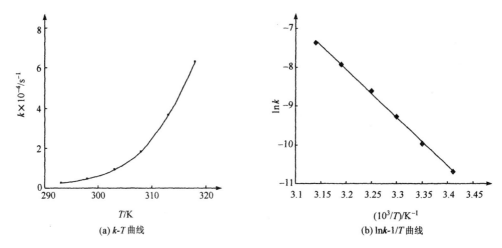

(a) k-T 曲线　　　　　(b) $\ln k$-$1/T$ 曲线

图 3-3　N_2O_5 分解反应的分解速率常数与温度关系

2. 阿仑尼乌斯方程的应用

(1)计算反应活化能 E_a

根据式(3—5)，以 $\lg k$ 对 $\dfrac{1}{T}$ 做图，其直线斜率为 $-\dfrac{E_a}{2.30R}$，根据此可求得反应的活化能 E_a。

此外，通过两个不同温度 T 下的 k 值应用阿仑尼乌斯方程可直接计算求得 E_a。

根据阿仑尼乌斯方程可知，在温度 T_1 时

$$\ln k_1 = -\frac{E_a}{RT_1} + \ln A$$

在温度 T_2 时

$$\ln k_2 = -\frac{E_a}{RT_2} + \ln A$$

上两式相减得

$$\ln \frac{k_2}{k_1} = \frac{E_a}{R}\left(\frac{1}{T_1} - \frac{1}{T_2}\right) = \frac{E_a}{R}\frac{T_2 - T_1}{T_1 T_2}$$

整理变形得

$$E_a = \frac{T_1 T_2}{R(T_2 - T_1)}\ln \frac{k_2}{k_1} \tag{3-6}$$

例 3-3　测得不同温度下 $S_2O_3^{2-} + 3I^- = 2SO_4^{2-} + I_3^-$ 的反应速率常数 k 如下：

T/K	273	283	293	303
$k/(\mathrm{mol \cdot L^{-1} \cdot s^{-1}})$	8.2×10^{-4}	2.0×10^{-3}	4.1×10^{-3}	8.2×10^{-3}

试求：

① 该反应的实验活化能 E_a。

② 在 298K 时的速率常数 k。

解　① 作图法：先将 T 和 k 分别换算为 $\frac{1}{T}$ 和 $\ln k$，做 $\ln k - 1/T$ 图得到一条直线，见图 3-4。求直线斜率 R，然后代入式（3-5）得到 298K 时的速率常数。

$(1/T)/\mathrm{K^{-1}}$	3.66×10^{-3}	3.66×10^{-3}	3.66×10^{-3}	3.66×10^{-3}
$\ln k$	-7.11	-6.21	-5.50	-4.81

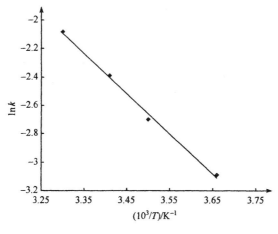

图 3-4　$S_2O_3^{2-} + 3I^- \rightleftharpoons 2SO_4^{2-} + I_3^-$ 反应的 $\ln k - 1/T$ 曲线

② 任取两组数据代入式（3-5）得

$$E_a = \frac{T_1 T_2}{R(T_2 - T_1)} \ln \frac{k_2}{k_1}$$

$$= \frac{293 \times 273}{8.314 \times (293 - 273)} \ln \frac{4.1 \times 10^{-3}}{8.2 \times 10^{-4}}$$

$$= 53.4 (\text{kJ} \cdot \text{mol}^{-1})$$

再将 $T = 298$ K 代入,可求得 $k(298$ K$) = 5.9 \times 10^{-3}$ mol $\cdot$ L$^{-1} \cdot s^{-1}$

(2)由 E_a 计算反应速率常数 k

若已知某温度下的反应指前因子 A 和活化能 E_a,由阿仑尼乌斯公式可计算出其他温度下的反应速率常数 k,或与另一反应速率常数 k 相对应的 T。

因为活化能 E_a 总是正值,所以,当 $T_2 > T_1$ 时,则 $k_2 > k_1$,即温度升高时,反应速率增大,反应加快。

3.2.3 催化剂对反应速率的影响

广义地说,凡是能够改变反应速率的物质都是催化剂,但通常并不包括能改变反应速率的溶剂。从催化剂的状态,可把催化剂分为均相催化剂和异相催化剂(多相催化剂)两大类;从催化剂加快还是减慢反应速率的角度,可把催化剂分为正催化剂和负催化剂两大类。能加速反应速率的催化剂称为正催化剂;与之相反,能减缓反应速率的催化剂称为负催化剂。常见的催化剂大多是金属、金属氧化物、多酸化合物、配合物和酶等。例如,少量可加速 KCl 受热分解释放出氧气;在合成氨反应中使用铁触媒;在硫酸工业生产中需加入 V_2O_5 作为催化剂;固氮酶在自然界中催化固氮等。

过渡态理论认为,催化剂加快反应速率的原因是改变了反应的途径,对大多数反应而言,主要是通过改变了活化络合物而降低了活化能,这一效应可用图 3-5 形象地描述:

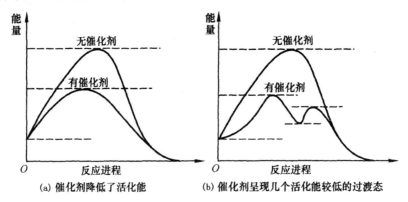

图 3-5　催化剂低估活化能的过渡状态

图 3-5 表示,使用催化剂或者形成一个只需较低活化能的新的过渡态,或者形成一系列较低活化能的新过渡态。酶催化剂通常属于后一种情况。

总之,催化剂改变反应速率是由于参与了反应。如从催化剂不会改变反应的趋势(平衡常数和反应自由能)来判定催化剂根本没有参加反应,是错误的观点。催化剂只改变反应速率,不改变反应的热力学趋向与限度,正是由于它只改变动力学反应途径,而是不改变整个反应的焓变和熵变,绝不是不参与反应。

1.催化剂的主要特征

①催化剂只对热力学上可能发生的反应($\Delta_r G_m < 0$)起加速作用。

②催化剂改变反应途径,不能改变反应的始、终态。

③催化剂同时加快正、逆反应速率,缩短达平衡时间,但不能改变平衡状态。

④催化剂只在特定条件下才具有催化活性。

⑤催化剂具有高度选择性,相同反应物在不同催化剂作用下生成不同产物。

2.催化剂的反应类型

催化反应种类很多。按照催化剂和反应物存在的状态划分为多相催化反应和均相催化反应。

(1)多相催化反应

多相催化反应是指催化剂与反应物不处于同一物相,如液体或气体反应物与固体催化剂接触,催化反应在固相催化剂表面活性中心上进行。在多相催化反应中,催化剂通常附载在不活泼的多孔性物质(载体)上,如硅胶、分子筛和硅藻土等。这些催化剂载体具有较大的表面积,可增加催化剂的附载量。另外,加入助催化剂可使催化剂的催化能力大大增强。

多相催化在化工生产和实验中大量应用。例如,合成氨反应不使用催化剂时,活化能为较高。在高温(823~873 K)、高压($1 \times 10^4 \sim 2 \times 10^4$ kPa)下使用铁触媒,同时加入少量的 K_2O 和 Al_2O_3 作助催化剂,可大大降低反应活化能,使反应速率提高 10^{17} 倍。

汽车尾气的催化氧化属于多相催化,是将 NO 和 CO 转化为无毒的 N_2 和 CO_2。使用 Pt、Pd 和 Rh 等贵金属作为催化剂,将这些催化剂以极小颗粒分散在蜂窝状的陶瓷载体上,增大表面积,使尾气可与催化剂充分接触。

(2)均相催化反应

均相催化反应是指催化剂和反应物处于同一相的反应。在均相催化反应的系统中,催化剂参加了反应生成中间产物,然后中间产物再转化成生成物,达到改变反应机理、降低活化能和加快反应速率的目的。

例如,I^- 催化 H_2O_2 分解反应,加入 I^- 后,反应机理如下:

第一步,$H_2O_2 + I^- = IO^- + H_2O$。

第二步,$IO^- = H_2O_2 + O_2 + I^-$。

总反应,$2H_2O_2 = 2H_2O + O_2$。

不使用催化剂时,H_2O_2 分解所需活化能 75.3 kJ·mol^{-1},加入 I^- 后,分解反应的活化能降低至 56.5 kJ·mol^{-1},H_2O_2 分解反应明显加速。

另一个典型的例子是酸性条件下还原剂与 $KMnO_4$ 溶液的反应,刚开始反应极为缓慢,一段时间后反应速率加快,$KMnO_4$ 溶液迅速褪色。研究发现,$KMnO_4$ 被还原为 Mn^{2+},Mn 反应起催化作用。这种催化作用也称为自催化作用。

3.催化剂影响化学反应的历程

根据过渡态理论,催化剂能改变化学反应速率的原因是,由于催化剂参加了反应,改变了反应历程,降低了活化能。

例如,CH_3CHO 的热分解反应为

$$CH_3CHO \rightarrow CH_4 + CO \qquad E_a = 190 \text{ kJ} \cdot \text{mol}^{-1}$$

在 I_2 催化下的反应为

$$CH_3CHO \xrightarrow{I_2} CH_4 + CO \qquad E_a = 136 \text{ kJ} \cdot \text{mol}^{-1}$$

I_2 催化下的反应活化能降低,被认为是由于 I_2 可以和 CH_3CHO 形成 CH_3I 过渡态:

$$CH_3CHO + I_2 = CH_3I + HI + I_2$$

通过过渡态 CH_3I 可以生成 CH_4,也可以回到 CH_3CHO:

$$CH_3I + HI = CH_4 + I_2$$

$$CH_3 + HI + CO = CH_3CHO + I_2$$

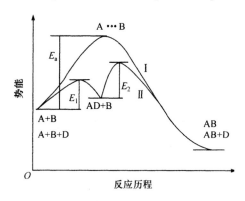

图 3-6　催化剂对反应历程的改变

催化剂对反应历程的改变和活化能的影响,可以用图 3-6 进一步说明:曲线 Ⅰ 表示无催化剂时 A 与 B 反应生成 AB 的能量变化过程;曲线 Ⅱ 表示有催化剂 D 存在时反应过程的能量变化。由图 3-6 可见,催化剂 D 的加入改变了反应的历程,使反应沿一条活化能低的捷径进行,反应速率增大。

在使用催化剂时应注意以下解:

(1)催化剂只能通过改变反应途径来改变反应速率,但不能改变反应的焓变($\Delta_v H_m$)方向和限度。

(2)在反应速率方程中,催化剂对反应速率的影响体现在反应速率常数(k)内。对确定反应来说,反应温度一定时,采用不同的催化剂一般有不同的 k 值。

(3)对同一可逆反应来说,催化剂等值地降低了正、逆反应的活化能。

(4)催化剂具有选择性。某一反应或某一类反应使用的催化剂往往对其他反应无催化作用。例如,合成氨使用的铁催化剂无助于 SO_2 的氧化。化工生产上,在复杂的反应系统中常常利用催化剂加速反应并抑制其他反应的进行,以提高产品的质量和产量。

3.2.4　其他因素对反应速率的影响

物系中物理状态和化学组成完全相同的均匀部分称为一个"相"。根据体系和相的概念,

可以把化学反应分为多相反应和单相反应两类。

（1）多相反应（不均匀系反应）。反应体系中同时存在着两个或两个以上相的反应。例如，气—固相反应（如煤的燃烧、金属表面的氧化等）、固—液相反应（如金属与酸的反应）、固—固相反应（如水泥生产中的若干主反应等）、某些液—液相反应（如油脂与 NaOH 水溶液的反应）等均属多相反应。

在多相反应中，由于反应在相与相间的界面上进行，因此多相反应的反应速率除了受上述的几种因素的影响外，还可能与反应物接触面大小和接触机会多少有关。为此，化工生产上往往把固态反应物先行粉碎、拌匀，再进行反应；将液态反应物喷淋、雾化，使其与气态反应物充分混合、接触；对于溶液，则普遍采用搅拌、振荡的方法，强化扩散作用，增加反应物的碰撞频率并使生成物及时脱离反应界面。

（2）单相反应（均匀系反应）。反应体系中只存在一个相的反应。例如，气相反应和某些液相反应均属单相反应。

此外，超声波、激光以及高能射线的作用，也可能影响某些化学反应的反应速率。

3.3　化学平衡

3.3.1　化学平衡概述

1. 化学反应中的可逆性和可逆反应

只有极少数的化学反应被认为只单向进行，如 $KClO_3$ 的分解反应为

$$2KClO_3(s) = 2KCl(s) + 3O_2(g)$$

绝大多数化学反应都有一定程度的可逆性，即可以同时向两个相反的方向进行。按照惯例，根据化学方程式的写法，称从左向右的反应方向为正反应方向，从右向左的反应方向为逆反应方向。

具有可逆的化学反应，有些可逆的程度较小，如难溶强电解质 AgCl 的溶解平衡：

$$Ag^+(aq) + Cl^-(aq) \Longleftrightarrow AgCl(s)$$

另外一些反应则具有可逆性，如下面 3 个反应：

$$CO(g) + H_2O(g) \Longleftrightarrow CO_2(g) + H_2(g)$$

$$N_2(g) + 3H_2 \Longleftrightarrow 2NH_3(g)$$

$$2NO_2(g) \Longleftrightarrow N_2O_4(g)$$

在同一条件下，能同时向正反应和逆反应两个方向进行的反应称为可逆反应。

2. 化学平衡的定义及特征

化学平衡是指在一定温度下，封闭系统中的可逆反应正、逆反应速率相等时系统的一种状态。随着化学反应的进行，反应物浓度不断下降，生成物浓度不断增加，最终达到正、逆反应速率相等，同时反应物和生成物的浓度不再随时间发生改变，此时系统中建立了化学平衡。

化学平衡状态反应化学反应在该条件下进行的最大程度。化学平衡具有以下特征：

(1)在达到平衡状态后,反应物和生成物的浓度不随时间变化而发生改变。

(2)化学平衡实质为动态平衡,正、逆反应同时进行,正、逆反应的速率相等。

(3)平衡的组成与达到平衡的途径无关。

3.实验平衡常数

可逆化学反应平衡的研究始于19世纪中期,前人对各种可逆反应平衡体系的组分进行取样和浓度(或分压)分析,以期找出可逆反应处于平衡状态时的特征,经过大量的实验,归纳总结出作为平衡特征的实验平衡常数(也称经验平衡常数)。

(1)浓度平衡常数

对于液相中的化学平衡系统,其实验平衡常数是以化学计量数为指数的生成物平衡浓度的乘积除以反应物平衡浓度的乘积所得的商称为浓度平衡常数 K_c。

例如,反应 $HF(aq) \Longleftrightarrow H^+(aq) + F^-(aq)$ 在一定温度下达到平衡状态时

$$K_c = \frac{c_{eq}(H^+) \cdot c_{eq}(F^-)}{c_{eq}(HF)}$$

式中, $c_{eq}(H^+)$、 $c_{eq}(F^-)$、 $c_{eq}(HF)$ 分别表示反映在一定温度下达到平衡状态时,水合 H^+、 F^- 和 HF 的平衡浓度。

(2)分压平衡常数

对于气相平衡系统,其实验平衡常数是以化学计量数为指数的生成物平衡分压(或平衡浓度)除以反应物的平衡分压(或平衡浓度)所得的商,即称压力平衡常数 K_p(或浓度平衡常数 K_c)。

例如,反应 $N_2O_4(g) \Longleftrightarrow 2NO_2(g)$ 在一定温度下达到平衡状态时

$$K_p = \frac{p_{eq}^2(NO_2)}{p_{eq}(N_2O_4)}$$

式中, $p_{eq}(NO_2)$、 $p_{eq}(N_2O_4)$ 分别表示反应在一定温度下达到平衡状态时 NO_2、 N_2O_4 的平衡分压。

(3) K_c 和 K_p 的关系

假设反应物和生成均为理想气体(分子无体积,无分子间力),其反应为

$$aA(g) + bB(g) \Longleftrightarrow dD(g) + eE(g)$$

则任一反应物质的分压 p_i 与其浓度 c_i 的关系为

$$p_i = \frac{n_i RT}{V} = c_i RT$$

代入分压平衡式有

$$K_p = \frac{p_{eq,D}^d \cdot p_{eq,E}^e}{p_{eq,A}^a \cdot p_{eq,B}^b} = \frac{c_{eq,D}^d \cdot c_{eq,E}^e}{c_{eq,A}^a \cdot c_{eq,B}^b} (RT)^{[(d+e)-(a+b)]} = K_c(RT)^{\Delta n}$$

即 K_c 与 K_p 的关系为

$$K_p = K_c(RT)^{\Delta n}$$

式中, Δn 表示反应方程式中各气态物质化学计量系数的代数和,计量系数对于生成物取正值,对与反应物取负值。

对于反应 $aA(g) + bB(g) \Longleftrightarrow dD(g) + eE(g)$,则有

$$\Delta n = (d + e) - (a + b)$$

（4）多相反应的平衡常数——混合平衡常数

对于多相反应，平衡浓度和平衡分压会同时出现在化学平衡表达式中。例如，对于封闭体系的反应：

$$Zn(s) + 2H^+(aq) \Longleftrightarrow Zn^{2+}(aq) + H_2(g)$$

在温度一定时，相应平衡常数的表达式可写成：

$$K = \frac{c_{eq}(Zn^{2+}) \cdot p_{eq}(H_2)}{c_{eq}^2(H^+)}$$

式中，K 为平衡常数。气态物质，K 为平衡分压；溶液态物质，K 为平衡浓度；固态物质，K 为常数不列入其中。这样的化学平衡常数称为混合平衡常数或杂平衡常数。

4. 标准平衡常数

平衡常数也可用化学反应等温方程式导出，即

$$\Delta_r G_m = \Delta_r G_m^\ominus + RT\ln J$$

若体系处于平衡状态，则 $\Delta_r G_m = 0$，并且反应项中各气体物质的分压或各溶质的浓度均指平衡分压或平衡浓度，亦即 $J = K^\ominus$。这时

$$\Delta_r G_m^\ominus + RT\ln J = 0$$

得

$$\Delta_r G_m^\ominus = -RT\ln J = -2.303RT\lg K^\ominus \qquad (3-7)$$

$$\lg K^\ominus = -\frac{\Delta_r G_m^\ominus}{2.303RT} \qquad (3-8)$$

式中，$K^\ominus$ 为标准平衡常数（旧称为热力学平衡常数）。

式（3-8）反映了标准平衡常数 $K^\ominus$ 与 $\Delta_r G_m^\ominus$、T 之间的关系，对于可逆反应，则

$$S^{2-}(aq) + 2H_2O(l) \Longleftrightarrow H_2S(g) + 2OH^-(aq)$$

标准平衡常数（$K^\ominus$）的表达式被规定为

$$K^\ominus = \frac{\{p(H_2S/p^\ominus)\} \cdot \{c(OH^-)/c^\ominus\}^2}{\{c(S^{2-})/c^\ominus\}}$$

与实验平衡常数的表达式相比，不同之处在于每种溶质的平衡浓度项均应除以标准浓度，每种气体物质的平衡分压均应除以标准压力。可见按照传统的说法，$K^\ominus$ 是无量纲的，但按照新国标（GB3102.8—93）的说法，$K^\ominus$ 的量纲为1。

标准平衡常数与压力选用何种单位无关，至与温度有关；但实验平衡常数不仅与以浓度表示还是以压力表示有关，而且与压力选用何种单位有关。

5. 平衡常数的书写

（1）通常认为反应过程中，纯固体、纯液体浓度无变化，所以纯固体、纯液体的浓度不写在化学平衡常数表达式中。

例如

$$CaCO_3(s) \Longleftrightarrow CaO(s) + CO_2(g) \qquad K_p = p^{eq}(CO_2)$$

（2）稀得水溶液中反映，H_2O 是大量的，所以 H_2O 的浓度也不写在化学平衡常数表达式中。

例如

$$CrO_7^{2-}(aq) + H_2O(l) \Longleftrightarrow 2CrO_4^{2-}(aq) + 2H^+(aq)$$

$$K_c = \frac{c_{eq}^2(CrO_4^{2-}) \cdot c_{eq}^2(H^+)}{c_{eq}(Cr_2O_7^{2-})}$$

③化学平衡常数的表达式和数值与方程式写法有关。对于一个给定的反应，化学计量方程式不同，化学平衡常数数值不同。这说明化学平衡常数是广度性质。

例如，在 $T = 773$ K 时，合成氨的反应为

$$N_2(g) + 3H_2(g) = 2NH_3(g)$$

$$K_p = \frac{p_{dq}^2(NH_3)}{p_{eq}(N_2) \cdot p_{eq}^3(H_2)} = 7.9 \times 10^{-5}(Pa)^{-2}$$

$$\frac{1}{2}N_2(g) + \frac{3}{2}H_2(g) = NH_3(g)$$

$$K_p' = \frac{p_{dq}^2(NH_3)}{p_{eq}^{\frac{1}{2}}(N_2) \cdot p_{eq}^{\frac{3}{2}}(H_2)} = 8.9 \times 10^{-3}(Pa)^{-1}$$

在同一温度下，$K_p = (K_p')^2$。

④一个可逆的化学方程式表达为其逆反应的形式时，其正反应和逆反应的化学平衡常数互为倒数。

例如，$N_2O_4(g) \Longleftrightarrow 2NO_2(g)$ 的反应在 $T = 273$ K 时的分压平衡常数为

$$K_p = \frac{p_{eq}^2(NO_2)}{p_{eq}(N_2O_4)}$$

若反应式写作 $2NO_2(g) \Longleftrightarrow N_2O_4(g)$，在同样温度下，其分压平衡常数为

$$K_p' = \frac{1}{K_p} = \frac{p_{eq}(N_2O_4)}{p_{eq}^2(NO_2)}$$

6. 平衡常数的意义

①平衡常数为可逆反应的特征常数，表示一定条件下可逆反应进行的程度。对同类反应而言，K 值越大，反应朝正向进行的程度越大，反应进行得越完全。

②根据平衡常数可以判断反应方向。定义下式中 Q 为反应商：

$$Q = \frac{[c(Y)/c^\ominus]^y [c(Z)/c^\ominus]^z}{[c(A)/c^\ominus]^a [c(B)/c^\ominus]^b} \tag{3-9}$$

式中各量为平衡或非平衡状态下的值。

当 $Q < K^\ominus$ 时，反应正向进行；当 $Q = K^\ominus$ 时，反应达到平衡；当 $Q > K^\ominus$ 时，反应逆向进行。当 $Q < K^\ominus$ 时，说明生成物的浓度（或分压）小于平衡浓度（或分压），反应处于不平衡状态反应将正向进行；反之，当 $Q > K^\ominus$ 时，系统也处于不平衡状态，但这时生成物将转化为反应物，即反应逆向进行；只有当 $Q = K^\ominus$ 时，系统才处于平衡状态，这就是化学反应进行方向的反应商判据。

7.化学平衡的计算

平衡常数可以用来求算反应体系中有关物质的浓度和某一反应物的平衡转化率(又称理论转化率),以及从理论上求算欲达到一定转化率所需的合理原料配比等问题。某一反应物的平衡转化率是指化学反应达平衡后,该反应物转化为生成物,从理论上能达到的最大转化率 α ,即

$\alpha =$ 某反应物已转化的量/反应开始时反应物的总量 $\times 100\%$

若反应前后体积不变,又可表示为

$\alpha =$ (某反应物起始浓度 $-$ 某反应物平衡浓度)/反应物的起始浓度 $\times 100\%$

转化率越大,表示正反应进行程度越大。转化率与平衡常数有所不同,转化率与反应体系的起始状态有关,而且必须明确是指反应物中的哪种物质的转化率。

显然,转化率是对反应物(即原料)而言的;化工生产中还常用到产率(或收率)这一名词,那是对所指的某产物而言的,其定义为某产物的实际产量在原料全部转变为该产物应得的产物量中所占的百分数,即

产率 $=$ 某产物的实际产量/原料全部转化为该产物应得的产物量 $\times 100\%$

3.3.2　化学平衡的移动

因外界条件改变使可逆反应从一种平衡状态向另一种平衡状态转变的过程,称为化学平衡的移动。如上所述,从质的变化角度来说,化学平衡是可逆反应的正、逆反应速率相等时的状态;从能量变化角度说,可逆反应达平衡时, $\Delta_r G_m = 0$, $J = K^\circ$ 。因此一切能导致 $\Delta_r G_m$, J 值发生变化的外界条件(浓度、压力、温度)都会使平衡发生移动。

1.浓度对化学平衡的影响

对于某一可逆反应:

$$cC + dD \Longrightarrow yY + zZ$$

在一定温度下,根据

$$\Delta_r G_m = \Delta_r G_m^\circ + RT \ln J$$

和

$$\Delta_r G_m = -RT \lg K^\circ$$

可得:

$$\Delta_r G_m = -RT K^\circ + RT \ln K = RT \ln \frac{J}{K^\circ} \tag{3-10}$$

式(3-10)称为化学反应等温方程式。它表明了在等温、等压条件下,化学反应自由能改变与反应的 K° 与参加反应的个物质的浓度(或分压)之间的关系。应用最小自由能原理,并结合等温方程式可判断平衡移动方向。

当

$$\Delta_r G_m = RT \ln \frac{J}{K^\circ} \begin{cases} < \\ = \\ > \end{cases} 0 \text{ 时}, J \begin{cases} < \\ = \\ > \end{cases} K^\circ, \begin{cases} 正向移动 \\ 平衡状态 \\ 逆向移动 \end{cases}$$

对于以达到平衡的体系,如果增加反应物的浓度或减少生成物的浓度,则使 $J < K^\ominus$,平衡会向正反应的方向移动,移动所带来的即如果是使 J 增大,直至 J 重新等于 $K^\ominus$;反之,如果减少反应物的浓度或增大生成物的浓度,则 $J > K^\ominus$,则平衡向逆反应的方向移动。

浓度对化学平衡的影响在生产上有广泛的应用。

例如,在硫酸工业中,常用到的反应有

$$2SO_2(g) + O_2(g) \Longleftrightarrow 2SO_3(g)$$

从反应方程式可见,完全反应时 SO_2 和 O_2 反应物的量(分压力)之比为 $p(SO_2):p(O_2)=1:0.5$;但实际生产中,往往提高了 O_2 的分压比,使 $p(SO_2):p(O_2)=1:1.6$,因为这有利于平衡向正反应方向移动,对于本反应来说,化学平衡向正反应方向移动可以提高的转化率。

2.压力对化学平衡的影响

压力对化学平衡的影响也可根据范特霍夫等温式讨论,具体以下:

(1)无气体参与的反应,改变反应压力,对平衡基本无影响。

因为压力的变化对固相或液相的浓度基本没有影响,反应又没有气体参与,因而压力的改变对反应商基本 Q 无影响。

(2)反应前、后气体计量系数不变的反应,压力对其平衡没有明显影响。

总的来说,对有气体参与的反应,压力对平衡的影响,可通过是否改变反应商 Q 来讨论。若反应前、后气体计量系数不变,压力改变时,反应商 Q 不变,因而平衡不会移动。

例如,反应 $H_2 + I_2 = 2HI$,增大或减少反应总压对生成物和反应物的分压所产生的影响等效,即

$$Q = \frac{[p(HI)/p^\ominus]}{[p(H_2)/p^\ominus] \cdot [p(I_2)/p^\ominus]}$$

反应商不因总压不同而改变,所以平衡的位置不变。

(3)压力只对反应前后气体分子总数发生变化的反应有影响,即

$$\Delta n = \Sigma n(g)_{生成物} - \Sigma n(g)_{反应物}$$

当 $\Delta n > 0$ 时,增大压力,平衡向左移动,如

$$N_2O_4(g)(无色) \Longleftrightarrow 2NO_2(g)(红棕)$$

当 $\Delta n < 0$ 时,增大压力,平衡向右移动,如

$$2SO_2(g) + O_2(g) \Longleftrightarrow 2SO_3(g)$$

当 $\Delta n = 0$ 时,改变压力,平衡不移动,如

$$H_2(g) + I_2(g) \Longleftrightarrow 2HI(g)$$

由此得结论:压力变化只对那些反应前后气体分子总数有变化的反应有影响。在恒温下,增大总压力,平衡向气体分子总数减小的方向移动;减小总压力,平衡向气体分子总数增大的方向移动。

3.温度对化学平衡的影响

温度对化学平衡的影响与浓度、压力有着本质的区别。在一定温度下,浓度或压力改变时,因系统组成改变而使平衡发生移动,平衡常数并未改变。而温度变化时,主要改变了平衡

常数,从而导致平衡的移动。

结合范德霍夫等温式与吉布斯—亥姆霍斯方程,讨论温度对化学平衡的影响。

在标准状态下,不做非体积功的封闭系统,范德霍夫等公式为

$$\Delta_r G_m^\ominus = -RT\ln K^\ominus$$

在同一条件下,吉布斯—亥姆霍斯方程为

$$\Delta_r G_m^\ominus = \Delta_r H_m^\ominus - T\Delta_r S_m^\ominus$$

合并,得

$$-RT\ln K^\ominus = \Delta_r H_m^\ominus - T\Delta_r S_m^\ominus$$

$$\ln K^\ominus = -\frac{\Delta_r H_m^\ominus}{RT} + \frac{\Delta_r S_m^\ominus}{R} \qquad (3-11)$$

式(3—10)为范德霍夫方程。

在温度变化范围不大,而且不存在相变的情况下,忽略标准摩尔熵变以及标准摩尔焓变随温度发生的变化,即用 298 K 的标准摩尔熵变 $\Delta_r S_m^\ominus$ 或标准摩尔焓变 $\Delta_r H_m^\ominus$ 的值代替其他温度 T 的标准摩尔熵变 $\Delta_r S_m^\ominus(T)$ 或标准摩尔焓变 $\Delta_r H_m^\ominus(T)$ 值,即

$$\Delta_r S_m^\ominus \approx \Delta_r S_m^\ominus(T) \quad \Delta_r H_m^\ominus \approx \Delta_r H_m^\ominus(T)$$

所以有

$$\ln K_1^\ominus = -\frac{\Delta_r H_m^\ominus}{RT_1} + \frac{\Delta_r S_m^\ominus}{R}$$

$$\ln K_2^\ominus = -\frac{\Delta_r H_m^\ominus}{RT_2} + \frac{\Delta_r S_m^\ominus}{R}$$

两式相减得

$$\ln\frac{K_2^\ominus}{K_1^\ominus} = \frac{\Delta_r H_m^\ominus}{R}\left(\frac{1}{T_1} - \frac{1}{T_2}\right) = \frac{\Delta_r H_m^\ominus}{R}\times\left(\frac{T_2 - T_1}{T_1 T_2}\right) \qquad (3-12)$$

由式(3—12)可以看出:

(1)对于放热反应,$\Delta_r H_m^\ominus < 0$,升高温度 $T_2 > T_1$ 后,平衡向逆方向移动,即化学反应向吸热的方向移动。

(2)对于吸热反应,$\Delta_r H_m^\ominus > 0$,升高温度 $T_2 > T_1$ 后,平衡向正方向移动,即化学反应向吸热的方向移动。

例如,NH$_3$ 的反应,即

N$_2$(g)+3H$_2$(g)$\Longrightarrow$2NH$_3$(g);$\Delta_r H_m^\ominus$(298.15K) $= -92.22$ kJ·mol^{-1},$K^\ominus$ 与 T 的关系见表 3—7。

表 3-7　温度对 NH$_3$ 反映标准平衡常数的影响

T/K	473	573	673	773	873	973
$K^\ominus$	4.4×10^{-2}	4.9×10^{-3}	1.9×10^{-4}	1.6×10^{-5}	2.3×10^{-6}	4.8×10^{-7}

因此,在恒压条件下,升高平衡体系的温度时,平衡常数向吸热反应的方向移动;降低温度时,平衡向着放热反应的方向移动。

4.催化剂对化学平衡的影响

虽然催化剂能够改变反应速率,但是,对于任意一个确定的可逆反应来说,由于催化剂的

化学组成、质量不变,因此无论是否使用催化剂,反应的始态、终态都是一样的,即反应的标准吉布斯自由能变 $\left[\Delta_r G_m^\circ (T)\right]$ 相等。根据 $\Delta_r G_m^\circ (T) = -RT\ln K^\circ (T)$,温度不变时,催化剂不会影响化学平衡的状态,会使尚未达到平衡的化学反应在不升高温度的情况下缩短达到平衡的时间,从而提高生产速率。

综合上述各种因素系,对化学平衡的影响,1884 年吕·查得(Le Chatelier 法国)归纳、总结出了一条关于平衡移动的普遍规律:当反应的体系达到平衡之后,如果改变平衡状态的任意一个条件(例如,浓度、压力、温度),反应平衡就会向着能减弱其改变的方向移动。此规律被称为吕·查得理原理。此原理不仅适用于化学平衡体系,还适用于物理平衡体系,但要注意,平衡移动原理只适用于已达到平衡的体系,而不适用于未达到平衡的体系。

第4章 电解质溶液

4.1 概述

由两种或两种以上的物质混合形成的均匀稳定的分散体系,称为溶液。按此定义,常将溶液分为三类,即气态溶液、固态溶液和液态溶液。

气态溶液是气体混合而成的混合物。固态溶液(固溶体)如合金等,是固体状态稳定均匀的分散体系。

本节只讨论溶液。通常,溶解其他物质的化合物称为溶剂,被溶解的物质称为溶质。当气体或固体溶于液体时,液体称为溶剂,气体或固体称为溶质。当两种液体互相溶解时,一般把量多的称为溶剂,量少的称为溶质。

溶液的形成过程伴随着能量、体积或颜色的变化。例如,无色的 $CuSO_4$ 铜粉末溶于水变成蓝色的水溶液,说明溶解过程并不是单纯的机械混合的物理过程,而是一种物理化学过程。溶解过程包括两部分:溶质分子或离子的离散过程,需要吸热来克服原有质点间的引力,同时这也是一个增大溶液体积的过程;溶剂化过程,是一个放热、使液体体积减小的过程。因此,总的溶解过程是吸热还是放热、体积是增大还是缩小,都受到互相竞争的这两个过程的制约。颜色的变化本身是溶质质点溶剂化的一部分。例如,无水的 Cu^{2+} 是无色的,而 $[Cu(H_2O)_6]^{2+}$ 是蓝色的。

根据电解质溶液理论,可以把电解质分为强电解质和弱电解质两类。在水溶液中能完全离解的电解质称为强电解质;在水溶液中仅能部分离解的电解质称为弱电解质。

强电解质在水溶液中完全离解成离子,不存在离解平衡,因此其离解度应为100%。但是,根据溶液导电实验测得强电解质在溶液中的离解度小于100%。1923年德拜(Debye)和提出了强电解质溶液理论,较好的解决了离解度问题。他们认为,强电解质在水溶液中是完全离解的,溶液中离子浓度较大,离子间相互的静电作用比较大,每一个离子都被异号电荷的离子所包围形成离子氛,即正离子周围形成负离子组成的离子氛,负离子周围形成正离子组成的离子氛。由于离子氛的存在,使正、负离子的运动受到牵制而不能完全自由,结果离子的运动受到限制,从表观上看相当于离子数目的减少,因此溶液的导电性比理论值低。强电解质在水溶液中全部以水合离子状态存在,因而具有很强的导电性。

当溶质加入溶剂中溶解后就形成了溶液,这时,新形成的溶液的性质相对于原来溶质的性质会出现两种情况:一种是溶液的性质与溶质的性质相同,保持一些基本的物理化学性质不变,如酸性、碱性、氧化性、还原性、颜色等;另一种是溶液的一些物理性质与溶质的本身性质无关,仅与加入的溶质的量(浓度)有关。例如,非电解质稀溶液的蒸气压下降、沸点上升、凝固点下降和渗透压等,称为非电解质溶液的通性,又称依数性。

4.2 弱电解质的电离平衡

4.2.1 一元弱酸弱碱的解离平衡

1. 解离平衡与平衡常数

一元弱酸和一元弱碱是常见的弱电解质,在水溶液中仅有一部分分子离解为离子,它们的离解是可逆的,存在着未离解的分子和离子间的离解平衡。例如,HAc 在水溶液中的离解过程为

$$HAc + H_2O \rightleftharpoons H_3O^+ + Ac^-$$

可简写为

$$HAc \rightleftharpoons H^+ + Ac^-$$

在一定温度下达到离解平衡时,其平衡常数的表达式为

$$K_a^\theta = \frac{[c_{(H^+)}/c^\theta][c_{(Ac^-)}/c^\theta]}{[c_{HAc}/c^\theta]} = \left[\frac{c'_{H^+} c'_{Ac^-}}{c'_{HAc}}\right] \tag{4-1}$$

式中(4-1) K_a^θ 称为弱酸离解平衡常数,简称离解常数。

对于一元弱碱 B 而言,其离解过程与一元弱酸相似,其离解平衡常数可用 K_b^θ 来表示如:

$$B + H_2O \rightleftharpoons HB + OH^-$$

简写为

$$HB \rightleftharpoons H^+ + B^-$$

$$K_b^\theta = \frac{[c_{(H^+)}/c^\theta](c_{(B^-)}/c^\theta)}{(c_{(HB)}/c^\theta)} = \frac{[c'_{(H^+)} c'_{(B^-)}]}{c'_{(HB)}} \tag{4-2}$$

式中, K_a^θ 、 K_b^θ 分别表示弱酸、弱碱的离解常数。与其他平衡常数一样,不受浓度变化的影响,但随温度变化而变化,如表 4-1 列出了不同温度下甲酸的离解常数。由于弱电解质的热效应不大,所以温度对离解常数的影响不明显,一般不会影响到数量级,因此在室温下可以忽略温度对离解常数的影响。

表 4-1　不同温度下甲酸的离解常数

T/K	288	293	298	303
K_a^θ	1.794×10^{-4}	1.765×10^{-4}	1.772×10^{-4}	1.747×10^{-4}

离解常数与电解质的本性有关,在相同温度下,不同弱电解质有不同的离解常数,离解常数越大,表明弱电解质的离解程度越大,该弱电解质相对的较强。反之,弱电解质越弱。因此可以根据弱电解质的离解常数的大小比较弱电解质的相对强弱。

2. 离解度

对于弱电解质,还可以用离解度 α 表示其离解的程度,即

$$\alpha = \frac{已离解的弱电解质的浓度}{弱电解质的起始浓度} \times 100\% \tag{4-3}$$

在温度、浓度相同的条件下,离解度大,表示该弱电解质相对较强。

离解度与溶液的浓度有关。故在表示离解度时必须指出酸或碱的浓度。

离解度、离解常数和浓度之间有一定的关系。以一元弱酸 HA 为例,设浓度为 c,离解度为 α,推导如下:

$$HA \Longrightarrow H^+ + A^-$$

起始浓度 $\qquad\qquad\qquad\qquad c \qquad\quad 0 \qquad 0$

平衡浓度 $\qquad\qquad\qquad\quad c(1-\alpha) \quad\ 0 \qquad 0$

带入式(4-1)中解

$$K_a^\theta = \frac{c'_{(H^+)} c'_{(Ac^-)}}{c'_{(HAc)}} = \frac{c'\alpha \cdot c'\alpha}{c'(1-\alpha)} = \frac{c'\alpha^2}{(1-\alpha)}$$

$$c'\alpha^2 + K_a^\theta \alpha - K_a^\theta = 0$$

$$\alpha = \frac{-K_a^\theta + \sqrt{(K_a^\theta)^2 + 4cK_a^\theta}}{2c'}$$

$$c_{(H^+)} = c\alpha = c\frac{-K_a^\theta + \sqrt{(K_a^\theta)^2 + 4cK_a^\theta}}{2c'} = \frac{-K_a^\theta + \sqrt{(K_a^\theta)^2 + 4cK_a^\theta}}{2}c \qquad (4-4)$$

当电解质很弱时,对应的 K^θ 值很小,离解度很小,可认为 $1-\alpha \approx 1$,做近似计算时,得:

$$K_a^\theta = c'\alpha^2$$

$$\alpha = \sqrt{\frac{K_a^\theta}{c'}}$$

$$c'_{H^+} = \sqrt{K_a^\theta c'}$$

同样对于一元弱碱溶液得到

$$K_b^\theta = c'\alpha^2$$

$$\alpha = \sqrt{\frac{K_b^\theta}{c'}}$$

$$c'_{OH^-} = \sqrt{K_b^\theta c'} \qquad\qquad\qquad (4-5)$$

式(4-4)和式(4-5)若针对某一指定的电解质而言,K_a^θ 和 K_b^θ 是定值。

3. 弱酸弱碱中的 $c_{(H^+)}$ 及 pH 值计算

以 HAc 为例,设起始时 HAc 的浓度为 c_a:

$$HA \Longrightarrow H^+ + A^-$$

开始浓度/$(mol \cdot L^{-1})$ $\qquad\qquad c_a \qquad\quad 0 \qquad 0$

平衡时的浓度/$(mol \cdot L^{-1})$ $\qquad c_a-x \quad x \qquad x$

由平衡常数表达式,则有

$$K_a^\theta = \frac{C_{(H^+)} + c'_{(Ac^-)}}{c'_{(HAc)}} = \frac{x^2}{c_a - x}$$

当 $\alpha \leqslant 5\%$ 或 $c_a/K_a^\theta \geqslant 500$ 时,$c_a - x \approx c_a$

则

$$K_a^\theta = \frac{x^2}{c_a}$$

$$c_{(H^+)} = x = \sqrt{K_a^\theta c_a} \qquad (4-6)$$

所以

$$pH = \frac{1}{2}(pK_a^\theta - \lg c_a) \qquad (4-7)$$

式(4-1)是近似计算一元弱酸溶液的 $c_{(H^+)}$ 的最简式,使用条件是忽略水的电离;$\alpha \leqslant 5\%$ 或 $c_a/K_a^\theta \geqslant 500$,当 $\alpha > 5\%$ 或 $c_a/K_a^\theta < 500$ 时,则:

$$c_{(H^+)} = \frac{-K_a^\theta + \sqrt{(K_a^\theta)^2 + 4c_a K_a^\theta}}{2} \qquad (4-8)$$

同理,对于一元弱碱,当 $\alpha \leqslant 5\%$ 或 $c_a/K_b^\theta \geqslant 500$,计算溶液中 c_{OH^-} 的最简式

$$c_{OH^-} = \sqrt{K_b^\theta c_b}$$

$$pH = 14 - \frac{1}{2}(pK_b^\theta - \lg c_b) \qquad (4-9)$$

当 $\alpha > 5\%$ 或 $c_a/K_a^\theta < 500$ 时,则

$$c_{OH^-} = \frac{-K_b^\theta + \sqrt{(K_b^\theta)^2 + 4c_b K_b^\theta}}{2} \qquad (4-10)$$

4.2.2 多元弱酸的离解平衡

多元弱电解质在水中的离解分步进行,例如氢硫酸是二元弱酸,分两步离解。

第一步离解

$$H_2S \Longleftrightarrow H^+ + HS^-$$

$$K_{a1}^\theta(H_2S) = \frac{[c'_{(H^+)} \cdot c'_{(HS^-)}]}{c'_{(H_2S)}} = 1.32 \times 10^{-7}$$

第二步离解

$$K_{a2}^\theta(H_2S) = \frac{[c'_{(H^+)} \cdot c'_{(S^{2-})}]}{c'_{(HS^-)}} = 7.10 \times 10^{-15}$$

由 K_{a1}^θ 和 K_{a2}^θ 的数值可以看出,$K_{a1}^\theta \gg K_{a2}^\theta$,说明第二级电离远比第一级电离困难。原因有:第一,带两个负电荷的 S^{2-} 对 H^+ 的吸引要比带一个负电荷的 HS^- 对 H^+ 的吸引强得多;第二,第一级电离的 H^+ 对第二级的电离产生同离子效应,抑制第二级的电离。因此,多元弱酸(或碱)的电离,$K_{a1}^\theta \gg K_{a2}^\theta \gg K_{a3}^\theta \cdots$;多元弱酸(碱)溶液中 $H^+(OH^-)$ 主要来源于第一级电离,当近似计算溶液中的 $H^+(OH^-)$ 浓度时,一般可忽略二级及以后的电离。

又如,磷酸的离解分三步。

第一步

$$H_3PO_4 \Longleftrightarrow H^+ + H_2PO_4^-$$

$$K_{a1}^\theta(H_3PO_4) = \frac{c'_{(H^+)} \cdot c'_{(H_2PO_4^-)}}{c'_{H_3PO_4}} = 7.1 \times 10^{-3}$$

第二步

$$H_2PO_4^- \Longleftrightarrow H^+ + HPO_4^{2-}$$

$$K_{a2}^\theta(H_3PO_4) = \frac{c'_{H^+} \cdot c'_{HPO_4^{2-}}}{c'_{H_2PO_4^-}} = 6.3 \times 10^{-8}$$

$$HPO_4^{2-} \Longrightarrow H^+ + PO_4^{3-}$$

$$K_{a3}^{\theta}(H_3PO_4) = \frac{c'_{(H^+)} \cdot c'_{(PO_4^{3-})}}{c'_{(HPO_4^{2-})}} = 4.2 \times 10^{-13}$$

离解平衡和其他化学平衡一样是暂时、相对和有条件的,当外界条件发生变化时平衡会遭到破坏而发生移动。影响离解平衡的因素主要有温度、同离子效应和盐效应。由于离解过程的热效应不显著,温度对离解平衡的影响较小,在室温下可以忽略温度的影响。同离子效应会使弱电解质离解度减小,盐效应会使弱电解质离解度增大。

4.3　溶液的酸碱性

4.3.1　水的解离平衡与水的离子积

水是重要的溶剂。电解质在水溶液中建立的离子平衡都有水的平衡有关。纯水均有微弱的导电能力,这说明纯水能发生微弱的离解,即

$$H_2O + H_2O \Longrightarrow H_3O^+ + OH^-$$

可简写成

$$H_2O \Longrightarrow H^+ + OH^-$$

在一定的温度下,当水的解离达到平衡时,其平衡常数可以表示为

$$K^{\theta} = \frac{(c_{(H^+)}/c^{\theta}) \cdot (c_{OH^-}/c^{\theta})}{(c_{H_2O}/c^{\theta})} = \frac{c'_{(H^+)} \cdot c'_{(OH^-)}}{c'_{(H_2O)}} \tag{4-11}$$

式中,c_A 为,各物质平衡时的浓度;c'_A 为水中各组分的平衡浓度与标准浓度 c^{θ} 的比值,由于 $c^{\theta} = 1 \, mol \cdot L^{-1}$,故 c_A 和 c'_A 数值完全相等,只是量纲不同。由于水的离解很微弱,说明绝大部分水仍以水分子形式存在,离解前后水的浓度几乎不变,因此可以把 c'_{H_2O}。看作一个常数,将其与 K^{θ} 合并,将得到一个新的常数 K_w^{θ},于是

$$c'_{H^+} \cdot c'_{OH^-} = K^{\theta} \cdot c'_{H_2O} = K_w^{\theta}$$

上式表明在一定温度下,水中 c'_{H^+} 和 c'_{OH^-} 的乘积为一常数,这一常数称为水的离子积常数 K_w^{θ},简称水的离子积。水的离解平衡也是一种化学平衡,所以 K_w^{θ} 的大小只与温度有关,与浓度无关。

根据实验测定,在 $T = 295 \, K$ 时,1 L 纯水中仅有 101 mol 水分子离解,即 $c'_{H^+} = c'_{OH^-} = 10^{-7} \, mol \cdot L^{-1}$,所以

$$K_w^{\theta} = c'_{H^+} \cdot c'_{OH^-} = 1.0 \times 10^{-14} \tag{4-12}$$

由于水的离解过程是吸热过程,所以温度升高,K_w^{θ} 增大。表 4-2 列出若干温度下的 K_w^{θ} 值,可以看出室温下职随温度变化不明显,因此,一般可认为室温下 $K_w^{\theta} = 1.0 \times 10^{-14}$。

表 4-2　水的离子积(K_w^θ)与温度的关系

T/K	K_w^θ	T/K	K_w^θ
273	0.13×10^{-14}	298	1.27×10^{-14}
291	0.74×10^{-14}	323	5.6×10^{-14}
295	1.00×10^{-14}	373	7.4×10^{-14}

4.3.2　溶液的酸碱性及 pH 值

1.溶液的酸碱性

在纯水或中性溶液中,25℃时 $c_{(H^+)} = c_{(OH^-)} = 10^{-7}$ mol·L^{-1}。

当向水中加入酸时,溶液中 $c_{(H^+)}$ 就会增大,设达到新的平衡时该溶液的 $c_{(H^+)}$ 为 1.0×10^{-2} mol·L^{-1},因为 $c_{(H^+)} \cdot c_{(OH^-)} = 10^{-14}$,则 $c_{(OH^-)} = \dfrac{K_w}{c_{(H^+)}} = \dfrac{1.0 \times 10^{-14}}{1.0 \times 10^{-2}} = 1 \times 10^{-12}$ mol·L^{-1}。可见,在酸性溶液中,$c_{(H^+)} > 1.0 \times 10^{-7}$ mol·L^{-1},而 $c_{OH^-} < 1.0 \times 10^{-7}$ mol·L^{-1}。

若向纯水中加入碱,溶液中 c_{OH^-} 就会增大,设达到新的平衡时该溶液的 $c_{(OH^-)}$ 为 1.0×10^{-2} mol·L^{-1},同理计算出 $c_{(H^+)} = 1 \times 10^{-12}$ mol·L^{-1}。可见,在碱性溶液中 $c_{(OH^-)} > 1.0 \times 10^{-7}$ mol·L^{-1},而 $c_{(H^+)} < 1.0 \times 10^{-7}$ mol·L^{-1}。

由上述三种情况可知:

(1)在纯水或中性溶液中,$c_{(H^+)} = c_{(OH^-)} = 1.0 \times 10^{-7}$ mol·L^{-1}。

(2)在酸性溶液中,$c_{(H^+)} > c_{(OH^-)} > 1.0 \times 10^{-7}$ mol·L^{-1}。

(3)在碱性溶液中,$c_{(H^+)} < c_{(OH^-)} < 1.0 \times 10^{-7}$ mol·L^{-1}。

因此,在水溶液中,溶液的酸碱性与 $c_{(H^+)}$、$c_{(OH^-)}$ 的关系为:①当 $c_{(H^+)} = c_{(OH^-)}$ 时,溶液显中性;②当 $c_{(H^+)} > c_{(OH^-)}$ 时,溶液显酸性;③当 $c_{(H^+)} < c_{(OH^-)}$ 时,溶液显碱性。

2.溶液的 pH 值

在一般的稀溶液中,H^+ 的浓度很小,因此用 H^+ 离子浓度表示溶液的酸碱性计算和使用都很不方便,通常用 pH 值来表示溶液的酸碱性。pH 值的概念是 1909 年丹麦生物学家索伦森首先提出来的,其定义是:溶液中 $c'_{(H^+)}$ 的负对数叫做 pH 值,即

$$pH = -\lg c'_{(H^+)}$$

从上式不难得出 $c_{(H^+)}$,pH 和溶液酸碱性之间关系如下:

(1) $c_{(H^+)} > 1.0 \times 10^{-7}$ mol·L^{-1},pH < 7(溶液显酸性)

(2) $c_{(H^+)} = 1.0 \times 10^{-7}$ mol·L^{-1},pH $= 7$(溶液显中性)

(3) $c_{(H^+)} < 1.0 \times 10^{-7}$ mol·L^{-1},pH > 7(溶液显碱性)

pH 值是溶液酸碱性的量度。pH 值越大,$c_{(H^+)}$ 越小,溶液酸性越弱;反之,pH 值小,$c_{(H^+)}$ 越大,溶液酸性越强。从 pH 值的定义不难看出,pH 值每减小一个单位,相当于 $c_{(H^+)}$ 的浓度增大了 10 倍;pH 值每增大一个单位,相当于 $c_{(H^+)}$ 的浓度减小到原来的 1/10。

在实际中 pH 值的范围一般只限于 0~14,如图 4-1 所示。当 $c_{(H^+)}$ 或 $c_{(OH^-)}$ 大于 1.0 mol·L^{-1}

时,就不再采用 pH 值来表示,仍然采用 $c_{(H^+)}$ 和 $c_{(OH^-)}$ 来表示。

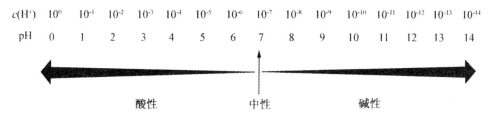

图 4-1　溶液的酸碱性与 pH 值的关系

4.3.3　酸碱指示剂

测定溶液 pH 值的方法很多,如需要准确知道溶液的 pH 值,可采用酸度计来测量。如只需要知道溶液大概的 pH,使用酸碱指示剂或 pH 试纸就可以了。

借助其颜色变化来指示溶液 pH 的物质称为酸碱指示剂。它们大多是结构复杂的有机弱酸或弱碱。最常用的有甲基橙、甲基红、酚酞等。

酸碱指示剂的变色原理是基于它们在溶液中存在着离解平衡,其分子和离子的颜色不同,当溶液的 pH 改变时,分子和离子的相对浓度发生变化,从而使溶液呈现不同的颜色。现以甲基橙为例加以说明。

甲基橙是一种有机弱酸,若以 HIn 代表甲基橙,则在溶液中存在的离解平衡。

$$HIn \rightleftharpoons H^+ + In^-$$
（红色）　　（黄色）

HIn 是酸,它所显示的颜色叫酸色;In^- 是碱,它所显示的颜色叫碱色。由平衡移动原理可知,增大溶液的 $c_{(H^+)}$,平衡向左移动,$c_{(HIn)}$ 增大,溶液呈现红色;增大溶液的 $c_{(OH^-)}$,平衡向右移动,$c_{(In^-)}$ 增大,溶液呈现黄色。由此可见,当溶液的 pH 发生改变时,指示剂的离解平衡将向不同的方向移动,从而显示不同的颜色。

pH 值在医学上很重要,人体体液的 pH 值如图 4-2 所示。例如,正常人体血液的 pH 值总是维持在 7.35～7.45 之间。临床上把血液的 pH 值小于 7.35 者,叫酸中毒;大于 7.45 者,叫碱中毒。无论是酸中毒还是碱中毒,都会引起非常严重的后果,必须采取适当的措施将血液的 pH 值纠正过来。

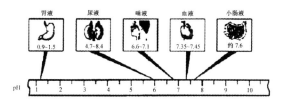

图 4-2　人体液中的 pH 值

4.4　缓冲溶液

4.4.1　同离子效应与盐效应

1.同离子效应

弱电解质在水溶液中存在着离解平衡,根据平衡移动原理,改变体系中离子的浓度,会使离解平衡发生移动。例如,一定温度下的 HAc 在溶液中存在的平衡为

$$HAc \Longrightarrow H^+ + Ac^-$$

若在平衡体系中加入 NaAc,由于 NaAc 是强电解质,在溶液中完全离解为 Na^+ 离子和 Ac^- 离子,溶液中 Ac^- 离子的浓度会显著增大。根据平衡移动原理,HAc 的离解平衡会向左移动,从而导致 HAc 的离解度减小。

同样,在 $NH_3 \cdot H_2O$ 中加入强电解质 NH_4Cl 也会使 $NH_3 \cdot H_2O$ 的离解平衡向左移动,离解度减小。

像以上这些,在弱电解质溶液中,加入与弱电解质具有共同离子的强电解质,而使弱电解质的离解度减小的现象称为同离子效应。有同离子效应存在时,一元弱酸、弱碱溶液中 $c_{(H^+)}$ 和 $c_{(OH^-)}$ 的浓度如何计算,现以 HA 为一元弱酸进行推导,设离解平衡时 $c_{(H^+)}$ 为 x ,则

$$HA \Longrightarrow H^+ + A^-$$

开始浓度/(mol·L^{-1})　　　　$c_{酸}$　　　0　　　$c_{盐}$

平衡时的浓度/(mol·L^{-1})　　$c_{酸}-x$　　x　　$c_{盐}+x$

将平衡浓度代入离解平衡常数表达式

$$K_a^\theta = \frac{(c_{(H^+)}/c^\theta)(c_{A^-}/c^\theta)}{(c_{HA}/c^\theta)} = \frac{x(c_{盐}+x)}{c_{酸}-x}$$

由于 HA 为弱酸,且存在同离子效应时,其离解度会更小,所以 $c_{盐}+x \approx c_{盐}$,$c_{酸}-x \approx c_{酸}$。于是

$$K_a^\theta = \frac{xc_{盐}}{c_{酸}}$$

$$x = K_a^\theta \frac{c_{酸}}{c_{盐}}$$

即
$$c_{(H^+)} = K_a^\theta \frac{c_{酸}}{c_{盐}} \tag{4-13}$$

同理可推导一元弱碱及其盐共存时 OH^- 的近似计算公式为

$$c_{(OH^-)} = K_b^\theta \frac{c_{碱}}{c_{盐}} \tag{4-14}$$

2.盐效应

对于弱电解质的电离平衡为

$$HAc \rightleftharpoons H^+ + Ac^-$$

当加入与 Ac^- 无关的其他易溶盐（如 NaCl）时,弱电解质的电离平衡向电离的方向移动,从而增大了弱电解质的电离度。在弱电解质溶液中加入强电解质时,该弱电解质的电离度将会增大,这种效应称为"盐效应"。不仅盐可以产生盐效应,任何电解质都会或大或小地引起盐效应。实验测定表明,若 $0.1 \ mol \cdot dm^{-3}$ 的 HAc 溶液中含有 $0.1 \ mol \cdot dm^{-3}$ 的 NaCl,则 HAc 的电离度将由 1.34% 提高到 1.7%。可见盐效应对电离度产生的影响。

显然,在产生同离子效应的同时,也会产生盐效应。但是同离子效应的影响远远超过盐效应。因此在计算时,可以只考虑同离子效应的影响,而不考虑盐效应的影响。

4.4.2　缓冲溶液的组成及原理

1.缓冲溶液的组成

由表 4-3 中的数据可见在纯水中加入少量的强酸或强碱会引起纯水 pH 的显著变化,说明纯水不具有抵抗少量强酸或强碱而保持 pH 相对稳定的性能,若含有 HAc 和 NaAc 的混合溶液中加入少量 HCl 或 NaOH 溶液,溶液的 pH 几乎不发生变化。这说明 HAc 和 NaAc 的混合溶液具有抵抗少量强酸或强碱而保持溶液 pH 相对稳定的性能。因此就把 HAc 与 NaAc 组成的混合溶液称为是缓冲溶液。缓冲溶液一般由弱酸及其盐或弱碱及其盐组成,如 $HAc-NaAc$、$NH_3 \cdot H_2O-NH_4Cl$ 可以组成缓冲溶液。

表 4-3　缓冲溶液与非缓冲溶液的比较

pH 值 溶液	原溶液的 pH 值	加入 5.0 ml $2mol \cdot L^{-1}$ HCl 后的 pH	加入 5.0ml $2mol \cdot L^{-1}$ NaOH 后的 pH 值
1.0 L 纯水	7	2.0	1 2.0
1.0 L 0.10 $mol \cdot L^{-1}$ HAc $-$ 0.1 $mol \cdot L^{-1}$ NaAc	4.74	4.66	4.86

2.缓冲作用原理

缓冲溶液中通常存在一个决定溶液 pH 值的解离平衡过程,以及相对大量的抗酸组分和抗碱组分,通过平衡移动实现缓冲作用,以 HAc-NaAc 为例讨论缓冲作用原理。在 HAc-NaAc 溶液中存在的解离过程为

$$HAc \rightleftharpoons H^+ + Ac^-$$
$$NaAc \rightarrow Na^+ + Ac^-$$

溶液中 HAc 的解离平衡是决定溶液 pH 值的平衡过程。NaAc 是强电解质完全电离,因此 Ac^- 的浓度相对大量,HAc 是弱电解质,同时由于 Ac^- 的同离子效应,HAc 的解离度很小,因此 HAc 的浓度也相对大量。当向该缓冲溶液加入少量强酸（H^+）时,外加少量的 H^+ 就跟 Ac^- 结合成 HAc,使 HAc 的解离平衡左移,由于溶液中 HAc 和 Ac^- 都是大量,因此 Ac^- 的浓度只是略有降低,而 HAc 的浓度略有增加,H^+ 的浓度基本不变,即 pH 值基本不变,当向该缓

冲溶液中加入少量的强碱(OH^-)时,加入的少量的 OH^- 与溶液中的 H^+ 结合生成 H_2O,导致 HAc 的浓度降低,平衡右移,Ac^- 浓度略有增大。H^+ 基本不变。当向该缓冲溶液中加水稀释时,HAc 和 Ac^- 的浓度同倍降低,H^+ 基本保持不变。

4.4.3 缓冲溶液 pH 值的计算

计算缓冲溶液的 pH 值,可根据同离子效应的公式进行。对于一元弱酸及其盐溶液组成的缓冲溶液 HA—MA,即

$$c_{(H^+)} = K_a^\theta \frac{c_{酸}}{c_{盐}}$$

两边取对数,并用 pK_a^θ 表示 $-\lg K_a^\theta$,则

$$-\lg c_{(H^+)} = -\lg K_a^\theta - \lg \frac{c_{酸}}{c_{盐}}$$

$$pH = pK_a^\theta - \lg \frac{c_{酸}}{c_{盐}} \tag{4-15}$$

同理,对于一元弱碱及其盐组成的缓冲溶液,可以得到

$$pOH = pK_b^\theta - \lg \frac{c_{碱}}{c_{盐}}$$

$$pH = 14 - pK_b^\theta + \lg \frac{c_{碱}}{c_{盐}} \tag{4-16}$$

4.4.4 缓冲范围的确定

任何缓冲溶液发挥缓冲作用都是在一定的 pH 值范围内,缓冲溶液所能控制的 pH 值范围就称为该缓冲溶液的缓冲范围。缓冲溶液的缓冲范围一般在 pK_a^θ 值两侧各一个 pH 值单位,即

$$pH = pK_a^\theta \pm 1$$

对于碱的缓冲溶液则为

$$pH = 14 - (pK_b^\theta \pm 1)$$

例如 HAc—NaAc 缓冲溶液,$pK_a^\theta = 4.74$,其缓冲范围为 $pH = 4.74 \pm 1$,即 $3.74 \sim 5.74$。NH_3—NH_4Cl 缓冲溶液,$pK_b^\theta = 4.74$,其缓冲范围为 $pH = 14 - (4.74 \pm 1)$,即 $8.26 \sim 10.26$。

只有在缓冲溶液中加入少量的酸或碱时,才能保持溶液的 pH 值基本不变。如果在缓冲溶液中加入的强酸或强碱的量超过了一定限度,溶液中抗酸成分和抗碱成分消耗将尽时就不再有缓冲能力,所以缓冲溶液的缓冲能力有限,所谓缓冲能力是指使缓冲溶液 pH 值改变 1.0 所需的强酸或强碱的量。缓冲能力与弱酸(或弱碱)及其盐的浓度和比值有关。弱酸(或弱碱)及其盐的浓度越大,外加酸、碱后,$c_{酸}/c_{盐}$(或 $c_{碱}/c_{盐}$)改变越小,pH 值变化也越小。在缓冲组分总浓度一定时,弱酸(或弱碱)及其盐的浓度的比值接近 1 时缓冲能力最大。所以配制一定 pH 值的缓冲溶液,不仅要使缓冲溶液的 pH 值在缓冲范围之内,并应尽可能接近 pK_a^θ(或 pOH 接近 pK_b^θ),还要保证缓冲溶液有较强的缓冲能力。

在现实中配制和应用缓冲溶液应注意以下几点:

(1)缓冲体系的 Ka 应与所需保持的 pH 值尽量接近,例如,为溶液保持在 $pH = 5$,最好

添加 Ka 的数量级为 10^5 的共轭酸碱(如醋酸与醋酸钠混合溶液);又例如,为保持溶液的 pH=10,应添加 Ka 的数量级为 10^{10} 的共轭酸碱对(如 NH$_3$ 和 NH$_4$Cl 的混合溶液)。

(2)尽管共轭酸碱的总浓度越大缓冲作用越强,但实践中以 0.01~0.1 mol·L^{-1} 为宜,这个浓度范围的缓冲溶液足已抵御大多数实际量的外加强酸强碱,过大的浓度不但浪费,而且还可能对反应体系产生其他副作用。

(3)缓冲溶液的最好为 $c(HA)=c(A^{-1})$,为调制所需 pH 值而增减 HA 或 A^{-1} 当然是可以的,但它们的浓度比 $c(HA)/c(A^{-1})=0.1\sim10$ 间为宜,不难计算,这时溶液的 pH=pKa±1 的范围内。超过这个范围,缓冲作用将明显减弱。

④几种常用缓冲溶液已列于表 4-4 以供查阅。

表 4-4　几种常见的缓冲溶液

配制缓冲溶液的试剂	缓冲组分	pK_a^θ	缓冲范围
HCOOH－NaOH	HCOOH－HCOO$^-$	3.75	2.75~4.75
HAc－NaAc	CH3COOH－CH3COO$^-$	4.75	3.75~5.75
NaH$_2$PO4－Na$_2$HPO$_4$	H$_2$PO$_4^-$－HPO$_4^{2-}$	7.21	6.21~7.21
Na$_2$B$_4$O$_7$－HCl	H$_3$BO$_3$－B(OH)$_4^-$	9.14	8.14~10.14
NH$_3$·H$_2$O－NH$_4$Cl	NH$_4^+$－NH$_3$	9.25	8.25~10.25
NaHCO$_3$－Na$_2$CO$_3$	HCO$_3^-$－CO$_3^{2-}$	10.25	9.25~11.25
Na$_2$HPO$_4$－NaOH	HPO$_4^{2-}$－PO$_4^{3-}$	12.66	11.66~13.66

缓冲溶液的缓冲能力是有一定限度的,超过这个限度就失去缓冲作用,不同的缓冲溶液有不同的缓冲能力。缓冲能力用缓冲容量(β)来衡量。缓冲容量是指使1L缓冲溶液的 pH 值改变1个 pH 单位所需加入的强酸或强碱的摩尔数(或毫摩尔数),显然缓冲溶液的缓冲容量越大,其缓冲能力越强。缓冲容量除与缓冲溶液的性质有关外,还与缓冲对的浓度和缓冲比有关。

4.4.5　缓冲溶液的应用

实践中,缓冲溶液出现在许多场合,化学化工、生物医学、工农业生产中都常遇到缓冲溶液的应用。

自然界许多水溶液能够保持 pH 值稳定的原因都是由于溶液中存在浓度相当大的共轭酸碱对。例如,无论是酸性土壤还是碱性土壤,pH 都相当稳定,外加酸性或碱性的肥料、生物质腐烂、植物的根释放酸都不至于引起土壤酸度的激烈变化。

金属氢氧化物的沉淀反应应在一定 pH 值下进行,例如,若某溶液中同时有 Al^{3+} 和 Mg^{2+} 存在而要加碱把它们分离,应使用 NH$_3$ 和 NH$_4$Cl 混合溶液为缓冲剂,使 pH=9 附近,才能使 Al(OH)$_3$ 沉淀完全而 Mg(OH)$_2$ 不沉淀,溶液酸度过大 Al(OH)$_3$ 将沉淀不完全,溶液酸度过小,Al(OH)$_3$ 将因生成 AlO$_2^-$ 而溶解,而 Mg(OH)$_2$ 会沉淀出来。

动物血液的 pH 值也十分稳定,人血的正常 pH=7.4 附近,若过分偏离该值将导致病态(酸中毒或碱中毒)。

4.5 溶液的渗透压

4.5.1 渗透压概述

在蔗糖溶液的液面上加一层纯水,避免任何机械运动且静置一段时间的情况下,由于分子的热运动,糖分子向水层扩散,水分子向糖溶液中扩散,最后成为一种均匀的蔗糖溶液。在任何纯溶剂与溶液之间,或两种不同浓度的溶液相互接触时,有扩散现象产生。

如果用半透膜将蔗糖溶液和纯水隔开,情况就不同了。用一种只允许水分子透过而蔗糖分子不能透过的半透膜,将蔗糖溶液和纯水隔开,并使膜两侧液面高度相等,如图4-3（a）所示。此时,水分子可以通过半透膜向膜两侧运动。由于单位体积中纯水所含水分子比蔗糖溶液所含水分子多,因此单位时间内,从纯水透过半透膜进入蔗糖溶液的水分子数比从蔗糖溶液进入纯水的水分子数多,结果蔗糖溶液的液面升高,如图4-3(b)所示。从表面上看,只是水分子透过半透膜进入到蔗糖溶液里,这种溶剂分子透过半透膜进入溶液的自发过程称为渗透。由于渗透作用,蔗糖溶液的液面逐渐上升,其静液压也会随之增加,使水分子从蔗糖溶液进入到纯水的速率加快。当半透膜两侧液面高度差达到一定值h时,水分子向两个方向渗透的速率相等,蔗糖溶液的液面不再升高,此时的系统处于动态平衡,即达到渗透平衡状态,如图4-3(c)所示。为了阻止渗透现象发生,就必须在溶液液面上加一额外压力p,这种恰好能阻止渗透进行而施加于溶液液面上的压力,叫做该溶液的渗透压,如图4-3（d）所示。

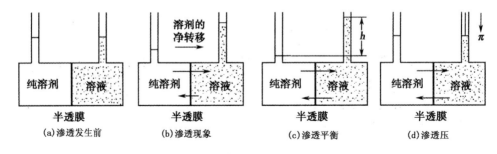

图4-3 渗透现象与渗透压

渗透压只有在半透膜两侧分别为纯溶剂和溶液时,才能表现出来。如果用半透膜将两种不同浓度的溶液隔开,为了阻止渗透现象发生,必须在浓溶液液面上施加一压力,此压力为浓稀两溶液的渗透压之差。要产生渗透现象必须具备两个条件:一是有半透膜存在;二是膜两侧溶液的浓度不相同。渗透的方向总是溶剂分子从纯溶剂向溶液(或从稀溶液向浓溶液)方向渗透,以减小膜两侧溶液的浓度差。

4.5.2 渗透压与温度、浓度的关系

1886年,范特荷甫(Van't Hoff,荷兰)根据实验结果,提出稀溶液的渗透压与浓度、温度的关系为:

$$\pi V = nRT \qquad (4-17)$$

或

$$\pi = cRT \qquad (4-18)$$

式中，π 为溶液的渗透压，kPa；V 为稀溶液的体积，为 L；n 为溶质的物质的量，mol；T 为绝对温度 K；R 为摩尔气体常数，$R = 8.314$ kPa·L·K^{-1}·mol^{-1}。

（4－18）式表明，稀溶液的渗透压与溶液的物质的量浓度及绝对温度成正比，而与溶质本性无关，称为渗透压定律或范特荷甫定律。此定律的重要意义在于，在一定温度下稀溶液的渗透压只与单位体积溶液内的溶质微粒数成正比，而与溶质的本性无关。应用范特荷甫定律时注意（4－18）式仅适用于非电解质稀溶液。非电解质分子在溶液中不解离，在相同温度下，只要物质的量浓度相同，单位体积内溶质微粒数目就相等，渗透压也必相等。通过测定溶液的渗透压，可求得溶质的摩尔质量，即

$$\pi V = \frac{m}{M}RT$$

或

$$M = \frac{m}{\pi V}RT$$

计算电解质溶液渗透压时，应引入校正系数 i。即

$$\pi = icRT \qquad (4-19)$$

式中，i 是电解质的一个分子在溶液中能产生的离子数，因为电解质在溶液中发生解离，单位体积溶液中所含溶质微粒的数目要比相同浓度非电解质溶液多，固渗透压也要大。

4.5.3　渗透压的应用

1.渗透压在生物、医学上的应用

（1）渗透浓度

在人体体液中含有电解质和非电解质组分，所以体液的渗透压取决于体液中能产生渗透效应的各种分子及离子的总浓度，医学上把它定义为渗透浓度，其单位为 mol·L^{-1} 或 mmol·L^{-1}。渗透压与渗透浓度成正比，故医学上用渗透浓度间接表示溶液渗透压的高低。

（2）等渗、低渗和高渗溶液

溶液的渗透压高低是相对的，渗透压相等的两种溶液称为等渗溶液。对于渗透压不等的两种溶液，相对而言，渗透压高的称为高渗溶液，渗透压低的称为低渗溶液。医学上的等渗、低渗和高渗溶液都是以血浆的渗透压为标准确定的。正常人血浆的渗透浓度为 303.7 mmol·L^{-1}。故临床上规定浓度在 $280 \sim 320$ mmol·L^{-1} 的溶液为等渗溶液，如 9.0 g·L^{-1} NaCl 溶液、12.5 g·L^{-1} NaHCO$_3$ 溶液等都是等渗溶液；高于血浆渗透压范围的称为高渗溶液；低于血浆渗透压范围的称为低渗溶液。

在临床上对于大量失水的病人，往往需要输液以补充水分，静脉输入液体必须和血液的渗透压相等，否则会导致机体内水分调节紊乱及细胞变形和破坏。因为红细胞膜具有半透膜性质，正常情况下红细胞膜内的细胞液和膜外的血浆是等渗的，若大量输入高渗溶液，红细胞膜内液体的渗透压小于膜外血浆渗透压，红细胞内的细胞液渗出膜外，易造成红细胞萎缩，医学上把这种现象称为胞浆分离。萎缩的红细胞互相凝结成团，若这种现象发生于血管内，将产生

"栓塞"而阻断血流。若大量输入低渗溶液,红细胞内液体渗透压高于膜外血浆渗透压,血浆中的水分将向红细胞渗透,红细胞逐渐膨胀,最后破裂,使溶液呈红色,医学上把这种现象称为溶血。因此,临床上大量输液时必须输入等渗溶液,绝对不允许使用低渗溶液。在治疗失血性休克、烧伤休克、脑水肿等疾病及抢救危重病人时,也可以使用少量高渗溶液,少量高渗溶液进入血液后,随着血液循环被稀释,并逐渐被组织细胞利用而使浓度降低,故不会出现胞浆分离的现象。但在给病人输入高渗溶液时不能过快,而且要限制每日用量,以使血液和组织有足够的容量和时间去稀释和利用它,否则会造成局部高渗,形成血栓。

（3）晶体渗透压和胶体渗透压

人体血浆中既有小分子和小离子(如 Na^+、Cl^-、HCO_3^- 和葡萄糖等)晶体物质,也有大分子和大离子胶体物质(如蛋白质、核酸等)。血浆总渗透压是这两类物质所产生的渗透压的总和。由小分子和小离子所产生的渗透压称为晶体渗透压;由大分子和大离子所产生的渗透压称为胶体渗透压。37 ℃时,正常人血浆的总渗透压约为 770 kPa,其中晶体渗透压占 99％以上。由于生物半透膜对各种溶质的通透性不同,晶体渗透压和胶体渗透压具有不同的生理功能。

细胞膜是一种间隔着细胞内液和细胞外液的半透膜,它只允许水分子自由透过。由于晶体渗透压远大于胶体渗透压,因此水分子的渗透方向主要取决于晶体渗透压。当人体内缺水时,细胞外液各种溶质的浓度升高,外液的晶体渗透压增大,于是细胞内液中的水分子将向细胞外液渗透,造成细胞萎缩。如果大量饮水,则又会导致细胞外液晶体渗透压减小,水分子透过细胞膜向细胞内液渗透,使细胞肿胀。

毛细血管壁也是体内的一种半透膜,它间隔着血液和组织间液,它允许水分子、小分子和小离子自由透过。在这种情况下,晶体渗透压对维持血管内外血液和组织间液的水盐平衡不起作用,因此这一平衡只取决于胶体渗透压。人体因某种原因导致血浆蛋白减少时,血浆的胶体渗透压降低,血浆中的水和其它小分子、小离子就会透过毛细血管壁而进入组织间液,致使血容量降低,组织间液增多,这是形成水肿的原因之一。临床上对由于失血造成血浆胶体渗透压降低的患者补液时,除补充生理盐水外,还需要同时输入血浆或右旋糖酐等代血浆,才能够恢复胶体渗透压和增加血容量。

2.反渗透技术及应用

当溶液与纯水被半透膜隔开后,若在溶液一侧外加大小与渗透压相等的压力,可阻止渗透现象的发生。如果在溶液液面上施加的外压大于渗透压,溶液中通过半透膜进入纯溶剂一侧的溶剂分子数多于由纯溶剂进入溶液一侧的溶剂分子数,这种由外压驱使渗透作用逆向进行的过程称为反向渗透,简称反渗透。

反渗透是 20 世纪 60 年代以后发展起来的一项新技术。反渗透的孔径可达 0.1 nm,因此,利用反渗透技术可将水中的微量不溶性杂质、胶体、无机盐、有机物、细菌、病毒等除去。由于反渗透技术是一种以压力为驱动力的膜分离过程,因此同其他水质净化技术相比,其最大优点是能耗低。目前这项技术在世界范围内已广泛应用于科研、环境保护、国防、工农业生产以及人们的日常生活等诸多领域,在污水处理和海水淡化等方面有出色的表现。反渗透方法是最有发展前途的海水淡化方法。它可以快速生产淡水,而成本约为目前城市自来水成本的 3

倍左右。目前,我国已建成了日处理量达 104 t 的反渗透海水淡化工程,关键是要寻求一种高强度的耐高压半透膜,因为绝大多数的细胞膜或各种较大的植物或动物膜都是易碎的,承受不住很高的渗透压。现已研制出由尼龙或醋酸纤维制成的合成薄膜,用于反渗透技术装置。而随着新材料开发研究的进一步深入,强度更高、耐腐蚀性能更好、处理更便利的半透膜将会不断问世,反渗透技术与生俱来的优良特性必将使之在国民经济以及人们日常生活等诸多领域发挥越来越重要的作用。

　　此外,溶液的凝固点较低的性质已被广泛的应用。例如利用凝固点降低的方法对药液进行等渗调节;冬天往汽车水箱中加入甘油和乙二醇可以防止结冰;在寒冷的冬天,往道路上撒盐可以使路面上的冰雪融化;测定物质的摩尔质量等。

第5章　有机化合物

5.1　概述

5.1.1　有机化合物的概念

19世纪初,化学家认为由生物体中获得的物质为有机化合物。有机化合物只能在动植物体内产生,不能在工厂和实验室合成。1828年,德国化学家Woler首次由无机物人工合成了典型的有机物——尿素,使有机化学发展出现了突破。今天有机物不仅可以从生物体中获得,也可以在工厂和实验室里获得,并且还可以从无机物转变而来。显然,有机物中的"有机"这个名词早已失去了它的原意,只是由于人们使用习惯的原因,一直沿用至今。

科学研究表明:碳元素是有机世界的主角,一切有机物都含有碳,绝大多数含有氢,很多含有氧和氮,极少数含有磷、硫、卤素等。随着有机化学的发展,有机化合物还含有金属元素,如金属镁化合物等。由上述为数不多的元素形成了数以万计的有机化合物(目前这个数字还在迅猛增加)。德国化学家Kekule在1851年把有机化合物定义为碳的化合物。在有机化合物中碳氢化合物(简称烃)较简单也最重要,其他有机物可看作是烃中的氢被别的元素取代而得到的。德国化学家Schorlemmer在1874年把有机化合物定义为碳氢化合物及其衍生物,但一些简单的含碳化合物,如CO、CO_2、H_2CO_3、CS_2及碳酸盐、金属碳化物等具有无机物的典型性质,放在无机化学中讨论更合适。研究有机化合物的来源、结构、性质、化学变化的规律及其应用的一门自然科学则为有机化学。

5.1.2　有机化合物的特点

1.组成特点

组成有机物的元素并不多。有机化合物都含有碳元素,绝大多数含有氢元素,大部分含有氧、氮、硫、卤素、磷等。

含碳化合物(CO、CO_2、H_2CO_3、CCl、金属碳化物、氰化物除外)均属有机物。部分有机物来自植物界,但绝大多数以石油、天然气、煤等作为原料,通过人工合成的方法制得。

2.碳原子的结构特点

(1)C原子最外电子层有4个电子(图5-1),在化学反应中,不易失去电子,也不易获得电子,因此与其他原子或原子团结合时容易形成共价键。

图 5-1　碳原子结构

(2)C 原子不仅能跟其他原子相结合,而且碳原子跟碳原子之间也可以通过共价键相互连结,形成长短不一的链状和各种不同的环状,从而构成有机化合物的基本骨架,如图 5-2 所示。

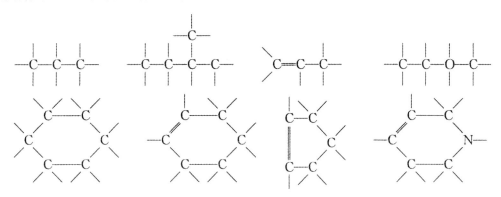

图 5-2　碳原子形成的有机物的结构

③碳原子相互结合时,有三种方式:共用一对电子的键,称为单键;共用两对电子的键,称为双键;共用三对电子的键,称为叁键。三种方式分别表示为

这就是有机化合物种类繁多的原因之一。

5.1.3　有机化合物的分类

有机化合物的分类方法主要有两种,一种是根据碳架分类,另一种是根据官能团分类。

1.根据碳架分类

(1)开链化合物

在开链化合物中,碳原子相互结合形成链状。由于这类化合物最初是从脂肪中得到的,所以又称脂肪族化合物。如:

$CH_3CH_2CH_3$　　　　$CH_3CH=CH_2$　　　　$CH2=CH-CH=CH2$　　　　$CH3CH2OCH2CH3$

丙烷　　　　　　丙烯　　　　　　1,3-丁二烯　　　　　　乙醚

(2)碳环化合物

碳环化合物分子中含有由碳原子组成的碳环。它又可分为:

①脂环族化合物。它们的化学性质与脂肪族化合物相似,因此称脂环族化合物。如:

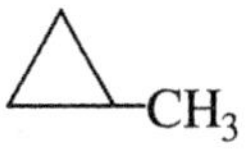

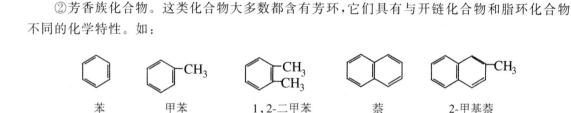

甲基环丙烷　　环丁烷 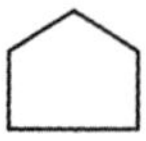　　环戊烷 　　环己烷 　　1,3-环戊二烯

②芳香族化合物。这类化合物大多数都含有芳环,它们具有与开链化合物和脂环化合物不同的化学特性。如:

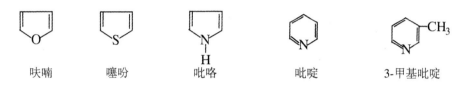

苯　　甲苯　　1,2-二甲苯　　萘　　2-甲基萘

③杂环化合物。在这类化合物分子中,组成环的元素除碳原子以外还含有其他元素的原子(如氧、硫、氮),这些原子通常称为杂原子。如:

呋喃　　噻吩　　吡咯　　吡啶　　3-甲基吡啶

2.依据官能团分类

按分子中所含官能团的不同,可将有机化合物分为若干类,详见表5-1。

表5-1　有机化合物的分类及其官能团

化合物类型	官能团	化合物类型	官能团
烯烃	双键 $C{=}C$	醛	醛基 $-\overset{O}{\underset{}{C}}-H$
炔烃	三键 $-C\equiv C-$	酮	酮基 $C{=}O$
卤代烃	$-X(F、Cl、Br、I)$	羧酸	羧基 $-\overset{}{\underset{O}{C}}-O-H$
醇和酚	羟基 $-OH$	胺	氨基 $-NH_2$
醚	醚键 $-\overset{}{\underset{}{C}}-O-\overset{}{\underset{}{C}}-$	硝基化合物	硝基 $-NO_2$

5.1.4 有机化合物的同分异构现象

1.同分异构的概念

分子组成为 C_2H_6O 的化合物,可以有两种不同的结构式:

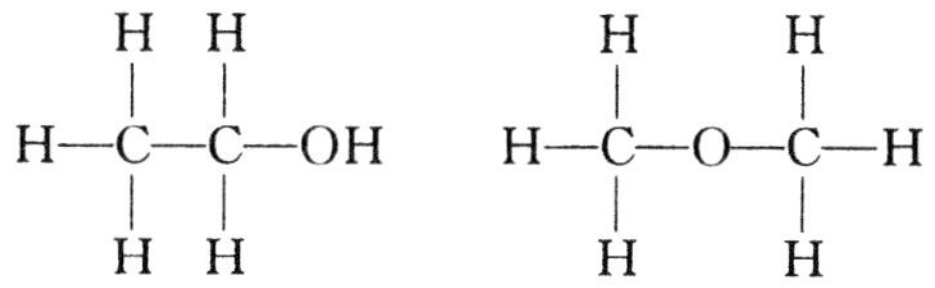

乙醇　　　　　　　　　　　　二甲醚

CH_3CH_2OH 为酒精,常温下是液体 CH_3OCH_3 为二甲醚,在常温下是气体。像这样,分子组成相同而结构不同的化合物,互称为同分异构体。这种现象称为同分异构现象。同分异构现象在有机化合物中普遍存在。许多有机化合物都有同分异构体,且不同有机物的同分异构体种类多少也不同。

2.结构式

由于同分异构现象的存在,一般要用结构式来表示有机化合物。结构式写起来比较复杂,为了方便起见,常用结构简式表示。

结构简式的书写一般遵循以下原则:

省去和 H 形成的单键,将 H 合并写在其所连原子的后面。其他原子间的单键可省略也可不省略,双键、叁键一般不省略。如乙醇的结构简式分别为 $CH_3 － CH_2 － OH$ 或 CH_3CH_2OH。

此外,还可用键线结构式来表示有机物:用线段表示共价键,线段的端点表示碳原子,并省去 C 以及 C 上所连的 H 原子,其他原子不省略。环状化合物常用键线结构式表示,例如:

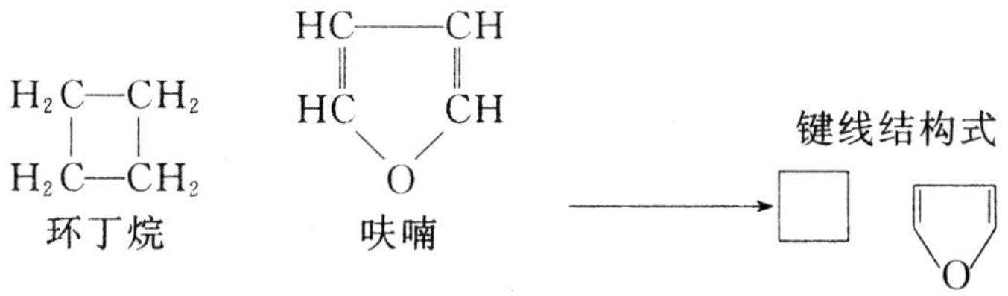

环丁烷　　　　　呋喃　　　　　　　　　键线结构式

5.1.5　有机化学与医药、环境和农业的关系

有机化合物与人类的日常生活密切相关。煤、石油和天然气——人类赖以生存的能源是有机化合物;人类生存的三大基础物质——脂肪、蛋白质和碳水化合物都是有机化合物,而这些化合物在体内通过有机化学反应转化为人体所需的营养;人们身上穿的各种样式的服装,肩上背的各种款式的背包,脸上、手指上涂抹的各种艳丽的化妆品,脚上穿的各种运动鞋、塑料鞋等,这些都是有机化合物或是由有机化合物组成的;能帮病人驱除各种疾病、解除痛苦的各种药物,绝大多数也都是有机化合物。而生产和制造这些有机化合物离不开必要的有机化学反应。因此,可以说人类生存的每一刻都离不开有机化合物和有机化学。

世界上每年合成的近百万个新化合物中约 70% 以上是有机化合物,其中许多已应用于材料、能源、医疗、农业、工业、国防、食品、环境、生命科学与生物技术等领域,直接或间接地为人类提供了大量的必需品。在 1850～1900 年间,从煤焦油中得到的一系列芳香族化合物为原料合成了成千上万的药品(如阿司匹林、非那西叮等)、香料、染料(如茜素、偶氮橙、次甲基蓝、孔雀绿等)和炸药(如硝化棉),不仅导致了有机合成工业的崛起,而且推动了纺织工业的发展。

20世纪初,由于对分子结构和药理作用的深入研究,药物合成迅速发展,成为有机合成的一个重要领域。1909年REhrlich合成出治疗梅毒的特效药物"胂凡纳明"。1933～1935年间,GDomagk合成出"百浪多息",它是磺胺类药物的前身,对传染病有惊人的疗效。此后,有机化学家先后创造出一系列磺胺药、抗生素以及目前临床上使用的大多数化学药物,为人类的健康作出了巨大贡献。

在1769～1785年间,人类先后从动植物中提取出许多有机酸,如从葡萄汁中提取出酒石酸,从柠檬汁中得到柠檬酸,由尿中提取到尿酸,从酸牛奶中分离出乳酸。1773年由尿中分离到尿素,1805年由鸦片中提取到第一个生物碱——吗啡。20世纪70年代国外从植物紫杉树皮中提取的紫杉醇是一种天然抗癌药物,现已广泛用于治疗卵巢癌和乳腺癌。80年代初我国化学家从民间抗疟疾草药黄花蒿中发现了抗疟新药青蒿素,临床应用表明该药对恶性疟疾疗效显著。

5.2　烃及其衍生物

5.2.1　饱和烃

1.甲烷

只含碳和氢两种元素的化合物称碳氢化合物,简称为烃。从组成看,烃是最简单的有机物,其它有机物都可看作是由烃衍生出来的。甲烷是最简单的烃。

(1)分子结构

甲烷的分子式为 CH_4 ,电子式和结构式分别表示为

$$
H:\overset{\displaystyle H}{\underset{\displaystyle H}{C}}:H \qquad H-\overset{\displaystyle H}{\underset{\displaystyle H}{C}}-H
$$

甲烷分子为正四面体构型。甲烷是自然界天然气、沼气的主要成分。在实验室甲烷可通过无水醋酸钠和碱石灰的反应来制取

$$
CH_3COONa + NaOH \xrightarrow[CaO]{\Delta} NaCO_3 + CH_4 \uparrow
$$

(2)性质

由于甲烷分子中的 C—H 键比较牢固(键能为 413 $kJ \cdot mol^{-1}$),所以甲烷的化学性质比较稳定,通常情况下难和强酸、强碱、强氧化剂及强还原剂反应,但在一定条件(例如光、热)下也能发生如下一些反应:

①氧化反应。纯净的甲烷能在空气中安静地燃烧,放出大量的热。方程式为

$$
CH_4 + 2O_2 \xrightarrow{点燃} CO_2 + 2H_2O
$$

②分解反应。在隔绝空气的条件下,甲烷在 1000℃ 以上就分解成为炭黑和氢气,即

$$
CH_4 \xrightarrow{高温} C + 2H_2
$$

甲烷在 1500℃ 的电弧高温下可分解为乙炔和氢气。

$$2CH_4 \xrightarrow{\text{电弧}} C_2H_2 + 3H_2$$

③取代反应。甲烷在光照或加热的条件下能与卤素发生反应

$$CH_4 + Cl_2 \rightarrow HCl + CH_3Cl \text{（一氯甲烷）}$$

$$CH_3Cl + Cl_2 \rightarrow HCl + CH_2Cl_2 \text{（二氯甲烷）}$$

$$CH_2Cl_2 + Cl_2 \rightarrow HCl + CHCl_3 \text{（三氯甲烷或氯仿）}$$

$$CHCl_3 + Cl_2 \rightarrow HCl + CCl_4 \text{（四氯甲烷或四氯化碳）}$$

有机物分子里的某些原子或原子团,被其它原子或原子团所替代的反应叫做取代反应。取代反应的生成物叫做该有机物的衍生物。上面四种取代物都是甲烷的卤代衍生物,在常温下,只有一氯甲烷是气体,其它三种是液体。它们都是有机合成工业的原料。$CHCl_3$ 和 CCl_4 是重要的溶剂,CCl_4 还可做灭火剂(因其产生有毒的光气,实际上已不再用)。

2. 烷烃的化学性质

烷烃分子中的 $C-C\sigma$ 键和 $C-H\sigma$ 键都是结合得比较牢固的共价键,键能较大,因此化学性质比较稳定。在通常情况下,烷烃与大多数试剂,如强酸(浓 H_2SO_4、浓 HNO_3 等)、强碱($NaOH$、KOH 等)、强氧化剂($K_2Cr_2O_7$、$KMnO_4$ 等)、强还原剂($Zn + HCl$、$Na + C_2H_5OH$ 等)等都不起反应,是各类有机物中最稳定的一个同系列。但烷烃的这种稳定性是有条件的、相对的,而不是绝对的。在一定条件下,如高温、光照或加催化剂,烷烃也能发生一系列反应。

（1）取代反应

在室温下,烷烃与氯或溴在黑暗中并不作用,但在漫射光照射(以 $h\nu$ 表示光照)或在高温下($400 \sim 450$℃),烷烃分子中的氢原子能逐步被卤原子代替,得到混合物。

烷烃的卤代反应,即

$$R-H + X_2 \rightarrow R-X + HX$$

烷烃的卤代反应是制备卤代烷的方法之一。一般得到的产物为混合物,可直接作为溶剂用,如甲烷的氯代产物可直接作溶剂用。又如,用十二烷烃卤代反应可制取氯代十二烷,即

$$C_{12}H_{26} + Cl_2 \xrightarrow{\Delta} C_{12}H_{25}Cl + HCl$$

氯代十二烷是合成洗涤剂十二烷基苯磺酸钠($C_{12}H_{25}$⬡SO_3Na)的原料之一。

烷烃的卤代反应一般指氯代反应和溴代反应,氟代反应在低温、暗处也会发生猛烈的爆炸,碘代反应则难以进行。

实验证明,烷烃分子中不同类型的氢原子发生取代反应的活性顺序为

$$\text{叔氢} > \text{仲氢} > \text{伯氢}$$

（2）氧化反应

有机分子中加入氧或脱去氢的反应叫做氧化反应,加入氢或脱去氧的反应叫做还原反应。

①完全氧化。烷烃在高温和足量的空气中燃烧,完全氧化,生成二氧化碳和水,同时放出大量的热。

烷烃的完全氧化表示为

$$C_n H_{2n+2} + \frac{3n+1}{2} O_2 \xrightarrow{\text{点燃}} n CO_2 + (n+1) H_2 O$$

这是天然气、汽油、柴油作为燃料的基本反应,也是产生温室效应的基本反应之一(另一基本反应是煤的燃烧反应)。低级烷烃($C_1 \sim C_6$)与空气混合至一定比例时,遇明火或火花发生爆炸。如煤矿瓦斯爆炸(瓦斯中甲烷的含量很高)。甲烷在空气中的爆炸极限是 $5.53\% \sim 14\%$。

②部分氧化。在适当条件下,烷烃可以发生部分氧化,生成醇、醛、酮和羧酸等有机含氧混合物。例如:

$$R-CH_2 CH_2 - R' + O_2 \xrightarrow[MnO_2]{\Delta} RCOOH + R'COOH$$

甲醛是常用的防腐剂,也是重要的化工原料。石蜡是高级烷烃($C_{20} \sim C_{40}$)的混合物,部分氧化生成的 $C_{12} \sim C_{18}$ 的高级脂肪酸可代替天然油脂制造肥皂,从而可以节约大量食用油脂。

(3)裂化反应

烷烃在高温和隔绝空气的条件下,分子中的 C—C 键和 C—H 键发生断裂,生成较小分子的反应,称为裂化反应。例如

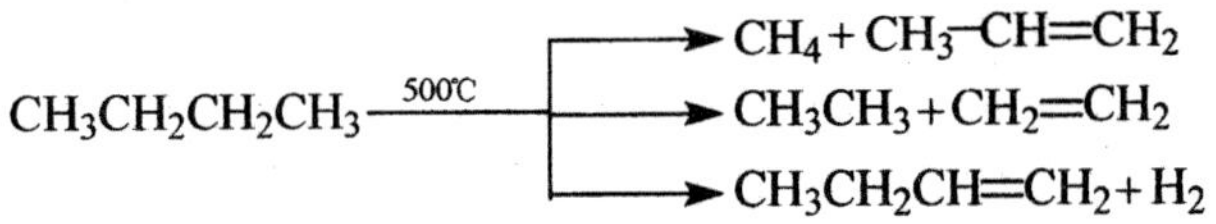

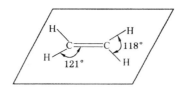

裂化反应的产物一般都是复杂的混合物。烷烃的裂化反应是石油加工过程中的一个基本反应,具有非常重要的意义。根据所需产物的不同,反应条件也不相同。

5.2.2 不饱和烃

1.烯烃的结构

乙烯是最简单也是最重要的烯烃,下面就以乙烯为例来讨论烯烃的结构。

根据物理方法测得乙烯是平面型分子(图 5-3),乙烯中的所有原子都在同一平面内。其中 H—C—C 间的夹角约为 $121°$,H—C—H 间的夹角约为 $118°$,C—C 键的键长为 0.133 nm,比 C—C 键短(C—C 键的键长为 0.154 nm),C—C 键的键能为 $610 kJ \cdot mol^{-1}$(C—C 键的键能为 $347\ kJ \cdot mol^{-1}$)。

图 5-3 乙烯分子的平面构型

乙烯的平面构型可用杂化轨道理论加以解释。乙烯分子中的每个碳原子在与其他三个原子结合时,一个 s 轨道与两个 p 轨道进行杂化,形成三个等同的 sp^2 杂化轨道,以平面正三角形对称地分布在碳原子周围,彼此间夹角为 $120°$,余下的一个未参与杂化的 p 轨道,垂直于三个 sp^2 杂化轨道所在的平面。

　　形成乙烯时,两个碳原子彼此各用一个杂化轨道结合形成 C—C σ 键,每个碳所余的两个 sp^2 杂化轨道分别与氢原子的 s 轨道形成 C—Hσ 键,同时两个碳原子的互相平行的 p 轨道从侧面重叠形成一个 π 键。

　　如果组成 C＝C 键的两个碳原子之间的 σ 键旋转,将破坏两个 p 轨道的平行状态,从而使重叠程度降低,所以 C—C 键不能自由旋转。π 键是由 p 轨道从侧面重叠形成的,重叠的程度也比两个 sp^2 轨道重叠的程度小,所以 π 键不如 σ 键牢固,容易断裂。

　　2.烯烃的化学性质

　　(1)加成反应

　　烯烃与某些试剂作用时,打开 π 键与试剂的两个原子或基团形成两个 σ 键,生成饱和化合物。

$$\begin{array}{c} \diagup \\ C = C \\ \diagdown \end{array} + X \vdots Y \longrightarrow \begin{array}{cc} | & | \\ -C - C - \\ | & | \\ X & Y \end{array}$$

　　这种反应叫做加成反应,加成反应是烯烃的特征反应。

　　①加氢。在催化剂作用下,烯烃能与氢加成,因而称为氢化。常用的催化剂有镍、钯、铂等。例如:

$$CH_3 - CH = CH_2 + H_2 \xrightarrow{Pt} CH_3 - CH_2 - CH_3$$

　　烯烃的催化氢化可以进行得很完全,也就是说反应可以定量地进行,所以可以根据反应中氢气的吸收量来计算烯烃的含量或确定分子中 C＝C 的数目。

　　②加卤素。烯烃加卤素一般指加氯、加溴反应,因为加氟太猛烈,而加碘则难起反应,这是合成邻二卤代烷的重要方法。氯与烯烃作用时,常采用既加入催化剂又加入溶剂稀释的方法,使反应既顺利进行而又不致过分激烈。

$$CH_2 = CH_2 + Cl_2 \xrightarrow[\text{1,2-二氯乙烷}]{FeCl_3,\ 40℃} \begin{array}{cc} CH_2 - CH_2 \\ | \quad\quad | \\ Cl \quad\ Cl \end{array}$$
$$\text{1,2-二氯乙烷}$$

$$CH_3 - CH = CH_2 + Br_2 \xrightarrow{CCl_4} \begin{array}{c} CH_3 - CH - CH_3 \\ | \quad\quad | \\ Br \quad\ Br \end{array}$$
$$\text{1,2-二溴丙烷}$$

　　溴与烯烃可在室温条件下的四氯化碳溶液中进行,溴的红棕色很快褪去,烯烃也可以使溴水褪色,溴水或溴的四氯化碳溶液可用来鉴别烯烃。

　　③加卤化氢。烯烃加卤化氢一般指加氯化氢和溴化氢,这是因为碘化氢虽是卤化氢中最活泼的,但价格较贵,而氟化氢难以加成。这是制备卤代烷的重要方法。

$$CH_2 = CH_2 + HCl \xrightarrow[AlCl_3]{130\sim250℃} CH_3CH_2Cl$$

　　不对称烯烃与卤化氢加成时,氢原子一般加到含氢较多的双键碳原子上。这个经验规律是 1869 年化学家马尔科夫尼科夫(Marko Vniko V)总结得出的,所以称为马尔科夫尼科夫规律(或不对称加成规律),简称马氏规则。

一般情况下,不对称烯烃与不对称试剂的加成都遵守马氏规则。但当有过氧化物存在时,不对称烯烃与溴化氢的加成违反马氏规则。例如:

$$CH_3-CH=CH_2+HBr \xrightarrow{\text{过氧化氢}} CH_3CH_2CH_2Br$$

④加水。在酸的催化下,烯烃与水加成生成醇,反应遵守马氏规则。例如:

$$CH_3-CH=CH_2 + H_2O \xrightarrow[250℃,4MPa]{\text{磷酸/硅藻土}} CH_3\underset{\underset{OH}{|}}{C}HCH_3$$

异丙醇

⑤加硫酸。烯烃可与冷的浓硫酸发生加成反应,生成硫酸氢酯。不对称烯烃与硫酸的加成反应,遵守马氏规则。例如:

$$CH_3-\underset{\underset{CH_2CH_3}{|}}{C}=CH_2+H\dashv OSO_2OH \longrightarrow CH_3-\underset{\underset{OSO_2OH}{|}}{\overset{\overset{CH_2CH_3}{|}}{C}}-CH_3$$

烯烃加水或加硫酸反应都是工业上由石油裂化气中低级烯烃制备低级醇的重要方法,前者称为醇的直接水合法,后者则称醇的间接水合法。

烯烃与硫酸的加成产物溶于硫酸,利用这个性质可用来除去某些不与硫酸作用,又不溶于硫酸的有机物(如烷烃、卤代烃等)中所含的少量烯烃。

⑥加次卤酸烯烃能与次卤酸加成得到卤代醇。例如:

$$CH_2=CH_2 + HO \dashv Cl \longrightarrow \overset{\beta}{\underset{\underset{Cl}{|}}{C}H_2}-\overset{\alpha}{\underset{\underset{OH}{|}}{C}H_2}$$

2-氯乙醇

烯烃与次卤酸的加成同样遵守马氏规则。例如:

$$CH_3 \rightarrow \overset{\delta^+}{C}H \overset{\delta^-}{=} CH_2 + \overset{\delta^-}{HO} \dashv \overset{\delta^+}{Cl} \longrightarrow CH_3-\underset{\underset{OH}{|}}{C}H-\underset{\underset{Cl}{|}}{C}H_2$$

1-氯-2-丙醇

(2)聚合反应(加聚反应)

在引发剂或催化剂的作用下,乙烯、丙烯等烯烃可以自相加成,生成高分子化合物。例如

$$CH_2=CH_2+CH_2=CH_2+CH_2=CH_2+\cdots \xrightarrow{\text{过氧化氢}} -CH_2-CH_2-CH_2-CH_2-CH_2-\cdots$$

用齐格勒—纳塔(Ziegler-Natta)催化剂,低压下乙烯可聚合成低压聚乙烯。

$$nCH_2{=}CH_2 \xrightarrow[\text{0.3} \sim \text{1MPa，60} \sim \text{65℃}]{\text{TiCl}_4/\text{Al(C}_2\text{H}_5)_3} {\left[\!\!\left[CH_2{-}CH_2 \right]\!\!\right]}_n$$

　　乙烯　　　　　　　　　　　　　　　　　　聚乙烯
　　（单体）　　　　　　　　　　　　　　　　　（聚合物）

　　低压聚乙烯分子基本上是直链大分子,平均相对分子质量可在 10000～300000 之间,一般在 35000 左右。

　　聚合反应中,参加反应的低相对分子质量化合物叫做单体,反应生成的高分子化合物叫做聚合物,构成聚合物的重复结构单位叫做链节（聚乙烯的链节为 $-CH_2-CH_2-$）,n 叫做聚合度。又如：

$$nCH{=}CH_2 \xrightarrow[\text{50} \sim \text{70℃，1} \sim \text{2MPa}]{\text{TiCl}_4/\text{Al(C}_2\text{H}_5)_3} {\left[\!\!\left[CH{-}CH_2 \right]\!\!\right]}_n$$
　　　　│　　　　　　　　　　　　　　　　　　　│
　　　　CH₃　　　　　　　　　　　　　　　　　　CH₃
　　　　　　　　　　　　　　　　　聚丙烯

　　聚乙烯无毒,化学性质稳定,耐低温,并有绝缘和防辐射性能,易于加工,可制成食品袋、塑料等生活用品,在工业上可制电线、电工部件的绝缘材料,防辐射保护衣等。聚丙烯有耐热及耐磨性,除可作日用品外,还可制汽车部件、纤维等。

　　（3）氧化反应

　　烯烃中的 C=C 键易被氧化,α-H 在一定条件下也可被氧化。所用的氧化剂和反应条件不同,氧化产物不相同。

　　①催化氧化。在催化剂存在下,烯烃中的 C=C 键可被空气氧化。例如：

$$CH_2{=}CH_2 + O_2 \xrightarrow[\text{200} \sim \text{300℃}]{\text{Ag}} \underset{\displaystyle O}{CH_2{-\!-\!-}CH_2}$$

环氧乙烷

　　乙烯的催化氧化是工业上制取环氧乙烷和乙醛的主要方法。

　　在催化剂存在下,烯烃中的 α-H 也可被空气氧化。例如：

$$CH_3{-}CH{=}CH_2 + O_2 \xrightarrow[\text{CuO}]{300 \sim 400℃} CH_2{=}CH{-}CHO$$

　　丙烯的催化氧化是工业上制取丙烯醛和丙烯酸的主要方法。

　　②被 $KMnO_4$ 氧化。烯烃易被 $KMnO_4$ 氧化,烯烃与 $KMnO_4$ 溶液作用,紫色逐渐消退,生成褐色 MnO_2 沉淀,可用来鉴别烯烃。

　　在稀、冷、中性或稀、冷、碱性的较温和条件下,烯烃中的 π 键断裂,生成邻二醇：

$$RCH{=}CHR' + KMnO_4 + H_2O \longrightarrow \underset{\displaystyle \overset{|}{OH}\ \overset{|}{OH}}{R{-}CH{-}CH{-}R'} + MnO_2 \downarrow + KOH$$

邻二醇

　　在浓或加热或酸性的较强烈的条件下,烯烃中的 C—C 键完全断裂生成羧酸或酮：

$$RCH{=}CH_2 \xrightarrow[\triangle]{\text{过量 KMnO}_4\text{，H}^+} \underset{\text{羧酸}}{R{-}\overset{\displaystyle O}{\overset{\|}{C}}{-}OH} + \underset{}{H{-}\overset{\displaystyle O}{\overset{\|}{C}}{-}OH} \text{ 甲酸}$$
$$\longrightarrow CH_2 + H_2O$$

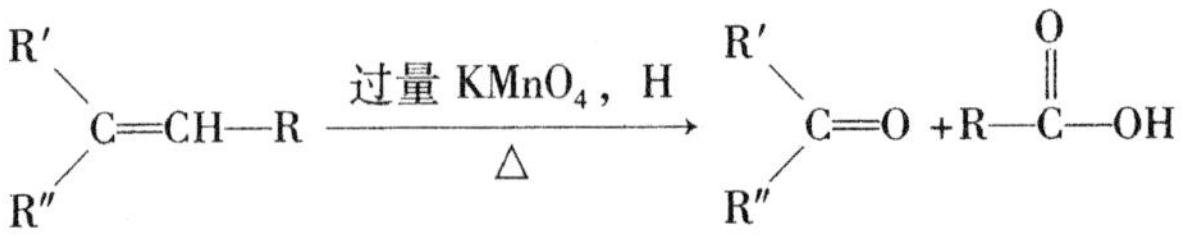

$$\underset{R''}{\overset{R'}{C}}=CH-R \xrightarrow[\triangle]{\text{过量 }KMnO_4,\ H} \underset{R''}{\overset{R'}{C}}=O + \underset{}{\overset{O}{R-C}}-OH$$

酮

通过测定所得酮、羧酸的结构,可推断烯烃的结构。

(4)α－H 的卤代反应

烯烃分子中的烷基可以发生和烷烃一样的取代反应,受 C＝C 键的影响,烯烃中的 α－H 更活泼一些,因此烯烃的 α－H 在高温下容易发生取代反应。例如:

$$CH_3-CH=CH_2+Cl_2 \xrightarrow{500\sim600℃} Cl-CH_2-CH=CH_2$$

3.炔烃的化学性质

碳碳叁键是炔烃的官能团,它是由一个 σ 键和两个 π 键组成的,可发生和烯烃相似的加成、氧化、聚合等反应,但由于叁键碳的杂化方式与双键碳的杂化方式不同(分别为 sp 杂化和 sp^2 杂化),使得 σ 电子云的分布及碳－碳键的键长都不相同,因此炔烃和烯烃在化学性质上有所不同。

(1)加成反应

①加氢。在镍、铂、钯等催化剂存在下,炔烃氢化一般得到烷烃,很难得到烯烃。

$$HC\equiv CH+H_2 \xrightarrow{Pt} CH_3-CH_3$$

若用活性较低的林德拉(Lindlar)催化剂(沉淀在 $BaSO_4$ 或 $CaCO_3$ 上的金属钯,加喹啉或醋酸铅使钯部分中毒,从而使活性降低),可使反应停留在烯烃的阶段。

$$HC\equiv CH \xrightarrow{\text{Lindlar 催化剂}} H_2C=CH_2$$

某些有机合成需要高纯度的乙烯,而从石油裂解气中的乙烯中含有少量乙炔,可用控制加氢的方法将其转化成乙烯,以提高乙烯的纯度。

②加卤素。炔烃容易与氯或溴发生加成反应。在较低温度下,反应可控制在邻二卤代烯烃阶段。如:

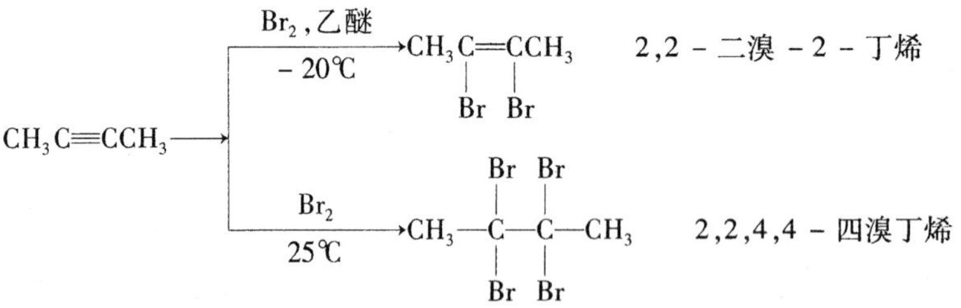

炔烃可使溴水褪色,可用于 C≡C 键的检验。

③加卤代氢。炔烃能与一分子或二分子卤化氢加成,得到卤代烯烃或卤代烷。不对称炔烃与卤代氢加成时遵守马氏规则,但在过氧化物存在下与 HBr 加成将违反马氏规则。

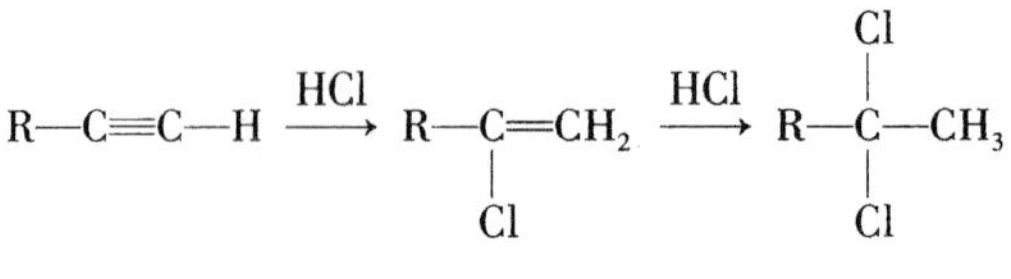

乙炔与氯化氢加成是工业上早期生产氯乙烯的主要方法。但因能耗大，汞催化剂有毒，目前主要采用乙烯为原料的氧氯化法。

$$CH_2{=}CH_2 + HCl + O_2 \xrightarrow[\text{0.34}\sim\text{0.59MPa}]{CuCl_2,\ 215\sim300℃} \underset{\underset{Cl}{\vert}\ \underset{Cl}{\vert}}{CH_2{-}CH_2} \xrightarrow[\text{1.47}\sim\text{3.92MPa}]{470\sim650℃} CH_2{=}CHCl + HCl$$

反应中生成的氯化氢循环使用。氯乙烯主要用于等产聚氯乙烯塑料 $\left(\begin{array}{c} \\ {-}\!\!\overset{}{CH}{-}CH_2{-}\!\! \\ {\vert} \\ Cl \end{array}\right)_n$。

④加水。在硫酸及汞盐的催化下，炔烃与水加成，首先生成不稳定的烯醇，烯醇经分子内重排，转变成醛或酮。不对称炔烃与水加成也遵守马氏规则。

$$CH{\equiv}CH + H_2O \xrightarrow[H_2SO_4]{HgSO_4} \left[H_2C{=}\overset{\overset{\displaystyle H}{\vert}}{C}{-}OH\right] \longrightarrow CH_3{-}\overset{\overset{\displaystyle H}{\vert}}{C}{=}O$$

$$CH_3{-}C{\equiv}C{-}H + H{-}OH \xrightarrow[H_2SO_4]{HgSO_4} \left[CH_3{-}\underset{\underset{\displaystyle O{-}H}{\vert}}{C}{=}CH_2\right] \longrightarrow CH_3{-}\underset{\underset{\displaystyle O}{\Vert}}{C}{-}CH_3$$

上述反应是工业上制乙醛和丙酮的方法之一。

（2）聚合反应

炔烃的聚合反应中最重要的是乙炔的加成聚合反应。在不同的反应条件下，产物也不一样。

$$CH{\equiv}CH + H{-}C{\equiv}CH \xrightarrow[CuCl-NH_4Cl]{少量} H_2C{=}CH{-}C{\equiv}CH$$

乙炔的二聚物与 HCl 加成的产物 2-氯-1,3-丁二烯是合成氯丁橡胶的单体。

$$H_2C{=}CH{-}C{\equiv}CH + HCl \xrightarrow{CuCl-NH_4Cl} CH_2{=}CH{-}\underset{\underset{\displaystyle Cl}{\vert}}{C}{=}CH_2$$

聚乙炔是结晶性高聚物半导体材料。具有不溶解、不熔化、高电导率等特点。

（3）氧化反应

①燃烧。炔烃的燃烧中最重要的是乙炔在氧气中的燃烧，生成二氧化碳和水，同时产生大量热。

$$2CH{\equiv}CH + 5O_2 \xrightarrow{燃烧} 4CO_2 + 2H_2O + Q$$

氧炔焰可达 3000℃ 以上的高温，广泛用作切割和焊接金属。

②被高锰酸钾氧化。炔烃易被高锰酸钾氧化，碳碳叁键完全断裂，反应现象类似烯烃与高锰酸钾的反应，可利用此反应作炔烃的定性分析。

不同结构的炔烃，氧化产物不同。

$$R{-}C{\equiv}C{-}H \xrightarrow[H_2O]{KMnO_4} R{-}\underset{\underset{\displaystyle O}{\Vert}}{C}{-}OH + CO_2 + H_2O$$

$$R-C\!\equiv\!C-R' \xrightarrow[\text{H}_2\text{O}]{\text{KMnO}_4} R-\overset{\displaystyle O}{\overset{\|}{C}}-OH + 'R-\overset{\displaystyle O}{\overset{\|}{C}}-OH$$

根据氧化产物可推测炔烃的结构。

（4）炔氢原子的反应

与叁键碳原子直接相连的氢原子叫做炔氢原子。叁键碳原子的电负性较强，因此炔氢原子比较活泼，可以被某些金属原子（或离子）取代，生成金属炔化物。

①与钠或氨基钠反应。含有炔氢原子的炔烃与金属钠或氨基钠作用时，炔氢原子被钠原子或钠离子取代，生成炔化钠。如：

$$2CH\!\equiv\!CH+2Na \xrightarrow{110℃} 2CH\!\equiv\!CNa+H_2\uparrow$$

$$CH\!\equiv\!CH+2Na \xrightarrow{110℃} NaC\!\equiv\!CNa+H_2\uparrow$$

炔化钠性质活泼，在有机合成上用来与卤代烃作用作为增长碳链的方法之一。

$$R-C\!\equiv\!CH \xrightarrow[\text{液氨}]{\text{NaNH}_2} R-C\!\equiv\!CNa \xrightarrow{R'X} R-C\!\equiv\!CR'$$

②与硝酸银或氯化亚铜的氨溶液反应。含有炔氢原子的炔烃与硝酸银或氯化亚铜的氨溶液作用，炔氢原子可被 Ag^+ 或 Cu^+ 取代，生成灰白色的炔化银或红棕色的炔化亚铜。

$$HC\!\equiv\!CH+2Ag(NH_3)_2NO_3 \rightarrow AgC\!\equiv\!CAg\downarrow+2NH_4NO_3+2NH_3$$

$$HC\!\equiv\!CH+2Cu(NH_3)_2Cl \rightarrow CuC\!\equiv\!CCu\downarrow+2NH_4Cl+2NH_3$$

$$R-C\!\equiv\!CH \underleftarrow{\boxed{\begin{array}{c}\text{Ag(NH}_3)_2\text{NO}_3\\ \hline \text{Cu(NH}_3)_2\text{Cl}\end{array}}} \begin{array}{l} R-C\!\equiv\!CAg\downarrow\\ R-C\!\equiv\!CCu\downarrow \end{array}$$

上述反应常用来鉴别乙炔及具有 $R-C\!\equiv\!CH$ 型结构的炔烃。

炔化银、炔化亚铜在干燥状态受热或撞击时，会发生爆炸，因此在进行鉴别反应后，应加硝酸使其分解。

5.2.3 芳香烃

1.苯的结构和芳香性

根据杂化轨道理论，苯分子中的碳原子都是 sp^2 杂化，每个碳原子都以 3 个 sp^2 杂化轨道与两个碳原子和一个氢原子形成三个 σ 键，所以苯环上所有的原子都在一个平面内，并且键角为 120° 见图 5-4。同时每个碳上未参与杂化的 p 轨道都垂直于苯分子 σ 键所在的平面而相互平行，因此所有相邻 p 轨道之间都可以从侧面相互重叠，形成一个环状的闭合大 π 键，π 电子云像两个轮胎一样，分布在分子平面的上下两侧。由于苯分子中所有碳原子上的 p 轨道重叠程度都相同，所以苯中 C—C 键长都相等。实际上苯环不是构造式表示的那样一种单、双键间隔的体系，而是形成了一个电子云密度完全平均化了的没有单、双键之分的大 π 键。

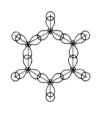 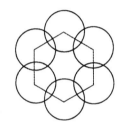 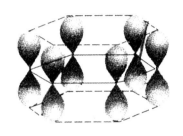

(a) 苯分子的σ键　　　　　　　　(b) 苯分子中的离域大π键

图 5-4　苯的分子结构

　　苯分子的这种特殊结构,必然使它的体系能量较低,也较稳定。苯的氢化热比预计的要低得多:

$$\text{（环己烯）} \xrightarrow[\text{Ni}]{\text{H}_2} \text{（环己烷）} \quad \text{氢化热 } 119\text{kJ} \cdot \text{mol}^{-1}$$

$$\text{（苯）} \xrightarrow[\text{Ni}]{\text{H}_2} \text{（环己烷）} \quad \text{氢化热 } 206\text{kJ} \cdot \text{mol}^{-1}$$

　　假设的 1,3,5－环己三烯的氢化热应为环己烯的 3 倍,即 358.5 kJ·mol^{-1}。苯的氢化热比假象的 1,3,5－环己三烯降低了 150kJ·mol^{-1}。也就是,由于环状共轭 π 键的形成使苯分子的能量降低了 150kJ·mol^{-1}(共轭能)。由于这种能量的降低导致的苯分子的稳定性叫做芳香性。其表现在化学性质上是:不易发生加成反应,也不易发生氧化反应,而是发生环氢原子的取代反应。

2.芳烃的性质

　　苯及其同系物绝大多数为无色液体,具有芳香气味,蒸气有毒,相对密度小于 1,不溶于水,易溶于有机溶剂。

　　苯环结构稳定,所以苯及其同系物不易氧化,也不易加成,容易发生取代反应。

　　(1)取代反应

　　①苯环上的卤代。在三卤代铁催化下,苯与氯或溴作用,苯环上的氢原子可被卤原子取代。

$$\text{（苯）} + \text{Br}_2 \xrightarrow[\text{70~80℃}]{\text{Fe 粉}} \text{（）}\text{—Br} + \text{HBr}$$

溴苯

　　②侧链上的卤代。在光照或加热条件下,烷基苯侧链上的 α-H 氢原子可被卤原子取代。例如:

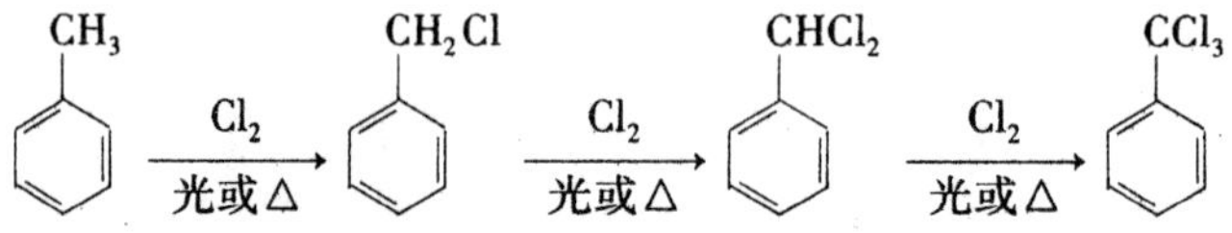

苯一氯甲烷(苄基氯)　　苯二氯甲烷　　苯三氯甲烷

③硝化。浓硝酸和浓硫酸的混合物叫做混酸。苯与混酸作用时,硝基($-NO_2$)取代苯环上的氢原子。例如:

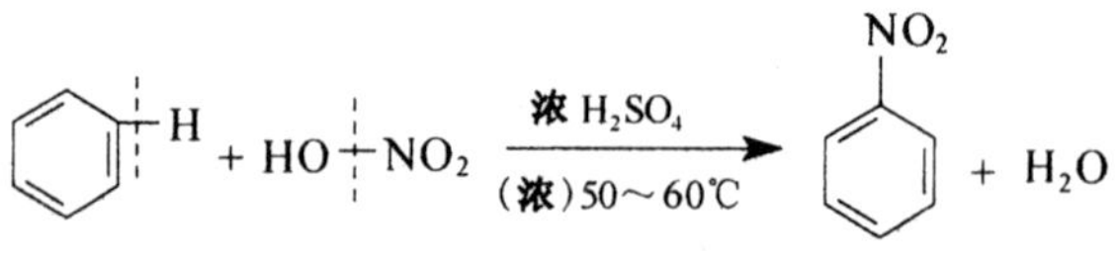

上述反应中,浓硫酸既是催化剂,又是脱水剂。

④磺化。苯和浓硫酸共热,苯环上的氢可被磺酸基($-SO_3H$)取代:

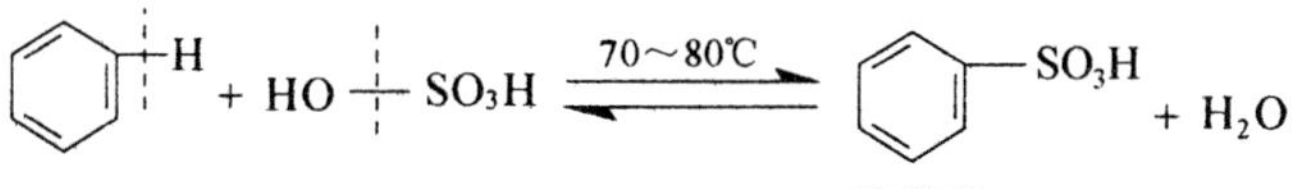

苯磺酸可溶解在硫酸中,可利用这一性质将芳烃从混合物中分离出来。

磺化反应是可逆反应,在有机合成中,可利用磺酸基的占位和定位作用。

⑤烷基化。卤代烷、烯烃、醇可作烷基化剂与芳烃发生付氏烷基化反应。例如:

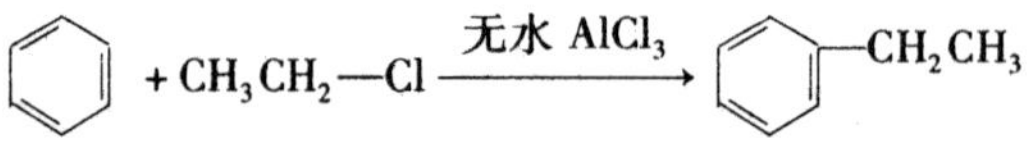

⑥酰基化反应。酰氯、酸酐可作酰基化剂与芳烃发生付氏酰基化反应。

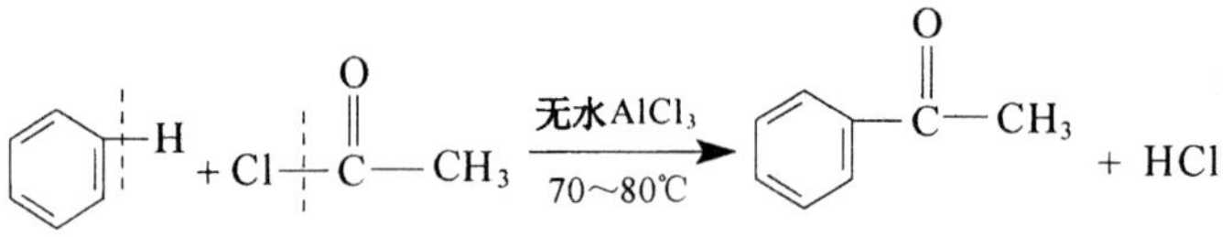

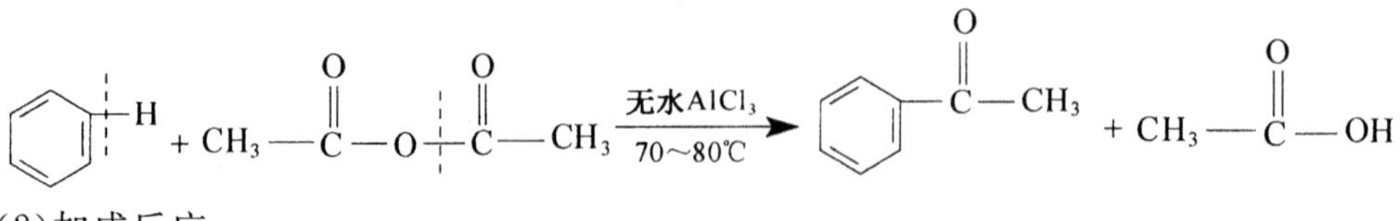

(2)加成反应

苯及其同系物与烯烃或炔烃相比,不易进行加成反应。用铂作催化剂,烯烃可在室温下催化加氢,而苯则需在较高温度下才能催化加氢。

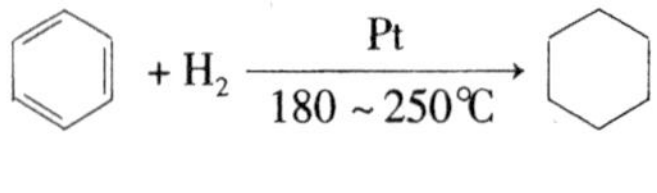

(3)氧化反应

①苯环氧化。在加热的条件下,苯不被高锰酸钾、重铬酸钾等强氧化剂氧化。在较高温度

及五氧化二钒催化下,苯可被空气中的氧氧化开环。

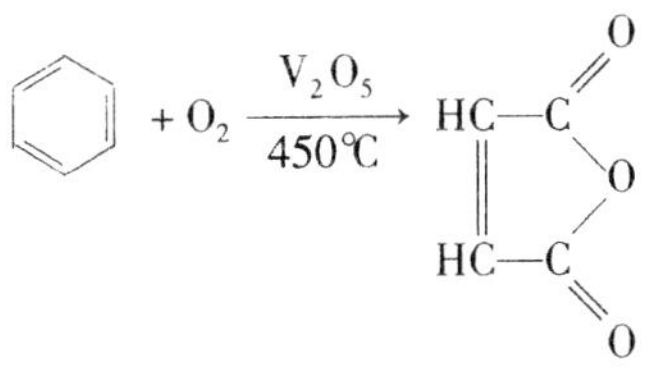

顺－丁烯二酸酐

顺－丁烯二酸酐主要用于制取聚脂树脂,醇酸树脂。

②侧链氧化。苯比较稳定,不被强氧化剂氧化,但烷基苯中的 α H 原子受苯环的影响比较活泼,可被高锰酸钾或重铬酸钾等氧化剂氧化。而且无论侧链长短、结构如何,只要含有 α H,侧链将被氧化成羧基($-COOH$)。例如:

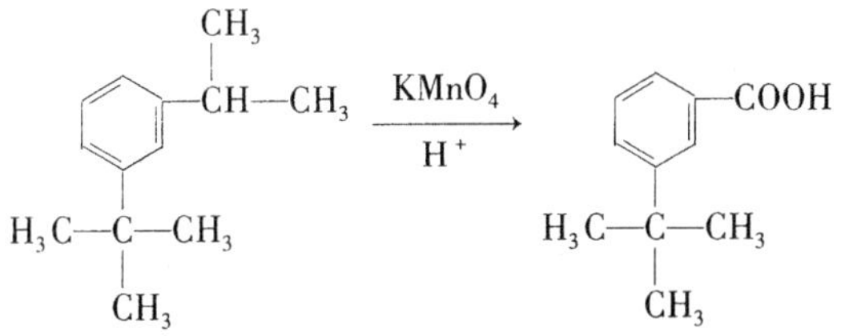

烷基苯 α H 的氧化反应,可用于鉴别,也是制备芳香族羧酸的常用方法。

5.2.4 烃的衍生物

烃的衍生物是分子中的氢原子被其它原子或原子团取代后的产物。例如,卤代烃($R-X$)和醇($R-OH$)可看作是烃分子中的氢原子分别被卤素原子($-X$)和羟基($-OH$)取代的产物。这些与烃基相连的原子或原子团是决定各类衍生物特性的官能团,它是衍生物分类的主要依据。

烃的衍生物的种类繁多,这里只介绍醇、粉、醛酮、羧酸及酯。

1.醇

(1)乙醇

乙醇俗称酒精,一般用含糖类(如淀粉)的原料经发酵酿造而成,也可通过乙烯与水加成而制得。乙醇的分子式是 C_2H_6O,电子式和结构简式分别为

$$C_2H_5OH$$

乙醇是无色、有特殊香气的液体,易挥发。密度 0.789 g·cm^{-3},沸点 78.5℃,能与水以任意比例混合。

乙醇能发生如下反应:

①氧化反应。在空气中燃烧产生大量热,故可作燃料

$$C_2H_5OH+2O_2 \xrightarrow{\text{点燃}} 2CO_2\uparrow+3H_2O(l)+1366.2 \text{ kJ}$$

乙醇蒸气在高温下通过催化剂(如 Cu、Ag)可被氧化,生成乙醛。这实际上是分子脱去氢的反应

$$\begin{array}{c}\text{H } \text{H}\\ | \quad |\\ \text{H} - \text{C} - \text{C} - \text{O} - \text{H} \\ | \quad |\\ \text{H } \text{H}\end{array} \xrightarrow[250\sim350℃]{\text{Cu}} \begin{array}{c}\quad\quad \text{O}\\ \quad\quad ||\\ \text{CH}_3 - \text{C} - \text{H} + \text{H}_2\end{array}$$

有机反应中,脱氢或加氧都称为氧化;反之则为还原。

②脱水反应。乙醇与浓硫酸共热可脱水。

在170℃条件下,乙醇分子内脱水生成乙烯

$$\begin{array}{c}\text{H } \text{H}\\ | \quad |\\ \text{H} - \text{C} - \text{C} - \text{H} \\ | \quad |\\ \text{H } \text{OH}\end{array} \xrightarrow[170℃]{\text{浓 H}_2\text{SO}_4} \begin{array}{c}\text{H } \text{H}\\ | \quad |\\ \text{H} - \text{C} = \text{C} - \text{H} + \text{H}_2\text{O} \\ \\ \text{乙烯}\end{array}$$

在140℃左右,乙醇分子间脱水生成乙醚。这是工业上制取乙醚的重要方法。

$$\text{CH}_3\text{CH}_2 - \text{O} - \text{H} + \text{HO} - \text{CH}_2\text{CH}_3 \xrightarrow[140℃]{\text{浓 H}_2\text{SO}_4} \text{CH}_3\text{CH}_2 - \text{O} - \text{CH}_2\text{CH}_3 + \text{H}_2\text{O}$$

乙醇的用途广泛。它是一种良好的溶剂和液体燃料;用于制取医药和香精;75%的乙醇在医疗上用作杀菌消毒;经粮食酿造的酒精是饮用酒的重要成分,如啤酒、黄酒、白酒都含一定量的酒精。应当注意,酒精可抑制人的大脑功能,损害肝脏,所以过度饮酒十分有害的。

(2)主要的醇

①甲醇(CH_3OH)。甲醇是无色、有毒、可燃的液体,最早是通过木材干馏制得的,所以又称为木精。工业酒精中也含有一定量的甲醇。饮用了含有甲醇的饮料会导致失明、神经错乱以至死亡(致死量30ml)。用气相色谱法可鉴别甲醇。甲醇主要用于制备甲醛,还可作汽车或喷气式飞机的燃料。

②乙二醇($\text{HO} - \text{CH}_2 - \text{CH}_2 - \text{OH}$)。乙二醇又叫甘醇,是无色透明、略带甜味的粘稠液体。其沸点高(197℃)、水溶液的凝固点很低(如 60%(质量分数)的乙二醇水溶液的凝固点为$-49℃$)。可作内燃机的抗冻剂,保护水冷式散热器;作除冰剂,除去飞机、汽车上的冰霜。乙二醇是制造涤纶的重要原料;聚乙二醇醚 $\text{RO} + \text{CH}_2 - \text{CH}_2\text{O} +_n \text{H}$ 是一类非离子型表面活性剂。

③丙三醇($\begin{array}{ccc}\text{CH}_2 & \text{CH} & \text{CH}_2 \\ | & | & | \\ \text{OH} & \text{OH} & \text{OH}\end{array}$)甘油,它是无色、黏稠、略有甜味的液态、溶于苯、氯仿、油类,能与水以任何比例互溶。甘油吸湿性很强,日常生活中常用以滋润皮肤;也可作寒冷地区内燃机的防冻剂;在油墨、印泥、化妆品、医药等制造和皮革加工中都有广泛的应用。

2.苯酚

苯酚的性质纯苯酚在通常状况下是无色的晶体,在空气中或见光后发生氧化而呈粉红色。苯酚在冷水中溶解度不大,在70℃以上则可与水互溶。苯酚有毒,具有特殊气味,其浓溶液对

皮肤有强烈的腐蚀性,如溅到皮肤上应立即用酒精清洗。

酚和醇都含有羟基(—OH),所以它们的化学性质有某些类似。但由于不同烃基对羟基的影响,酚的性质与醇又有明显差异;另一方面,由于羟基对苯环的影响,苯酚很容易发生取代反应。

(1)弱酸性

苯酚中的羟基能部分电离出 H^+,从而显弱酸性(因此苯酚又称石炭酸)。这是与醇的根本区别。苯酚的酸性极弱($K_a = 1.30 \times 10^{-10}$),甚至不能用指示剂来检验。

(2)苯环上的取代反应

苯酚与溴水反应产生了不溶于水的三溴苯酚白色沉淀

$$\text{OH} + 3Br_2 \longrightarrow \text{三溴苯酚} + 3HBr$$

该反应很灵敏,利用它可进行苯酚的检验和定量分析。

苯酚能起硝化和磺化反应。例如

$$\text{OH} + 3HNO_3 \xrightarrow{\text{浓 } H_2SO_4} \text{三硝基苯酚} + 3H_2O$$

苯酚是重要的化工原料,可以用来制造酚醛树脂、燃料、炸药、农药等。可做防腐剂和杀虫剂。

3.醛酮

(1)醛

醛的通式为 $\underset{(H)}{R}\!-\!\overset{O}{\overset{\|}{C}}\!-\!H$,官能团 $-\overset{O}{\overset{\|}{C}}\!-\!H$ 为醛基。最简单的醛是甲醛,其分子式为 CH_2O,结构简式为 HCHO。常温下,甲醛是无色而有特殊刺激性气味的气体,有毒,沸点 $-21.36℃$,易溶于水。质量分数为 $37\% \sim 40\%$ 的甲醛溶液俗称福尔马林,能使蛋白质凝固,可用作杀菌、防腐。但因其有致癌作用,所以决不可用于食品。甲醛的化学性质比较活泼。

①氧化反应。甲醛是强还原剂,能够和较弱的氧化剂反应。

$$H\!-\!\overset{O}{\overset{\|}{C}}\!-\!H + 2Ag(NH_3)_2OH \longrightarrow H\!-\!\overset{O}{\overset{\|}{C}}\!-\!ONH_4 + 2Ag\downarrow + 3NH_3 + H_2O$$

这一反应称为银镜反应,银镜反应来检验醛基。工业上用含有醛基的物质(如葡萄糖)作还原剂来制作镜子和保温瓶胆,也是根据这一反应原理。

②加成反应。甲醛分子中的羰基能发生加成反应。例如,加氢后被还原为甲醇。

$$H-\overset{\overset{\displaystyle O}{\|}}{C}-H + H_2 \xrightarrow[\triangle]{催化剂} H-\overset{\overset{\displaystyle H}{|}}{\underset{\underset{\displaystyle H}{|}}{C}}-OH$$

③聚合反应。甲醛和苯酚可聚合为酚醛树脂,也可通过自身聚合生成聚甲醛。聚甲醛是一种性能优异的工程塑料,具有很强的机械强度,可代替铜和钢等金属制造机械、汽车、飞机等零件。

(2)酮

酮的通式为 $R-\overset{\overset{\displaystyle O}{\|}}{C}-R'$,丙酮是最简单的酮,它是无色、略带特殊气味的液体,沸点 56.2℃,密度 0.792g·cm^{-3},易燃,易挥发,可与乙醇、乙醚以任何比例互溶。能溶解脂肪、树脂、蜡等许多有机物质。例如,在喷涂工艺中常用的香蕉水,就是由酮、醇、芳烃和酯等混合而成的一种稀释剂。

酮不能发生银镜反应,但可以起加成反应和聚合反应。例如,羰基上加氢可还原成醇;丙酮与苯酚可缩合生成二酚基丙烷(又称双酚 A)

$$HO-\langle\rangle-H + CH_3-\overset{\overset{\displaystyle O}{\|}}{C}-CH_3 + H-\langle\rangle-OH \xrightarrow[40℃]{浓 H_2SO_4} HO-\langle\rangle-\overset{\overset{\displaystyle CH_3}{|}}{\underset{\underset{\displaystyle CH_3}{|}}{C}}-OH + H_2O$$

双酚 A 是制取环氧树脂的主要原料。

4. 羧酸

羧酸的通式为 $R-\overset{\overset{\displaystyle O}{\|}}{C}-OH$,可简写为 R—COOH,—COOH 为羧基。

(1)乙酸

乙酸的分子式是 $C_2H_4O_2$,结构简式是 CH_3COOH。它是最重要的有机酸之一。普通食醋中含 3%～5% 的乙酸,所以乙酸俗称醋酸。

乙酸是无色而有强烈刺激性气味的液体,沸点 113℃,熔点 16.7℃。无水乙酸在低于熔点时为冰状固体,所以称无水乙酸为冰醋酸。乙酸易溶于水和乙醇。

乙酸的主要化学性质:

①具有酸性。乙酸在水溶液中能发生部分电离

$$CH_3COOH \rightleftharpoons H^+ + CH_3COO^- \quad K_a = 1.76 \times 10^{-5}(25℃)$$

②酯化反应。在有浓硫酸存在并加热的条件下,乙酸能够与乙醇发生反应,生成乙酸乙酯

$$CH_3-\overset{\overset{\displaystyle O}{\|}}{C}-\boxed{OH + H}O-C_2H_5 \underset{\triangle}{\overset{浓 H_2SO_4}{\rightleftharpoons}} CH_3-\overset{\overset{\displaystyle O}{\|}}{C}-OC_2H_5 + H_2O$$

酸(有机酸或无机酸)与醇作用生成酯的反应叫做酯化反应。浓硫酸在上面的反应中起催化剂和脱水剂的作用。在酯化反应中,一般是羧酸分子中的羟基与醇分子里羟基中的氢原子结合生成水,其余部分相互结合成酯。

乙酸是主要的化工原料,用途极广。主要用于生产合成纤维、增塑剂、香料、燃料、医药等。

(2)其他重要的羧酸

①苯甲酸(C_6H_5COOH)。俗称安息香酸,白色片状晶体,微溶于冷水;能溶于热水、四氯化碳;易溶于乙醇。有抑制微生物生长的作用,可作食品防腐剂。是制备染料、香料、和医药的原料。

②乙二酸($HOOC—COOH$)。俗称草酸,无色晶体,有毒;易溶于水和乙醇。可用作还原剂和漂白剂。日常生活中用草酸除去衣服上的铁锈和墨水渍。

③十八烷酸($C_{17}H_{35}COOH$)。俗称硬脂酸,白色片状固体,熔点 69～70℃,溶于乙醇、丙酮;易溶于苯、四氯化碳。用于制备润滑剂、润湿剂、化妆品、电气绝缘材料等。其钠盐可用于制肥皂。

④十六烷酸($C_{15}H_{31}COOH$)。俗称软脂酸,白色鳞片状固体,熔点 63～64℃,易溶于热乙醇。用于制备润滑剂、聚氯乙烯稳定剂、增塑剂、乳化剂、防冻剂、肥皂等。

⑤十八碳－9－烯酸($C_{17}H_{33}COOH$)。俗称油酸,无色油状液体,凝固点 4℃,溶于醇、苯、氯仿及其它油类。暴露于空气中易被氧化。其铝盐、钴盐是涂料的催干剂;铝盐还可作织物的防水剂和某些润滑油的增稠剂;以它为原料制得的环氧油酸是一种增塑剂。

5.酯

酯的通式为 $\overset{\overset{\displaystyle O}{\|}}{R—C}—OR'$,其中 R 和 R′ 可以相同也可以不同。

酯的重要化学性质是能起水解反应,生成羧酸和醇

$$R—\overset{\overset{\displaystyle O}{\|}}{C}—O—R' + H_2O \underset{酯化}{\overset{水解}{\rightleftharpoons}} R—\overset{\overset{\displaystyle O}{\|}}{C}—OH + R'—OH$$

$$\quad\quad\quad 酯 \quad\quad\quad\quad\quad\quad 羧酸 \quad\quad 醇$$

酯的水解反应一般很慢,如加入少量酸或碱可加速反应的进行。

根据分子中含碳原子的多少,可将酯分为高级酯和低级酯。

(1)低级酯

许多低级酯是具有香味的无色液体。例如,乙酸乙酯有苹果香味;乙酸戊酯有香蕉香味;苯甲酸甲酯有茉莉香味,它们可用于制备香精。低级酯能溶解许多有机物,又易挥发,所以是良好的有机溶剂。

(2)油脂

油脂是油和脂肪的总称,属高级酯类。其结构可表示为

$$R_1—\overset{\overset{\displaystyle O}{\|}}{C}—O—CH_2$$
$$R_2—\overset{\overset{\displaystyle O}{\|}}{C}—O—CH\,|$$
$$R_3—\overset{\overset{\displaystyle O}{\|}}{C}—O—CH_2$$

R_1、R_2、R_3 为烃基,它们可以相同,也可以不相同。

油和脂肪的区别在于:结构上,油是高级不饱和脂肪酸甘油酯(即 R 为不饱和烃基),脂肪是高级饱和脂肪酸甘油酯(即 R 为饱和烃基);状态上,油在常温下呈液态,而脂肪呈固态或半固态;化学性质上,油脂都具有酯的通性,油还兼有烯烃的一些性质。氢化和水解在生产上具有重要意义。

①氢化。在一定条件下,油与氢气反应,提高了饱和度,使液体变为固体。例如:

$$
\begin{array}{l}
C_{17}H_{33}COO-CH_2 \\
C_{17}H_{33}COO-CH \\
C_{17}H_{33}COO-CH_2
\end{array}
+3H_2 \xrightarrow[\text{加温加压}]{\text{催化剂}}
\begin{array}{l}
C_{17}H_{35}COO-CH_2 \\
C_{17}H_{35}COO-CH \\
C_{17}H_{35}COO-CH_2
\end{array}
$$

油酸甘油酯(油)　　　　　　　　　　硬脂酸甘油酯(脂肪)

这一反应叫做油脂的氢化,也叫硬化。通过氢化制得的脂肪叫做人造脂肪,其性质稳定、不易变质、便于运输,是制造肥皂、人造奶油等的原料。

②水解。油脂在酸的催化作用下,水解成高级脂肪酸和甘油。例如:

$$
\begin{array}{l}
C_{17}H_{35}COO-CH_2 \\
C_{17}H_{35}COO-CH \\
C_{17}H_{35}COO-CH_2
\end{array}
+3H_2O \xrightarrow[\triangle]{H_2SO_4} 3C_{17}H_{35}COOH +
\begin{array}{l}
CH_2-OH \\
CH-OH \\
CH_2-OH
\end{array}
$$

硬脂酸

工业上利用此反应来制备硬脂酸和甘油。

油脂在碱溶液的作用下,水解成高级脂肪酸盐和甘油。例如:

$$
\begin{array}{l}
C_{17}H_{35}COO-CH_2 \\
C_{17}H_{35}COO-CH \\
C_{17}H_{35}COO-CH_2
\end{array}
+3NaOH \longrightarrow 3C_{17}H_{35}COONa +
\begin{array}{l}
CH_2-OH \\
CH-OH \\
CH_2-OH
\end{array}
$$

硬脂酸钠

硬脂酸钠是肥皂的主要成分。所以油脂在碱作用下的水解也叫做皂化反应。

油脂是人类主要食物之一;是动植物储藏能量、保障新陈代谢正常进行不可缺少的物质,也是重要的工业原料。

5.3　合成高分子材料

5.3.1　高分子的基本概念

1.高分子的组成及合成反应

高分子的相对分子质量虽然很大,但化学组成一般比较简单。它是由成千上万个结构单元(又称链节)以共价键重复连接而成的。例如,聚乙烯的结构简式可表示为 $-\!\!\left[CH_2-CH_2\right]_n\!\!-$,其中"$-CH_2-CH_2-$"是链节,$n$ 为链节数。对一般高分子而言,链节数也称聚合度。形成高聚物的低分子化合物叫做单体,它是合成高分子的原料。

合成高分子的原料来自煤、石油、天然气和农林副产品等。这些资源经过加工先制成低分子物质,如乙烯、甲醛、苯酚等。根据这些单体的不同结构,合成高分子的反应类型一般分为加聚反应和缩聚反应。

(1)加聚反应

由相同或不同的单体通过加成反应相互聚合成高分子的过程叫做加聚反应。例如,氯乙烯在加热和紫外光照射下生成聚氯乙烯即

$$n\mathrm{CH_2 = CHCl} \longrightarrow \underset{\text{Cl}}{\underline{\left[\mathrm{CH_2 - CH}\right]_n}}$$

又如,在一定条件下丁二烯和苯乙烯合成丁苯橡胶即

$$n\mathrm{CH_2 = CH—CH = CH_2} + n\mathrm{CH = CH_2} \rightarrow \left[\mathrm{CH_2—CH = CH—CH_2—CH—CH_2}\right]_n$$

参与加聚反应的单体一般含有不饱和键,反应结果因无其它副产物,所以生成的高分子与单体的成分相同。

(2)缩聚反应

由相同的或不同的单体通过分子间的官能团互相缩合成高分子的过程叫做缩聚反应。例如,苯酚和甲醛聚合成酚醛树脂的反应,即

$$n \bigcirc\!\!\!\!\!\!\mathrm{OH} + n\mathrm{HCHO} \longrightarrow \left[\bigcirc\!\!\!\!\!\!\underset{}{\overset{\mathrm{OH}}{}}\mathrm{CH_2}\right]_n + n\mathrm{H_2O}$$

又如,对苯二甲酸与乙二醇在酸催化条件下生成聚对苯二甲酸乙二醇酯的反应,即

$$n\mathrm{HO—\overset{O}{\overset{\|}{C}}—\bigcirc—\overset{O}{\overset{\|}{C}}—OH} + n\mathrm{HO - CH_2 - CH_2 - OH} \longrightarrow$$

$$\left[\overset{O}{\overset{\|}{C}}—\bigcirc—\overset{O}{\overset{\|}{C}}—O—CH_2—CH_2—O\right]_n + n\mathrm{H_2O}$$

缩聚反应的单体含有两个或两个以上的官能团。反应结果还有其他低分子物质,故生成的高分子与单体的成分不同。

2.高分子的结构及一般性质

(1)结构

单体进行聚合时先形成由成千上万个链节连接的长链,有的长链上还带有支链,称为线型。在一定条件下,线型分子链之间发生交联,转变为体型网状高分子。因此,根据长链连接的几何形状,高分子可区分为。线型和体型两种结构形态见图 5-5。

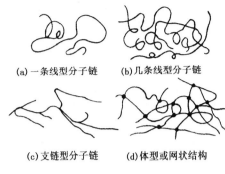

(a) 一条线型分子链　　(b) 几条线型分子链

(c) 支链型分子链　　(d) 体型或网状结构

图 5-5　高分子结构形态示意图

（2）性质

高分子的性质是多方面的。与结构关系明显、与用途关系密切的一些高分子性质如下：

①溶解性。大多数线型高分子可以溶解在适当的溶剂中。例如有机玻璃溶于三氯甲烷；聚苯乙烯塑料溶于苯，但溶解速率比低分子缓慢，通常需要较长时间。交联的体型高分子则难以溶解，只能有一定程度的溶胀。

②强度、塑性、电绝缘性能等材料抵抗外力破坏作用的能力称为机械强度。高分子的强度通常用抗拉、抗压、抗弯曲、抗冲击强度等来衡量。多数高分子材料的强度较大。

在一定条件下，线型高分子材料具有良好的塑性，能被加工成细丝、薄膜，还可用模具压成所需的各种形状。

在高分子链中，原子是以共价键结合的，一般没有自由电子或自由移动的离子，因此大多数高分子的电绝缘性能良好。

高分子长链通常处于卷曲状态，当受到外力时将发生变形，除去外力后又能恢复原状，这种性质叫做弹性。线型高分子都具有很好的弹性；交联程度大的体型高分子弹性很差。

高分子里活泼基团较少，化学性质通常是稳定的。此外，大多数高分子材料还具有耐磨、耐化学腐蚀、不透水、不透气等特点。

③热塑性和热固性线型高分子没有确定的熔点，当受热到一定程度便开始软化，直到熔化为流动的液体。冷却后可固化成型，再次加热可重新熔化。这种可以反复加热软化和加工成型的性能，叫做高分子的热塑性。体型高分子一经加工成型后就不能再次加热熔化。这种性能叫做高分子的热固性。

5.3.2　高分子材料

通常使用的合成高分子材料，按其性能、状态及用途可分为塑料、合成橡胶、合成纤维，即"三大合成材料"。此外，还有离子交换树脂、有机硅聚合物、胶粘剂、以及涂料、高分子复合材料、人工智能材料等。各种高分子的用途并无严格界限。同一种高分子，由于采用不同的合成方法和成型工艺而制成用途不同的材料。如聚氯乙烯是典型的塑料，又可制成纤维（称氯纶）；再如聚氨酯，既可制成泡沫塑料又可制成弹性橡胶。

1. 塑料

塑料是一类在加热、加压下塑制成型,而在常温、常压下能保持固定形状的高分子材料。塑料的主要成分是合成树脂(一般占总量的 40%~100%)。所谓树脂,通常是指未经成型加工的高分子。由树脂加工成塑料,一般还要有添加剂,例如增塑剂、防老剂、着色剂、润滑剂等。少数塑料(如有机玻璃)仅由树脂组成。

根据受热和冷却条件下具有的特性,塑料可分为热塑性塑料和热固性塑料。按照应用又可分为通用塑料、工程塑料、耐高温塑料和特种塑料。

从广义上讲,凡可作为工程结构材料的塑料都称为工程塑料。例如,ABS 塑料,是一种坚韧而有刚性的热塑性塑料,具有良好的抗冲击强度和表面硬度,尺寸稳定,耐化学腐蚀,电绝缘性好且易于电镀;可代替钢和有色金属用于机械、电子等工业领域。再如,聚四氟乙烯(商品名 Teflon),有优越的耐热和耐寒性能,可在 $-180~300\,^{\circ}\mathrm{C}$ 范围内使用;化学稳定性超过一切塑料,除熔融金属钠和液氟外能耐包括沸腾的王水和氢氟酸在内的一切化学药品的腐蚀;电绝缘性好;机械强度高;摩擦系数低,形成的表面膜极其光滑,利用这一特点可涂于锅的内壁制成"不粘锅"。

塑料制品在国防、工业、农业、交通、建筑、医药卫生等方面的应用日趋增多。从 20 世纪 30 年代起,塑料生产以每 5 年翻一番的速度猛增。若按体积,目前塑料产量已超过钢铁。这在满足人类生产、生活需要的同时也带来环境问题。合成塑料很难降解,在微生物作用下需数百年。因此塑料废弃物已成为环境污染源之一,寻找易于降解的塑料或其代用品是当前一项重大的科学命题。

2. 合成橡胶

在使用温度范围内,具有高弹性的高分子材料称为橡胶。橡胶在外力作用下,能产生很大的形变,外力除去又能迅速恢复原状。

橡胶分为天然和合成两大类。天然橡胶主要来源于橡胶树、橡胶草的乳胶,其主要成分是聚异戊二烯。合成橡胶是以石油、天然气等为原料,先生产烯烃、二烯烃,再以此为单体聚合而成。

典型的合成橡胶有丁苯、顺丁、丁腈、氯丁等。其中丁苯橡胶占合成橡胶总产量的 60%,其次是顺丁橡胶。

未经加工的天然橡胶和合成橡胶称作生胶,性能不佳。例如,在温度较低时变硬变脆;温度较高时变软变粘,甚至分解。而且生胶分子里含有不稳定的双键,在空气中易受氧化作用而老化。为改善生胶的性能,工业上常将它进行硫化处理。在此过程中,线型的橡胶分子交联成体型结构,并使橡胶分子的不饱和程度大大降低。这样橡胶就具有更高的机械强度和良好的弹性、韧性、化学稳定性以及耐磨性。

橡胶是重要的战略物资,在工农业生产、国防建设及交通运输方面都有着广泛的应用,它是常用的弹性材料、密封材料及减震和传动材料。一些能够满足特殊工作条件需要的特种橡胶品种(如硅橡胶和含氟橡胶),近年来也相继问世。

3.合成纤维

长度大于本身直径 100 倍以上、而又具有一定强度的线条或丝状高分子材料叫做纤维。纤维分类如下：

纤维
- 天然纤维
  - 植物纤维：棉、麻等
  - 动物纤维：毛、丝等
  - 矿物纤维：石棉
- 化学纤维
  - 人造纤维：粘胶纤维、醋酸纤维等
  - 合成纤维：涤纶、锦纶等

人造纤维是用天然纤维(短棉绒、木材、甘蔗渣)为原料,经化学处理再生制得的。其吸湿性和染色性好,宜作服装纤维,但缩水率大。

合成纤维是利用石油、天然气、煤等为原料制成单体,经聚合制得树脂,再经纺织而成。例如聚酰胺－66(又称尼龙－66 或锦纶－66)是由己二胺和己二酸聚合而成的

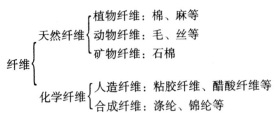

尼龙－66 具有高强度、高熔点、耐化学腐蚀等性能。主要用于制造轮胎的帘子线。

合成纤维比天然纤维及人造纤维有更优越的性能。如强度高、弹性好、耐磨、耐化学腐蚀、不怕虫蛀、不缩水等。它为人们提供了各种耐用而美观的衣料及生活用品。但合成纤维吸湿性和透气性差。纯合成纤维制成的衣服,穿着时使人感到闷气。又因其绝缘,摩擦时会产生静电,所以化纤衣服容易吸附灰尘。

5.4 新型高分子材料

5.4.1 功能高分子材料

功能高分子就是在合成高分子的主链或支链上引入带有显示某种功能的官能团,使高分子具有特殊的性能,满足光、电、磁、化学、生物、医学等方面的功能要求,为高分子的应用开辟了新的领域。

已知功能高分子的品种和分类有:导电高分子,具体包括半导体高分子、导体高分子、超导高分子等;光敏高分子,具体包括感光树脂、光导电高分子等;交换型高分子,具体包括离子交换树脂、电子交换树脂等;生物医药高分子,具体包括高分子药物、医用高分子、仿生高分子等以及微生物降解高分子、高分子催化剂、高分子吸附剂等。

下面简单介绍几种功能高分子材料。

1. 导电高分子

一般高分子具有电绝缘性,这是由它的结构所决定的。20 世纪 70 年代,人类合成了聚乙炔。这是一种双键、单键间隔连接的线型高分子,可以导电。若在其中掺杂入碘会大幅度提高导电率。随后又发现了聚吡咯、聚噻吩等都具有导电性。用导电塑料做成的硬币大小的塑料电池,可多次充电使用,工作寿命长。它的一个电极是金属锂,另一个电极是聚苯胺导电塑料。

2. 高吸水性高分子

此类高分子材料可用淀粉、纤维素等天然高分子与丙烯酸、苯乙烯磺酸进行枝接共聚或用聚乙烯醇与聚丙烯酸盐交联而得到。它有惊人的高吸水性能:用它做成的纸张可吸入大量的水依然滴水不漏、干爽通气,有的可吸收超过自重几百倍甚至上千倍的水但却挤不出水来。因此,这是一类很好的保鲜包装材料,也适宜做人造皮肤,工业上可作油水分离剂,有人设想用它来改造荒漠化的土地。高吸水纤维可纺织运动服和贴身内衣,用它制作的婴儿尿布和妇女卫生巾已广为应用。

3. 医用高分子

由于某些高分子与人器官组织的天然高分子有着极相似的化学结构和物理性能,因此用高分子做成的人工器官(如心脏、血管、皮肤等)具有很好的生物相容性。目前已知可用于制作人造器官的高分子材料有尼龙、环氧树脂、聚乙烯、聚乙烯醇、聚四氟乙烯、聚醋酸乙烯酯、聚氨酯、硅橡胶等。

5.4.2　仿生高分子材料

人类往往从动植物的特异功能得到启发,创造出性能优异的新材料。例如,贝壳虽然很薄但很硬且不易破碎,研究发现,它是由许多层状的碳酸钙组成,每层间夹着有机质。当一层碳酸钙开裂时,因有机质的阻挡,裂纹不会扩展。受此启发,英国的 Crick·W 博士制造出一种不易破碎的陶瓷。他将碳化硅薄片上涂上石墨层,再将其层层叠起来加热、挤压,使坚硬的碳化硅粘结在石墨层上。实验证明,折断这种陶瓷所用的力要比折断无石墨层的陶瓷高 100 倍。

5.4.3　智能高分子材料

智能材料是 20 世纪末在新型材料领域中形成的一个分支。它是把高技术传感器或敏感元件与传统结构材料和功能材料结合在一起赋予材料崭新的性能,使无生命的材料变得似乎有"感觉",使被动的功能材料向具有主动功能的机敏材料发展,使之具有自我诊断和自愈合等功能。例如,在高性能的复合材料中嵌入细小的光纤维,用于机翼制造。由于复合材料中布满了纵横交错的光纤,它们能像"神经"那样感受飞机机翼上的不同压力。遇到极端严重的情况,光纤会断裂,导致光传输中断,于是就能向飞行员发出事故警告。再如,在混凝土中埋入装有粘结修补剂的空心纤维,当混凝土发生开裂时,空心纤维就释放出修补剂,使裂纹得以修复。

第6章　金属材料

6.1　概述

6.1.1　金属的材料的分类与发展

金属是人类最早认识和利用的材料之一,金属在自然界的分布非常广泛,在人类已发现的106种元素中金属有81种,占有相当大的比例。金属分为黑色金属与有色金属两大类,黑色金属包括铁、锰、铬及它们的合金,主要是铁碳合金(钢铁);有色金属是指钢铁以外的所有金属。通常,黑色金属作为结构材料使用,有色金属多作为功能材料来使用。

有色金属按其被人类发现和使用的早晚、密度、价格和在地壳中的分布情况等可分为五大类,具体如下:

(1)轻有色金属

轻有色金属指密度在$4.5 \text{ g} \cdot \text{cm}^{-3}$以下的有色金属,包括铝、镁、钾、钠、钙、锶、钡。这类金属的共同特点是密度小,化学性质活泼,在自然界中以氧化物、硫化物、碳酸盐和卤化物的形式存在。

(2)重有色金属

重有色金属一般指密度大于$4.5 \text{ g} \cdot \text{cm}^{-3}$的有色金属,包括铜、镍、铅、锌、钴、锡、锑、汞、镉、铋等。

(3)贵金属

这类金属在地壳中的含量较少,开采和提取比较困难,故价格比一般金属贵,因而得名贵金属。包括金、银、铂族金属。贵重金属的特点是特点是密度大($10.4\text{g} \cdot \text{cm}^{-3} \sim 22.4 \text{ g} \cdot \text{cm}^{-3}$),熔点高(1189K~3273 K),化学性质稳定。

(4)准金属

物理性质介于金属与非金属之间的单质,包括硼、硅、锗、硒、砷、碲、钋。

(5)稀有金属

在自然界中的含量少,分布稀散、发现较晚的一类金属。包括:锂、铷、锂、铷、铯、铍、钨、铼、钒、镓、钼、钽、铌、钛、铪、铟、铊、稀土元素及人造超铀元素等。普通金属与稀有金属之间无明显界限,大部分稀有金属在地壳中的含量比较高,许多稀有金属比普通金属中的铜、镉、银、汞的含量还要高。

6.1.2　金属的特征与金属键

与非金属相比,金属有许多共同点,如:有金属光泽、不透明、导电性、导热性、延展性等。实验证明,金属晶体中原子采取高配位、密堆积的形式相互结合,它没有方向性和饱和性,不可能是共价键;金属单质的是由电负性相同的同种元素的原子构成的,合金的是电负性相近的元素的原子构成,它们不可能形成正负离子从而形成离子键;而且,金属原子间的结合力较强,一般要超过 100 kJ·mol^{-1},这又大大超过了分子间力和氢键(10～40 kJ·mol^{-1})。可见,金属原子间生成的是一种特殊的键——金属键。

金属元素的电负性一般较小,电离能也小,最外层价电子很容易摆脱原子的束缚在金属晶粒中各个正离子形成的势场中自由运动,形成"自由电子"。在金属晶体中根本没有定域的双原子键,也不是几个原子间的离域键,而是所有原子都参加了成键,这些离域电子在三维空间中运动,离域范围很大。正是这种高度离域的共价键的形成,使体系的能量下降很大,从而形成了一种强烈的吸引作用,这就是金属键的本质。

6.1.3 金属的性质

1. 金属的物理性质

(1)金属光泽

由于金属原子以最紧密堆积状态排列,内部存在自由电子,所以当光线投射到其表面时,自由电子吸收所有频率的光并迅速放出,使绝大多数金属呈现钢灰色至银白色的光泽,例如铜呈赤红色,铂为淡黄色金呈黄色,铋为淡红色,以及铅为灰蓝色等。这是因为它们较易吸收某一些频率的光所致。金属光泽只有在整块金属时才能表现出来,在粉末状时,一般金属都呈暗灰色或黑色。这是因为在粉末状时,晶格排列得不规则,把可见光吸收后辐射不出去,所以呈黑色。

许多金属在光的照射下能放出电子,其中在短波辐射照射下能放出电子的现象称为光电效应,在加热到高温时能放出电子的现象称为热电现象。

(2)导电性和导热性

金属的导热性与自由电子的存在密切相关,当金属中有温度差时,运动的自由电子不断与晶格结点上振动的金属离子相碰撞而交换能量,因此使金属具有较高的导热性。

根据金属键的概念,所有金属中都有自由电子。在外加电场作用时,自由电子有了一定的运动方向,形成电流,显示出金属的导电性。其与电解质水溶液和熔融盐的导电机理不同,当温度升高时,金属离子和金属原子的振动增加,阻碍自由电子运动程度的增加,因此金属的导电性就降低。

大多数金属具有良好的导热性和导电性。常见金属导电、导热能力由大到小的顺序如下:
$$Ag>Cu>Au>Al>Zn>Pt>Sn>Fe>Pb>Hg$$

(3)延展性

金属有延性,可以抽成细丝;金属又有展性,可以压成薄片。金属的延展性也可以从金属的结构得到解释。当金属受到外力作用时,金属内原子层之间容易作相对位移,而金属离子和自由电子仍保持着金属键的结合力,金属发生形变而不易断裂,因此金属具有良好的变形性。金属延展性的强弱顺序如下:

延性:$Pt>Au>Ag>Al>Cu>Fe>Ni>Zn>Sn>Pb$;

展性:$Au>Ag>Al>Cu>Sn>Pt>Pb>Zn>Fe>Ni$。

由于金属的良好延展性,作为材料使用的金属可以经受切削、锻压、弯曲、铸造等加。也有少数金属如锑、铋、锰等,性质较脆,没有延展性。

（4）密度

锂、钠、钾密度很小,其他金属密度较大。

（5）硬度

金属的硬度一般都较大,但不同金属间有很大差别。有的坚硬,如钢、铬、钨等;有的很软,如钠、钾等,可用小刀切割。现以金刚石的硬度作为10,将一些金属按相对硬度比较,由大到小的顺序排列如下：

$$Cr<Pt<Ni<Pt<Fe<Cu<Al<Ag<Zn<Au<Mg<Sn<Ca<Pb<K<Na$$

（6）金属的熔点

不同金属的熔点差别很大,最难熔的是 W,最易熔的是 Hg、Cs 和 Ga。汞在常温下是液体,铯和镓在手上就能熔化。

由于金属材料具有上述特性,使金属类元素在材料工业中具有非常重要的地位。除了上面所说的过渡金属多数可作为结构材料使用外,像镁、铝等轻金属也广泛地用作结构材料,尤其在航空领域具有非常重要的特殊地位。金、银、铜、铂等有色金属广泛用作导体材料,铝由于密度小、导电性能较好、价格便宜等也大量用作导体材料。而过渡金属由于其 d 轨道具有未成对的孤电子,因而其金属或氧化物也作为磁性材料使用。其他如钽、钨、铌、镓、铊等金属或其合金,常作为功能材料使用,在电子工业领域具有非常重要的地位。

2. 化学性质

金属最主要的化学性质是易失去最外层的电子变成金属阳离子,因而表现出较强的还原性。各种金属原子失去电子的难易不同,因此金属还原性的强弱也不同。在水溶液中金属失去电子的能力可用标准电极电势来衡量,按标准电极电势数值由负到正排成金属活动顺序,并将在材料工业中具有重要地位的几种金属的化学性质归纳在表 6-1 中。

表 6-1　金属的主要化学性质

金属活动顺序	Mg Al Mn Zn Fe Ni Sn Pb		H	Cu Hg	Ag Pt Au
失去电子能力	在溶液中失电子的能力依次减小,还原性减弱				
在空气中与氧气反应	常温时氧化			加热时氧化	不被氧化
和酸反应	能取代稀酸中的氢			不能从水中取代出氢	能与硝酸浓硫酸反应可与王水反应
和碱反应	仅铝、锌等两种金属与碱反应				
和水反应	加热时取代水中的氢			不能从水中取代氢	
和盐反应	前面的金属可以从盐中取代后面的金属				

（1）氧化反应

金属与氧气等非金属反应的难易程度,和金属活动顺序大致相同。位于金属活动顺序表前面的金属很容易失去电子,常温下就能被氧化或自燃;位于金属活动顺序表后面的金属则很难失去电子。金属与氧的反应情况和金属表面生成的氧化膜的性质也有很大的关系,有些金属如铝、铬形成的氧化物结构致密,它紧密覆盖在金属表面,防止金属继续氧化。这种氧化物的保护作用称为钝化,所以常将 Fe 等金属表面镀铬、渗铝,起到美观且防腐的效果。在空气中铁表面生成的氧化物,结构疏松,因此铁在空气中易被腐蚀。

（2）金属与水、酸的反应

金属与水、酸反应的情况与反应温度、酸的浓度有关;与反应物的本性有关,即与金属的活泼性、酸的性质有关;与生成物的性质有关。

常温下纯水中氢离子的浓度为 10^{-7} mol·L^{-1},其 $\varphi_{H^+/H_2} = 0.41V$,因此电极电势 $\varphi^\theta \leqslant 0.41$ V 的金属都可能与水反应。性质活泼的金属,如钠、钾,在常温下就与水激烈地反应;钙的作用比较缓和;铁则需在炽热的状态下与水蒸气发生反应;有些金属如镁等,与水反应后生成的氢氧化物不溶于水,覆盖在金属表面,在常温下反应难于继续进行,因此镁只能与沸水起反应。

一般 φ 为负值的金属都可以与非氧化生酸反应放出氢气。但有的金属由于表面形成了很致密的氧化膜而钝化,如铅与硫酸作用生成 $PbSO_4$ 覆盖在铅表面,因而难溶于硫酸。φ 为正值的金属一般不容易被酸中的氢离子氧化,只能被氧化性的酸氧化,或在氧化剂存在下与非氧化性酸作用。有的金属如铝、铬、铁等在浓 HNO_3、浓 H_2SO_4 中由于钝化而不发生作用。

（3）金属与碱的反应

金属除了少数显两性以外,一般都不与碱起作用。但锌、铝与强碱反应,生成氢和锌酸盐或铝酸盐,反应如下:

$$Zn + 2NaOH + 2H_2O = Na_2[Zn(OH)_4] + H_2 \uparrow$$

$$2Al + 2NaOH + 6H_2O = 2Na[Al(OH)_4] + 3H_2 \uparrow$$

此外,铍、镓、铟、锡等也能与强碱反应。活泼性强的金属还可以将活泼性弱的金属从其盐溶液中置换出来。在金属参加的化学反应中,都是金属原子失去电子,被氧化,是还原剂;非金属原子、氢离子或较不活泼的金属阳离子得电子,被还原。

6.1.4　合金的结构

合金中晶体结构和化学成分相同,与其他部分有明显分界的均匀区域称为相。只由一种相组成的合金称为单相合金;由两种或两种以上相组成的合金称为多相合金。合金的性能取决于它的组织,而组织的性能又取决于其组成相的性质。要了解合金的组织和性能,首先必须研究固态合金的相结构。按合金的结构和相图等特点,合金的结构一般可分为金属固溶体和金属化合物两大类。

1.金属固溶体

根据溶质原子在溶剂晶体中占据位置的不同,可将固溶体分为间隙固溶体、置换固溶体和缺位固溶体三种。

（1）置换固溶体

由溶质原子代替一部分溶剂原子而占据溶剂晶格中某些结点位置形成的固溶体,称为置换固溶体,如图 6-1(b)所示。形成置换固溶体时,溶质原子在溶剂晶格中的最高含量主要取决于晶格类型、原子直径差及它们在元素周期表中的位置。晶格类型相同,原子直径差越小,在元素周期表中的位置越靠近,则溶解度越大,甚至可以任何比例溶解而形成无限固溶体。

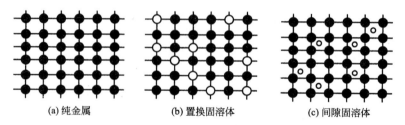

(a) 纯金属   (b) 置换固溶体   (c) 间隙固溶体

图 6-1   纯金属与金属固溶体结构比较

(2)间隙固溶体

直径很小的非金属元素的原子溶入溶剂晶格结点的空隙处,就形成了间隙固溶体,如图6-1(c)所示。能否形成间隙固溶体,主要取决于溶质原子和溶剂原子的尺寸。研究表明,只有当溶质元素与溶剂元素的原子直径的比值小于 0.59 时,间隙固溶体才有可能形成。此外,形成间隙固溶体还与溶剂金属的性质及溶剂晶格间隙的大小和形状有关。

在固溶体中,溶质原子的溶入导致晶格畸变,见图 6-2。溶质原子与溶剂原子的直径差越大,溶入的溶质原子越多,则晶格畸变就越严重。晶格畸变使晶体变形的抗力增大,材料的强度、硬度提高,这种现象称为固溶强化。

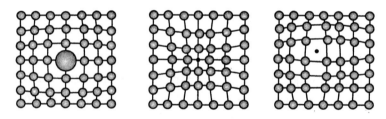

图 6-2   晶体畸形的三种结构

(3)缺位固溶体

指由被溶元素溶于金属化合物中而生成的固溶体,如 Sb 溶于 NiSb 中得到的固溶体,溶入元素 Sb 占据着晶格的正常位置,但另一元素 Ni 应占的某些位置是空的。

2.金属化合物

常见的金属化合物有间隙化合物、正常价化合物和电子化合物。

(1)间隙化合物

间隙化合物是由过渡元素与硼、碳、氮、氢等原子直径较小的非金属元素形成的化合物。若非金属原子与金属原子半径之比小于 0.59,则形成具有简单晶体结构的间隙相;若非金属原子与金属原子半径之比大于 0.59,则形成具有复杂结构的间隙化合物。

(2)正常价化合物

正常价化合物是由元素周期表中位置相距甚远、电化学性质相差很大的两种元素形成。这类化合物的特征是严格遵守化合价规律,可用化学式表示,如 Mg_2Si、Mg_2Sn 等。正常价化合物具有高的硬度和脆性,能弥散分布于固溶基体中,可对金属起到强化作用。

(3)电子化合物

电子化合物是由周期表中第Ⅰ族或过渡元素与第Ⅱ～Ⅴ族元素形成的金属化合物,它们不遵守化合价规律,服从电子浓度(价电子数与原子数的比值)规律。电子浓度不同,所形成金属化合物的晶体结构也不同。电子化合物以金属键相结合,熔点一般较高,硬度高、脆性大,是有色金属中的重要强化相。

6.2 常见金属及其化合物

6.2.1 钢铁

1.钢铁的分类

(1)按化学成分分类

按化学成分不同,可将钢材分为碳素钢和合金钢两大类。碳素钢按含碳量不同,可分为低碳钢(含碳量小于 0.25%)、中碳钢(含碳量为 0.25%～0.60%)和高碳钢(含碳量大于 0.60%)三类。合金钢按合金元素的含量可分为低合金钢(合金元素总量小于 5%)、中合金钢(合金元素总量为 5%～10%)和高合金钢(合金元素总量大于 10%)三类。合金钢按合金元素的种类可分为锰钢、铬钢、硼钢、铬镍钢、硅锰钢等。

(2)按冶金质量分类

按钢中所含有害杂质硫、磷的多少,可分为普通钢(含硫量小于等于 0.055%,含磷量小于等于 0.045%)、优质钢(含硫量、含磷量小于等于 0.040%)和高级优质钢(含硫量小于等于 0.030%,含磷量小于等于 0.035%)三类。

根据冶炼时脱氧程度,又可将钢分为沸腾钢(脱氧不完全)、镇静钢(脱氧较完全)和半镇静钢三类。

(3)按金相组织分类

按钢退火态的金相组织,可分为亚共析钢、共析钢、过共析钢等三种。

按钢正火态的金相组织,可分为珠光体钢、贝氏体钢、马氏体钢、奥氏体钢等四种。

在对钢的产品命名时,往往把成分、质量和用途几种分类方法结合起来,如称碳素结构钢、优质碳素结构钢、碳素工具钢、高级优质碳素工具钢、合金结构钢、合金工具钢、高速工具钢等。

(4)按用途分类

按钢的用途分类,可分为结构钢、工具钢、特殊钢三大类。

结构钢又分为工程构件用钢和机器零件用钢两部分。工程构件用钢包括建筑工程用钢、桥梁工程用钢、船舶工程用钢、车辆工程用钢。机器零件用钢包括调质钢、弹簧钢、滚动轴承钢、渗碳和渗氮钢、耐磨钢等。这类钢一般属于低、中碳钢和低、中合金钢。

工具钢分为刀具钢、量具钢、模具钢,主要用于制造各种刀具、模具和量具,这类钢一般属于高碳、高合金钢。特殊性能钢分为不锈钢、耐热钢等,这类钢主要用于各种特殊要求的场合,如化学工业用的不锈耐酸钢、核电站用的耐热钢等。

2.钢铁的结构

纯铁有 α、β、γ、δ 四种变体,四种变体的结构与转化温度的关系如图 6-3 所示。其中 α、β、γ、δ 变体具有立方体心(A2 型)结构,γ 变体具有立方面心(Al 型)结构。770℃是 $\alpha-Fe$ 的居里点(即铁磁物质升温时,开始失去铁磁性的温度),α-Fe 具铁磁性而其他变体均无铁磁性。Fe-C 体系的相图如图 6-3 所示,含碳量小于 0.02% 的称为纯铁,大于 2.0% 的称为生铁,0.02%~2.0% 之间的称为钢。

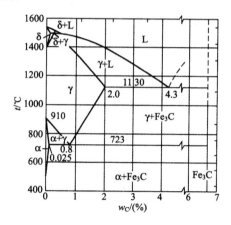

图 6-3　Fe－C 体系相图

钢铁的性能随着它的化学成分和热处理工艺而改变是由于内部结构变化所引起的,组成钢铁的物相除石墨外主要有下面四种含铁物相:

(1)铁素体

铁素体是碳在 α-Fe(晶胞参数 $a = 286.6$ pm)中的固溶体。由于 α-Fe 结构中的孔隙很小,所以铁素体溶碳能力极低,在 723℃ 最高含碳量只有 0.02%,所以几乎就是纯的 α-Fe,只是在晶体的各种缺陷处填入极少量的碳。铁素体的性质和纯铁相似。

(2)渗碳体

渗碳体是铁和碳组成比为 3:1 的化合物,含碳量为 6.67%(质量分数),化学式为 Fe_3C。渗碳体结构属正交晶系,晶胞参数:$a = 452$ pm,$b = 509$ pm,$c = 674$ pm。每个晶胞中含 12 个 Fe 原子和 4 个 C 原子,C 原子处在 Fe 原子组成的八面体空隙中,其中每个八面体的各顶点都被两个八面体共用,从而将结构连成一个整体。其晶胞如图 6-4 所示(图中只示出一个八面体)。

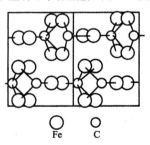

图 6-4　渗碳体结构

（3）奥氏体

奥氏体是碳在 $\gamma-Fe$（晶胞参数 $a = 356\ pm$）中的间隙固溶体，在 $723℃$ 时奥氏体中溶入碳约 0.8%，相当于 Fe 原子和 C 原子数目之比约为 $27:1$，即平均 $6\sim7$ 个立方面心晶胞中含有一个 C 原子，C 原子无序地分布在 Fe 原子所组成的八面体空隙中，如图 6-5 所示。

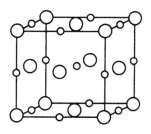

○ Fe　○ C 的可能位置

图 6-5　奥氏体结构

（4）马氏体

钢骤冷至 $150℃$ 以下时，仍然不能冻结在奥氏体结构中，也不转化为铁素体和渗碳体的混合物，而变为质地很脆很硬的马氏体。马氏体的结构如图 6-6 所示，为四方结构。

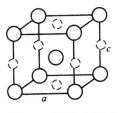

○ Fe　◌ C 的可能位置

图 6-6　马氏体结构

马氏体可看作是 α Fe 中含碳量可达到 1.6% 的过饱和固溶体。骤冷的钢或马氏体一般可经回火过程转化为由铁素体和渗碳体组成的机械性能很好的钢料。回火过程一般在 $200℃\sim300℃$ 进行。控制马氏体的回火过程可以控制形成铁素体和渗碳体的颗粒大小和组织等，从而控制钢的机械性能。这一原理是钢热处理过程的理论基础。

3. 钢铁的性能

钢铁的性能依赖于钢铁的化学成分和内部的结构，纯铁质地软，富延展性，可拉制成丝，受外力作用晶面间易滑动。当铁中渗入碳原子，由于铁和碳原子间有牢固的结合力，在碳原子周围形成不易滑动的较固定的硬化点，使钢比纯铁坚硬而塑性不如纯铁。一般钢中含碳量越高，硬度越高；含渗碳体和马氏体等物相比例越高，则越硬而脆。

一般形成化合物的合金，特别是碳化物，其硬度比纯金属高得多，混合物相的机械性能一般近似地表现为混合物中各相性能的平均值。当硬而脆的第二相分布在第一相的晶界上呈网状结构，合金的脆性大、塑性低；若硬而脆的第二相呈颗粒状均匀地分布在较软的第一相基体上,则合金的塑性和韧性提高;若硬而脆的第二相呈针状、片状分布在第一相的基体上,则其性能介于上述两者之间。由此可见,可以通过改变化学组成、热处理工艺、改变和调节钢材的金相组成和分布,改变钢材的硬度和韧性,而获得所需要的性能。

经过塑性变形后的金属,由于晶面之间产生滑动、晶粒破碎或伸长等原因,致使金属产生内应力,从而发生硬化以阻止再产生滑动,这使金属的强度、硬度增加,塑性、韧性降低。硬化的金属结构处于不稳定的状态,有自发地向稳定状态转化的倾向。加热提高温度,原子运动加速可促进这种转化以消除内应力。加热时应力较集中的部位能量最高,优先形成新的晶核,进行再结晶。经再结晶的金属硬度和强度降低,塑性和韧性提高,使金属恢复到变形前的性能。再结晶在实际生产工艺上有重要意义,例如,不能在室温下连续地将一块钢锭经多次轧制而制成薄钢板,而必须经过若干次轧制和加温再结晶的重复工序,才能制出合格的钢板。钢锭经过锻炼轧制,将粗晶粒的结构,破碎成小晶粒,同时使原来晶界间的微隙弥合,成为致密的结构,从而大大提高了其机械性能。

6.2.2 铝及铝合金

1. 纯铝

铝是地球上储量最丰富的金属之一,约占地壳质量的 8% 左右。铝的密度为 2.7 g·cm^{-3},为钢的 1/3,具有优良的导电性、导热性和抗腐蚀性能。纯铝按其纯度可分为工业纯铝、工业高纯铝及高纯铝。工业纯铝主要用来制作铝箔、电缆、日用器皿等;高纯铝及工业高纯铝主要用于科学研究、制作电容器、铝箔等。

2. 铝合金

根据铝合金的成分及生产工艺特点,可将其分为变形铝合金、铸造铝合金两大类。

变形铝合金分为不可热处理强化和可热处理强化两类;按性能特点又分为防锈铝、硬铝、超硬铝和锻铝,其中,后三类铝合金可进行热处理强化。

(1)硬铝合金

该类合金属 Al-Cu-Mg 系,铜和镁在硬铝中可形成 θ 相(CuAl)、s 相(CuMgAl)等强化相,强化效果随主强化相(s 相)的增多而增大,但塑性降低。硬铝淬火时效后强度明显提高,可达420 MPa,比强度与高强度钢相近,可制作飞机螺旋桨、飞机结构件、飞机蒙皮等。我国常用的Al-Cu-Mg 系合金有 2A12 等。

(2)超硬铝合金

超硬铝合金属 Al-Cu-Mg-Zn 系合金,是室温强度最高的铝合金,常用的超硬铝合金有7A04、7A06 等。超硬铝合金经固溶处理和人工时效后有很高的强度和硬度,σ_b 可达580 MPa,但耐蚀性差、高温软化快,故常用包铝法来提高其耐蚀性。超硬铝主要用作受力大的重要结构件和承受高载荷的零件,如飞机大梁、起落架、加强框等。

(3)防锈铝合金

防锈铝合金主要含 Mn、Mg,属 Al-Mn 系及 Al-Mg 系合金。该类合金的特点是抗蚀性、焊接性及塑性好,易于加工成形,有良好的低温性能;但其强度较低,只能通过冷变形加工产生硬化,且切削加工性能较差。该类合金主要用于焊接零件、容器及经深冲和弯曲的零件制品。我国常用的 Al-Mn 系合金有 3A21 等,Al-Mg 系合金有 5A02、5A03、5A06 等。

（4）锻铝合金

锻铝合金主要是 Al-Cu-Mg-Si 系合金,具有较好的铸造性能和耐蚀性,力学性能与硬铝相近,主要用作航空及仪表业中形状复杂、要求比强度较高的锻件或模锻件,如各种叶轮、框架、支杆等。

（5）铸造铝合金

用来制作铸件的铝合金称为铸造铝合金,力学性能不如变形铝合金,但铸造性能好,适宜各种铸造成形,生产形状复杂的铸件。为使合金具有良好的铸造性能和足够的强度,加入合金元素的量较变形铝合金多,总量为 8%～25%。合金元素主要有 Si、Cu、Mg、Mn、Ni、Cr、Zn 等,故铸造铝合金的种类很多,主要有 Al-Si 系、Al-Cu 系、Al-Mg 系、Al-Zn 系四类,其中 Al-Si 系应用最广泛。

6.2.3　镁及镁合金

1. 纯镁

镁是地壳中储量最丰富的金属之一,储量占地壳质量的 2.5%,仅次于铝、铁。纯镁为银白色,密度仅为 1.74 g·cm^{-3}。镁的晶体结构为密排六方点阵,滑移系数小,塑性较低,延伸率仅约为 10%,冷变形能力差,当温度升高至 150～250℃时,滑移系数提高,塑性增加,可进行各种热加工变形。

镁的电极电位很低,因此,抗腐蚀能力差,在大气、淡水及大多数酸、盐介质中易受腐蚀。镁的化学活性很高,在空气中极易被氧化,其熔点约为 650℃,熔化时极易氧化燃烧。工业上主要采用熔盐电解法制备镁。纯镁强度低,主要用作制造镁合金的原料、化工及冶金生产的还原剂及用于烟火工业等。

2. 镁合金

镁合金是实际应用中最轻的金属结构材料,但与铝合金相比,镁合金的研究和发展还很不充分,镁合金的应用也还很有限。目前,镁合金的产量只有铝合金的 1%。镁合金作为结构材料应用最多的是铸件,其中 90% 以上是压铸件。目前镁合金可分为以下几类:

（1）耐蚀镁合金

镁合金的耐蚀性问题可通过两个方面来解决:①严格限制镁合金中的 Fe、Cu、Ni 等杂质元素的含量。例如,高纯 AZ91HP 镁合金在盐雾试验中的耐蚀性大约是 A791C 的 100 倍,超过了压铸铝合金 A380;②对镁合金进行表面处理。根据不同的耐蚀性要求,选择阳极氧化处理、有机物涂覆、化学镀、热喷涂等方法处理。例如,经化学镀的镁合金,其耐蚀性超过了不锈钢。

（2）耐热镁合金

耐热性差是阻碍镁合金广泛应用的主要原因之一,稀土是用来提高镁合金耐热性能的重要元素。Mg-Al-Si(AS)系合金是德国大众汽车公司开发的压铸镁合金,175℃时,AS41 合金的蠕变强度明显高于 AZ91 和 AM60 合金。2001 年,日本采用快速凝固法制成的具有 100 200 nm 晶粒尺寸的高强镁合金 Mg-2%、Y-1%Zn,其强度为超级铝合金的 3 倍,且具有超塑性、高耐热性和高耐蚀性。

（3）阻燃镁合金

熔剂保护法和 SF_6、SO_2、CO_2、Ar 等气体保护法是行之有效的阻燃方法。上海交通大学通过同时加入几种元素,开发了一种阻燃性能和力学性能均良好的轿车用阻燃镁合金,成功地进行了轿车变速箱壳盖的工业试验,并生产出手机壳体、MP3 壳体等电子产品外壳。

（4）高强高韧镁合金

现有镁合金的常温强度和塑韧性均有待进一步提高。在 Mg-Zn 和 Mg-Y 合金中加入 Ca、Zr 可显著细化晶粒,提高其抗拉强度和屈服强度;加入 Ag 和 Th 能够提高 Mg-RE-Zr 合金的力学性能;快速凝固粉末冶金、高挤压比等方法,可使镁合金的晶粒处理得很细,从而获得高强度、高塑性甚至超塑性。

（5）变形镁合金

变形的镁合金材料可获得更高的强度、延展性及多样化的力学性能,满足不同场合结构件的使用要求。美国成功研制了各种系列的变形镁合金产品,采用快速凝固（RS）＋粉末冶金（PM）＋热挤压工艺开发的 Mg-Al-Zn 系 EA55RS 变形镁合金,成为迄今报道的性能最佳的镁合金,其性能不但大大超过常规镁合金,比强度甚至超过 7075 铝合金,且具有超塑性,腐蚀速率与 2024-T6 铝合金相当,还可同时加入 SiCp 等增强相,成为先进镁合金材料的典范。

6.2.4　钛及钛合金

1. 纯钛

钛的资源丰富,在地球中的储存量位于铝铁镁之后居第四位。钛是一种银白色的过渡金属,其密度为 $4.588g \cdot cm^{-1}$,熔点为 1668℃。钛具有同素异构转变,882.5 ℃以下为密排六方的 α-Ti,高于 882.5℃为体心立方的 β-Ti。钛的突出优点是比强度高、耐热性好、抗蚀性能优异。钛在大气、海水中具有极高的耐腐蚀性,在室温下的硫酸、盐酸、硝酸中均具有很高的稳定性。钛在大多数有机酸及碱溶液中的耐蚀性也很高,但在 HF 中耐蚀性很差。

钛的化学性质非常活泼,易与 O、N、H 等元素形成稳定的化合物,这使钛的冶炼难度很大,钛一般采用活泼金属还原法或碘化法制取。碘化法制得的钛纯度为 99.9%,称为高纯钛,主要用于科学研究;活泼金属还原法制得的钛纯度为 99.5%,称为工业纯钛,强度很强,可直接用于工程材料。

2. 钛合金

第一个实用的钛合金是 1954 年美国研制成功的 Ti-6Al-4V 合金,由于它的耐热性、强度、塑性、韧性、成形性、可焊性、耐蚀性和生物相容性均较好,而成为钛合金工业中的王牌合金,该合金使用量已占全部钛合金的 75%～85%。其他许多钛合金都可认为是 Ti-6Al-4V 合金的改型。

20 世纪 50～60 年代,主要是发展航空发动机用的高温钛合金和机体用的结构钛合金,70

年代开发出一批耐蚀钛合金,80 年代以来,耐蚀钛合金和高强钛合金得到进一步发展。耐热钛合金的使用温度从 50 年代的 400℃提高到 90 年代的 600～650℃。$Ti_3Al(\alpha_3)$ 和 $TiAl(\gamma)$ 基合金的出现,使钛在发动机的使用部位正由发动机的冷端(风扇和压气机)向发动机的热端(涡轮)方向推进。结构钛合金向高强高塑、高强高韧、高模量和高损伤容限方向发展。

20 世纪 70 年代以来,还出现了 Ti-Ni、Ti-Ni-Fe、Ti-Ni-Nb 等形状记忆合金,并在工程上获得日益广泛的应用。目前,世界上已研制出的钛合金有数百种,最著名的合金有 20～30 种。近年来,各国正在开发低成本和高性能的新型钛合金,努力使钛合金进入具有巨大市场潜力的民用工业领域。国内外钛合金材料的研究新进展主要体现在以下几方面。

(1)高强高韧 β 型钛合金

β 型钛合金具有良好的冷热加工性能,易锻造、可轧制、可焊接、可通过固溶一时效处理获得较高的机械性能、良好的环境抗力、强度与断裂韧性的很好配合,具有优异的锻造性能;且具有良好的抗氧化性,冷热加工性能优良,可制成厚度为 0.064 mm 的箔材;超塑性延伸率高达 2000%,可取代 Ti-6Al-4V 合金用超塑成形-扩散连接技术制造各种航空航天构件。

(2)高温钛合金

Ti-6Al-4V 是世界上第一个研制成功的高温钛合金,使用温度为 300～350℃。随后相继研制出使用温度为 400℃、450～500℃的钛合金,新型高温钛合金目前已成功应用在军用和民用飞机的发动机上。近年来国外把采用快速凝固/粉末冶金技术、纤维或颗粒增强复合材料研制钛合金作为高温钛合金的发展方向,使钛合金的使用温度可提高到 650℃以上。美国麦道公司采用快速凝固/粉末冶金技术成功地研制出一种高纯度、高致密性钛合金,在 760℃下其强度相当于目前室温下使用的钛合金强度。

(3)阻燃钛合金

常规钛合金在特定的条件下有燃烧的倾向,这在很大程度上限制了其应用。针对这种情况,各国都展开了对阻燃钛合金的研究并取得一定突破。美国研制出一种对持续燃烧不敏感的阻燃钛合金,已用于 F119 的发动机。俄罗斯研制的阻燃钛合金具有相当好的热变形工艺性能,可用其制成复杂的零件。

(4)医用钛合金

目前,在医学领域中广泛使用的合金会析出极微量的钒离子和铝离子,降低了其细胞适应性且有可能对人体造成危害。美国早在 20 世纪 80 年代中期便开始研制无铝、无钒、具有生物相容性的钛合金,并将其用于矫形术。日本、英国等也在该方面做了大量的研究工作,并取得一些新的进展,已开发出一系列具有优良生物相容性的 $\alpha+\beta$ 钛合金,这些合金具有更高的强度水平,以及更好的切口性能和韧性,更适于作为植入人体。

6.3 耐热钢的成分设计

高温工作部件都在高温下承受各种载荷,如拉伸、弯曲、扭转、疲劳和冲击等,同时它们还与高温蒸气、空气或燃气接触,表面发生高温氧化或气体腐蚀。在高温下工作,钢和合金将发生原子扩散过程并引起组织转变,这是与低温工作部件的根本不同点。

6.3.1 提高热稳定性

提高金属材料在高温条件下的稳定性,可以通过合金的途径,即加入 Cr、Al、Si 元素,在合金表面形成致密的氧化膜;或对合金进行表面处理,即在合金表面建立一层渗镀层或难熔氧化物涂层。

钢在高温下与空气接触将发生氧化,表面氧化膜的结构因温度和合金的化学成分不同而有着不同的化学稳定性。在 575℃ 以下,钢表面生成 Fe_2O_3 和 Fe_3O_4 层,在 575℃ 以上出现 FeO 层,此时氧化膜外表层为 Fe_2O_3,中间层为 Fe_3O_4,与钢接触层为 FeO。当 FeO 出现时,钢的氧化速度剧增。FeO 层增厚最快,Fe_3O_4 和 Fe_2O_3 层较薄。氧化膜的生成依靠铁离子向表层扩散,氧离子向内层扩散。由于铁离子半径比氧离子小,因而氧化膜的生成主要靠铁离子向外扩散。因此,要提高钢的抗氧化性,首先要阻止 FeO 出现,如加入能形成稳定而致密氧化膜的合金元素,能使铁离子和氧离子通过膜的扩散速率减慢,并使膜与基体牢固结合,这样便可以提高钢在高温下的化学稳定性。

合金元素对钢的氧化速度的影响见图 6-7。钢中加入铬、铝、硅,可以提高 FeO 出现的温度,改善钢的高温化学稳定性。就质量分数而言,$\omega(Cr) = 1.03\%$ 可使 FeO 在 600℃ 出现,$\omega(Cr) = 1.14\%$ 可使 FeO 在 750℃ 出现,$\omega(Al) = 1.1\% + \omega(Cr) = 0.4\%$ 可使 FeO 在 800℃ 出现。当铬和铝含量高时,钢的表面可生成致密的 Cr_2O_3 或 Al_2O_3 保护膜。通常在钢表面生成 $FeO \cdot Cr_2O_3$ 或 $FeO \cdot Al_2O_3$ 等尖晶石类型的氧化膜,含硅钢中生成 Fe_2SiO_4 氧化膜,它们都有良好的保护作用。铬是提高抗氧化能力的主要元素,铝也能单独提高钢的抗氧化能力。而硅由于会增加钢的脆性,加入量受到限制,只能作辅加元素,其他元素对钢抗氧化能力影响不大。少量稀土金属或碱土金属能提高耐热钢和耐热合金的抗氧化能力,特别在 1000℃ 以上,高温下晶界优先氧化的现象几乎消失。钨和钼将降低钢和合金的抗氧化能力,由于氧化膜内层贴着金属生成含钨和钼的氧化物,而 MOO_3 和 WO_3 具有低熔点和高挥发性,使抗氧化能力变坏。这些元素的加入,会降低铬含量而使热稳定性降低。为解决此矛盾,对一些含铬量低的耐热合金,可采用表面渗铝或在表面涂一层由熔点很高的化合物组成的陶瓷材料来提高热稳定性。

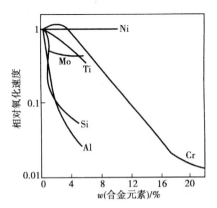

图 6-7 合金元素对刚氧化速度的确定

镍基合金在高温下还会产生硫腐蚀。此时硫沿镍基合金表面的晶界渗入形成 NiS,所生成的 NiS 与 Ni 形成低熔点(645℃)共晶体,高温下会发生熔化而腐蚀晶界,使镍基合金遭到破坏。由于铬与硫的亲和力比镍大,故提高铬含量可提高镍基合金的抗硫腐蚀。近年来还试用微量的钇(Y)、镧(La)、铈(Ce)等稀土元素来提高镍基合金的抗硫腐蚀。它们与硫有很强的亲和力,可以固定硫,从而防止硫的腐蚀。

6.3.2　提高热强性

金属在高温下之所以会发生蠕变,是由于原子在高温和应力的共同作用下易于扩散移动,使合金从强化状态,通过回复、再结晶、强化相的溶解、析出和聚集长大等过程,而过渡到软化状态。因此,提高热强性的关键在于如何降低原子的扩散过程。为此,首先是加强合金基体原子间的结合力,其次是增加强化相的稳定性。具体做法是:

1.选择高熔点的金属作为基体

金属的熔点高低,基本上反映了原子间结合力的大小。金属的熔点越高,原子间的结合力就越大,在高温下原子的扩散速度越小,蠕变就越不易进行。

铬作为在高温下使用的合金基体,其优点是抗氧化性很好,热强性高;但熔炼工艺复杂,脆性大,对缺口很敏感。钼、钨、铌的熔点都很高,属于难熔金属,以它们为基制造的合金,都有很高的热强性;但抗氧化性能很差,表面防护问题尚未得到满意解决,故还未大规模使用。目前广泛应用的耐热材料,都是以铁、镍、钴作为基体金属。以铁为基体的称为耐热钢,其他金属为基体的则称为耐热合金。

2.采用合金化及热处理来强化合金组织

其原理是通过加入合金元素到基体金属中,形成固溶体和化合物,并通过适当的热处理使强化相得到合理的形状和分布,以强化合金。其强化的方法有:

(1)沉淀强化

它是过饱和固溶体时效时由基体脱溶析出弥散的第二相造成的强化。沉淀强化利用析出细小强化相本身,以及强化相与基体间的共格畸变对变形过程造成的阻力,来达到强化目的。这种强化效果与第二相的大小、形态、分布及自身稳定性有很大关系。

沉淀相质点很细小,质点间距也很小时;或质点过大,质点间距也很大时,这两种情形对位错运动的阻力都较小,因此变形抗力低。研究表明,对于不同合金,通过控制时效的温度和时间,可获得强化相最合适的大小及分布间距,以增大对位错运动的阻力,提高强化效果。强化相成分越复杂,其稳定性就越高;强化相愈稳定,就越不易溶解和聚集长大,因而能长时间与基体保持共格,使强化作用保持到更高的温度和更长的时间。

钢中存在有低熔点或不稳定的第二相会使热强性降低,尤其是分布在晶界上时。在钢中沉淀出脆性的金属间化合物,往往也对热强性带来不利的影响。

(2)基体的固溶强化

基体的强度取决于原子结合力的大小,固溶强化是加入合金元素溶入基体之中形成固溶体,提高原子间结合力,从而强化了基体。高温时,奥氏体钢一般比铁素体钢具有更高的热强性,这是因为 $\gamma-Fe$ 原子排列较致密,原子间结合力较强的缘故。因此在比较高的温度下均使用奥氏体钢。

溶质原子提高固溶体高温强度的能力与其本身的许多性质有关。在基体金属中加入一种或几种合金元素形成单相固溶体,常常使基体金属的原子结合力和热强性有明显的提高。固溶强化是由于溶质原子和溶剂原子几何尺寸不同而造成的点阵畸变以及电子等其他方面的作用所造成的。

试验表明,钨、钼、铬、铌、钛、钴等元素对铁基和镍基合金的固溶强化效果最好,尤其是钨、钼最为有效。溶质原子的熔点越高,溶质原子与基体金属原子半径差别越大,溶质元素与基体金属的化学性质差别就越大,固溶强化效果越好。溶质原子与基体金属原子半径差别越大,引起固溶体晶格畸变也越大,其强化效果也相应增大。溶质元素与基体金属原子价不同,产生价电子的交换作用,在固溶体中形成很多溶质原子的偏聚区和短程有序区,这种固溶体结构中的超显微不均匀性,都增强了固溶体的蠕变抗力。

(3)晶界处理

为了强化晶界,可利用多种途径。如添加微量的硼、锆、稀土等表面活性元素,使之溶于基体后富集于晶界,填充了晶界空位,增强了晶界结合力,减低了晶界原子的扩散过程。硼能改善晶界中碳化物的形态,阻止碳化物过早聚集,减轻有害杂质的影响,并能细化晶粒。锆能提高沉淀相的稳定性,并能与铅、锡等形成高熔点化合物,提高合金的纯度,有效地改变蠕变强度与塑性。

另外通过控制晶粒度和采用定向结晶的方法,也可提高耐热合金的热强度。合金的晶粒过细,晶界多,高温下晶界滑动的变形量增大;但晶粒度过大,又会降低抗疲劳性能。所以对耐热合金来说,晶粒度一般控制在 2~4 级能得到较好的高温综合性能。采用定向结晶的方法,可获得消除横向晶界的定向柱晶或完全消除晶界的定向单晶,提高合金的高温性能。

(4)形变强化

形变强化有温加工处理和高温形变热处理两种。

某些热强钢或合金经 1100℃~1250℃ 固溶处理后,在再结晶温度以下进行变形,然后在低于变形温度进行消除应力的退火,称温加工处理。这种材料只能在低于消除应力退火的温度下使用,否则强度急剧下降。

高温形变强化热处理是在高于再结晶温度进行变形,然后快速冷却,工件只发生部分再结晶或完全没有再结晶并使形变效应部分保留下来,发生强化作用。

形变强化可以提高强度、改善塑性和缺口敏感性,缺点是强化效应随工作时间的延长而降低。

(5)热处理

耐热钢与合金进行热处理一方面可以得到需要的晶粒度,另一方面可以改善强化相的分布状态,调整基体与强化相的成分。耐热钢通过热处理常常可以有效地提高其热强性。在工作温度高、负荷较小和工作时间比较长的情况下,热处理应尽可能地使零件获得稳定的组织状态,以避免在工作过程中因发生组织变化而加速蠕变过程,这样可以保证零件使用的可靠性。例如,对于珠光体钢常采用正火和高于使用温度 100℃ 的回火,奥氏体钢常使用固溶处理,随后采用高于工作温度约 60℃~100℃;的时效处理,但是稳定状态一般都伴随着热强性的一定牺牲。

在工作温度较低、负荷较高和工作时间不很长时,为了获得高的热强性,可以通过热处理获得不稳定的组织,并在这种状态下使用。例如,一些珠光体钢可以在正火后使用,而不经过回火,零件利用工作温度使强化过程在使用中进行,或在使用前进行部分回火和时效,适当提高起始的强度而在使用过程中达到最高的强度。

6.4　金属功能材料

6.4.1　储氢合金

氢是一种燃烧值很高的燃料,为$(1.21 \sim 1.43) \times 10^5$ kJ·Kg^{-1}。是汽油燃烧值的 3 倍。其燃烧产物又是最干净、无污染的物质水。是未来最有前途、最理想的能源。氢的来源比较广泛,若能从水中制取氢气,则可谓取之不尽、用之不竭。氢能源利用的发展,主要包括两个方面:一是制氢工艺,二是储氢方法。

一种方法是利用高压钢瓶(氢气瓶)来储存氢气,另一种方法是将气态氢气降温到$-253℃$时,储存液态氢。两种方法都有不足之处:高压钢瓶储氢时存储的容积小,即使加压到 15 MPa,所装氢气的质量也不到氢气瓶质量的 1%,而且还有爆炸的危险;液体储存箱非常庞大,需要极好的绝热装置来隔热,才能防止液态氢不会沸腾汽化。近年来,一种新型简便的储氢方法应运而生,即利用储氢合金来储存氢气。

储氢合金是一种能储存氢气的合金,它具有储存的氢的密度大于液态氢,氢储入合金中时,不需要消耗能量反而能放出热量,储氢合金释放氢时所需的能量也不高,加上工作压力低,操作简便、安全的特点,是最有前途的储氢介质。储氢合金的储氢能力很强,单位体积内,储氢的密度是同温同压下,气态氢的 1000 倍,相当于储存了 1000 个大气压的高压氢气,需要储氢时,金属与氢气反应生成金属氢化物且放出热量,需要用氢时,在加热或减压的条件下,使储于其中的氢释放出来。如同铅蓄电池的充、放电。

1. 储氢原理

金属储氢的原理是储氢材料中一个金属原子能与两个、三个甚至更多的氢原子结合,生成稳定的金属氢化物,同时放出热量。等将其稍稍加热,氢化物又会发生分解,将吸收的氢释放出来,同时吸收热量。由此可见,金属与氢的反应是一个可逆过程。改变温度与压力条件可使反应按正向、逆向反复进行,实现材料的吸、释氢能力。

某种金属或合金与氢反应后生成氢化物,吸收大量的氢气,并放出相当于生成热的热量。反之,如果使这种氢化物受热分解反应,会放氢。吸氢放热反应,相当于把化学能(氢)变为热能;吸热放氢反应,相当于把热能变为氢化学能。另外,以金属氢化物的分解放出的氢,产生的压力相当于该温度下的平衡分解压,可以把这种压力变为机械能,即由热能变为机械能。相反,把氢气提高到合金的离解压以上,将机械能转化为热能,生成金属氢化物且放热。因此,有效的利用金属与氢的可逆反应,可以实现化学能、热能、机械能之间的相互转化。

如图 6-8 为平衡氢压—氢浓度的等温曲线。在图中从 0 点开始,金属形成含氢固溶体,A点是固溶体溶解度极限。从 A 点,氢化反应开始,金属中氢浓度显著增加,氢压几乎不变,至

B 点氢化反应结束,B 点对应氢浓度为氢化物中氢的极限溶解度。图中 AB 段为氢气、固溶体、金属氢化物三相共存区,其对应的压力为氢的平衡压力,氢浓度(H/M)为金属氢化物在相应温度的有效氢容量。由图不难看出,高温生成的氢化物具有高的平衡压力,同时,有效氢容量减少。金属氢化物在吸氢与释氢时,虽在同一温度,但压力不同,这种现象称为滞后。作为储氢材料,滞后越小越好。

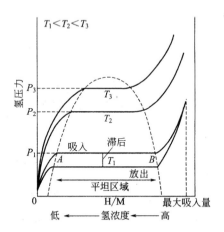

图 6-8　M－H 系统 p－C－T 平衡相图

如图 6-9 所示为合金的吸氢反应机理可模式表示。氢分子与合金接触时,吸附在合金表面上,氢的 H—H 键发生解离,形成原子状的氢(H),原子状氢从合金表面向内部扩散,侵入金属原子与金属的间隙中(晶格间位置)形成固溶体。固溶于金属中的氢再向内部扩散,这种扩散需要由化学吸附向溶解转换的活化能。固溶体被氢饱和,过剩氢原子与固溶体反应生成氢化物。这时,产生溶解热。如果用纯氢,合金的氧化劣化不严重,但在反复吸氢、放氢循环过程中,由于合金粉化,导热性降低,反应热的扩散成为反应的控速步骤。

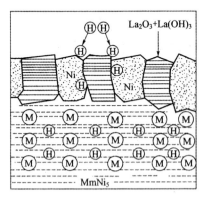

图 6-9　合金吸氢反应机理示意图

2.常见的储氢材料

(1)稀土储氢材料

人们很早就发现,稀土金属与氢气反应生成热到 1000℃ 以上才会分解的稀土氢化

114

REH$_2$,而在稀土金属中加入某些第二种金属形成合金后,在较低温度下也可吸放氢气,是良好的储氢合金材料。典型的储氢合金－LaNi$_5$ 是 1969 年荷兰菲利浦公司发现的,从而引发了人们对稀土系储氢材料的研究。到目前为止,稀土储氢材料是性能最佳、应用最广泛的储氢材料。

金属晶体结构中的原子排列十分紧密,大量的晶格间隙间隙的位置可以吸收大量的氢,使氢处于最密集的填充状态。氢在储氢合金中以原子状态储存,处于合金八面体或四面体的间隙位置上。图 6-10 氢在 LaNi$_5$ 合金中占有的位置。在 $Z = \frac{1}{2}$ 面上,由 5 个 Ni 原子构成一层。氢原子位于由 2 个 La 原子与 2 个 Ni 原子形成的四面体间隙位置和由 4 个 Ni 原子与 2 个 La 原子形成的八面体间隙位置;在 $Z = 0$ 或 $Z = 1$ 的面上,由 4 个 La 原子和 2 个 Ni 原子构成一层。当氢原子进入 LaNi$_5$ 的晶格间隙位置后,成为氢化物 LaNi$_5$H$_6$。随着压力的增大和温度的降低,甚至可形成 LaNi$_5$H$_9$ 的结构。在 LaNi$_5$H$_6$ 中,由于氢原子的进入,使金属晶格发生膨胀(约 23%);放氢后,金属晶格又收缩。因此,反复的吸氢/放氢导致晶格细化,即表现出合金形成裂纹甚至微粉化。

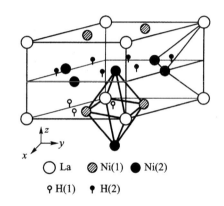

○ La　◐ Ni(1)　● Ni(2)

♀ H(1)　♂ H(2)

图 6-10　LaNi$_5$ 合金及氢在其中占有的位置

(2)镁系合金储氢材料

镁做为储氢材料具有密度小,仅为 1.74 g·cm^{-1},储氢量大,价格低廉,资源丰富的优点是很有发展前途的一种储氢材料。但镁吸、放氢条件比较苛刻,速率慢,且条件较高,在碱溶液中极易被腐蚀。国际能源机构(IEA)确定未来新型储氢材料的要求为:储氢容量(质量分数)大于 5%,吸、放氢的反应条件温。镁资源存储丰富、价格低廉,在氢的规模存储方面有很大的优势,镁基合金具有储氢量大、寿命长、无污染、体积小的特点,被人们看做是最有希望的燃料电池,燃氢汽车等用的储氢合金材料,引起了众多科学家致力于镁基合金的研制。

镁基储氢合金的代表是 Mg$_2$Ni,吸氢后生成 Mg$_2$NiH$_4$,储氢量为 3.6%。优点:资源丰富、价格低廉,其缺点是放氢需要在 250～300℃ 相对高温下进行,且放氢动力学性能较差,使其难以在储氢领域得到应用。研究用机械合金化法将晶态 Mg$_2$Ni 合金非晶后,利用非晶合金表面的高催化性,显著改善镁基合金吸放氢的热力学和动力学性能。镁基储氢合金因 Mg 在碱液中易受氧化腐蚀,可导致合金电极容量的迅速衰减,与循环寿命与实用化的要求尚有较大距离,进一步提高合金的循环稳定性是目前国内外研究的热点课题。

（3）钛系储氢材料

钛锆系储氢合金指具有 Laves 相结构的 AB_2 型间的金属化合物，具有储氢容量高、循环寿命长的优点，是目前高能量新型电极研究的热点。AB_2 型 Laves 相储氢合金有锆基和钛基两大类。锆基 AB_2 型 Laves 相合金主要有 Zr-V 系、Zr-Cr 系和 Zr-Mn 系，其中 $ZrMn_2$ 是一种吸氢量较大的合金，为适应电极材料的发展，20 世纪 80 年代末，在 $ZrMn_2$ 合金的基础上开发了一系列具有放电容量高、活化性能好的电极材料。钛基 AB_2 型储氢合金主要有 TiMn 基储氢合金和 TiCr 基储氢合金两大类。在此基础上，通过其他元素替代开发出了一系列多元合金。

钛铁系储氢合金的典型代表是 TiFe，有价格低廉、在室温下能可逆地吸收和释放氢、吸氢量（质量分数）高达 118% 的有点。但 TiFe 在室温附近与氢反应生成正方晶相的 $TiFeH_{1.04}$（β相）分解热为 28 kJ·mol^{-1} 和立方晶相的 $TiFeH_{1.95}$（γ相），其燃烧热为 31.4 kJ·mol^{-1}，反应生成物很脆，为灰色金属状，在空气中会慢慢分解并放出氢而失去活性。而且 TiFe 容易被氧化，当成分不均匀或偏离化学计量时，储氢容量将明显降低，TiFe 合金还存在活化困难和抗杂质气体中毒能力差的缺点。为了改善 TiFe 的储氢性能和活化性能，必须对合金进行一些处理。首先，用过渡金属、稀土金属等部分替代 Fe 或 Ti；其次，改变传统的冶炼方式，采用机械合金化法制取合金；最后，对 TiFe 合金进行表面改性。

3. 储氢材料的开发应用

（1）储氢合金的开发

具有储氢能力的金属具有：原料资源丰富，价格低廉；容易活化；储气量大；有适合的吸放氢平台压力；吸放氢速率快；反应吸放氢时不易粉化，性能不退化；吸放氢过程中的平衡氢压差小，即滞后现象弱；有确定的化学稳定性；对杂质敏感程度低；用作电极材料时具有良好的耐腐蚀性。

目前研究发展中的储氢合金，主要有钛系储氢合金、锆系储氢合金、铁系储氢合金及稀土系储氢合金。相对来说，稀土合金是最好的储氢合金。根据技术发展趋势，今后储氢研究的重点是在新型高性能规模储氢材料上。镁系合金虽有很高的储氢密度，但放氢温度高，吸放氢速度慢，因此研究镁系合金在储氢过程中的关键问题，可能是解决氢能规模储运的重要途径。

（2）储氢材料的应用

①加氢反应。CO、丙烯腈的加氢、烃的氨解、芳烃的氢化

②H_2 的回收和纯化。用 $TiMn_{5.5}$ 储氢合金，可将氢气提纯到 99.9999% 以上，用来回收氨厂尾气中的 H_2 以及核聚变中的氘，分离氕、氘、氚。

③如图 6-11 为以氢化物电极为负极，$Ni(OH)_2$ 电极为正极，KOH 水溶液为电解质组成的 Ni/MH 电池。

充电时，氢化物电极作为阴极储氢，M 作为阴极电解 KOH 水溶液时，生成的氢原子在材料表面吸附，扩散入电极材料进行氢化反应生成金属氢化物 MH_x；放电时，MH_x 金属氢化物作为阳极释放出所吸收的氢原子并氧化为水。可见，充放电过程只是氢原子从一个电极转移到另一个电极的反复过程。

作为储氢合金必须满足在碱性电解质溶液中具有良好的化学稳定性；高阴极储氢容量；良

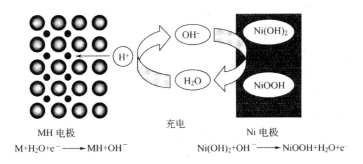

图 6-11　NiMH 镍电池充放电的过程示意图

好的电催化活性和良好的抗阴极氧化能力；合适的室温平台压力；良好的电极反应动力学特征；工作寿命必须大于 500 次以上。

④功能材料。热能、化学能和机械能可以通过氢化反应相互转换，这种奇特性质可用于热泵、制冷、储热、空调、水泵、气体压缩机等方面。总之，储氢材料是一种很有前途的新材料，也是一项特殊功能技术，在 21 世纪将会在氢能体系中发挥巨大作用。

6.4.2　形状记忆合金

1. 形状记忆合金的特征与分类

形状记忆材料是指具有一定初始形状的材料经形变并固定成另一种形状后，通过热、光、电等物理刺激或化学刺激的处理又可恢复成初始形状的材料，包括合金、复合材料及有机高分子材料。记忆合金的开发时间不长，但由于其在各领域的特效应用，正广为世人所瞩目，被誉为"神奇的功能材料"。材料在某一温度下受外力作用而变形，去除外力后，仍保持变形后的形状，升高温度到达某一值后，材料会自动恢复到原来的形状是记忆合金的特性。

根据不同材料的不同记忆特点，将形状记忆合金可分为三类：

①一次记忆。如图 6-12(a) 所示，材料加热恢复原形状后，再改变温度，物体不再改变形状，此为一次记忆能力。

②可逆记忆。如图 6-12(b) 所示，物体不但能记忆高温的形状，而且能记忆低温的形状，当温度在高低温之间反复变化时，物体的形状也自动反应在两种形状间变化。

③全方位记忆。图 6-12(c) 所示，除具有可逆记忆特点外，当温度比较低时，物体的形状向与高温形状相反的方向变化。一般加热时的回复力比冷却时回复力大很多。

2. 形状记忆合金的结构

形状记忆合金的这种"记忆"性能，源于马氏体相变及其逆转变的特性。以镍－钛合金为例，其母相为有序结构的奥氏体，结构示意如图 6-13 (a)。当降温时，原子发生位移相变，变为如图 6-13(b) 的马氏体，将这种马氏体称为热弹性马氏体，通常它比母相还要软。在马氏体存在的温度区间中，受外力作用发生的形变为马氏体形变，其结构示意于图 6-13 (c)。在此过程中，存在马氏体择优取向，处于和应力方向有利的马氏体片增多，而处于和应力方向不利的马

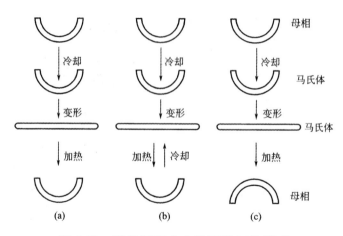

图 6-12　形状记忆合金的三种工作模式

氏体减少,形成单一有利取向的有序马氏体。当加热到一定程度时,这种马氏出现逆转变,马氏体转变为奥氏体,晶体恢复到高温母相(a),其宏观形状也恢复到原来的状态。具有形状记忆效应的合金现已发现很多。主要有 Ni-Ti 体系合金、Cu Zn-Al 合金以及 Cu-Al-Ni 系合金。

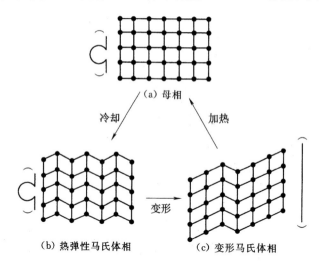

图 6-13　形状记忆合金的变化

3. 形状记忆合金的应用

①在航天工业的应用。最早报道的应用实例之一是美国国家航空和宇航航行局用形状记忆合金做成大型月面天线,有效地解决了体态庞大的天线运输问题。

②在工程方面的应用。形状记忆合金目前使用量最大的是用来制作管接口。将形状记忆合金加工的管接口内径比管子外径略小的套管,在安装前将该套管在低温下将其机械扩张,套接完毕后由于管,在接口的使用温度下因形状记忆效应回复到原形而实现与管子的紧密配合(见图 6-14)。该材料已经在 F—14 战斗机油压系统、沿海或海底输送管的接口固接取得了成

功的应用。

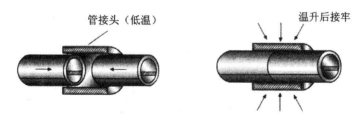

管接头（低温）　　温升后接牢

图 6-14　形状记忆合金管接头

③热敏感驱动器。形状记忆合金在超过规定温度后能自动变到原来的形状,这种感温和驱动的双重功能,可用来设计制造控制装置,如自动电子干燥箱、自动启闭的电源开关、灯光调节、遥控门窗开关、水暖系统阀门的自动关闭、汽车发动机防热风扇离合器、机械手、汽化器喷气嘴的控制等。

④医学应用。钛镍形状记忆合金用于脊柱矫形、断骨再接、心脏收缩、过滤凝血等医疗方面。

6.4.3　超耐低温合金

1.超耐低温合金的特征

通常把常温至热力学零度的温度范围称为低温。常见低温环境,液氢为 $-253℃$,液氮为 $-195.8℃$,液氦为 $-269℃$,天然气的沸点为 $-163℃$。针对不同的特定用途、低温领域,必须采用与之相适应的合金材料,如图 6-15 所示。

图 6-15　低温三通合金

①必须是非磁性合金。超低温技术多在磁场下利用,在这种情况下,如果采用带有磁性的合金,在构件中因产生电磁力的作用造成对磁场的不良影响。奥氏体系不锈钢虽然属于非磁性合金,但是其在低温下不稳定,在超低温反复冷却循环中,会生成有磁性的马氏体相。

②需要具备低温下的热性能。低温构件在经历低温和室温之间反复多次变化后容易发生变形。为了防止这种现象发生,需要低温合金的热膨胀系数尽可能小。在低温下强度和韧性都较好的不锈钢、铝合金的热膨胀系数却都较大,低膨胀合金有铁镍合金、铁合金。

③防止低温脆性。一般金属在低温下,强度会增加,但延伸率、断面收缩了率、冲击值都会下降,导致金属的脆性破坏。防止低温脆性的一种方法是在体心立方晶体中添加一些材料,可

以是其过度温度下降到液氨温度,即在液氨温度以上不会出现低温脆性;另一种方法是采用面心立方结构的金属,如铝合金、奥体不锈钢等。

2.超耐低温合金的研究

高锰奥氏体钢在液氨温度下也具有良好的强度和延伸率,而且热膨胀系数特别小,是专门开发的超低温合金。但是它的机械加工性不佳,耐冲击性也较差。

如果把铁镍铬不锈钢中的镍和铬分别由锰和铝代替,则可以制得铁锰铝新合金钢,其强度、韧性都十分优异。在铁锰铝合金钢中添加一定量的锰,可以保持面心立方结构,还可以使得过量的铝固溶;铁锰铝新合金钢中添加过量的铝,可以增加奥氏体的强度和耐腐蚀性。对这种合金添加碳和硅也可以增加其强度,硅还有助于增加其耐腐蚀性,但是硅能强化铁素体的形成,为了维持奥氏体,硅不能添加过多。铁锰铝新合金钢具有密度小,在常温下有良好的加工性,被认为是对低温技术发展产生重要影响的优良材料。

6.4.4 超耐热合金

耐热合金又称高温合金,一般金属在 $500℃\sim600℃$ 的条件下能正常工作,将在 $700℃\sim1200℃$ 时任能保持所需的力学性能,具有抗氧化、耐腐蚀的能力,能满足工作条件下的金属材料称为超耐热合金。纯的金属中有部分温度高于 $1650℃$,并有一定储量的金属被称为难溶金属,如钨、钽、钼、铌、铪、铬、钒、锆和钛等。一般说,金属材料的熔点越高,使用的温度限度越高。如用热力学温度表示熔点,金属熔点 T_m 的 60% 被定义为理论上可使用温度上限 T_c,可以表示为: $T_c = 60\% T_m$。随着温度的升高,金属材料的机械性能显著下降,氧化腐蚀的趋势相应增大。

超耐热金属必须满足高熔点,在高温下抗氧化、抗腐蚀,高温下力学强度好等特点。纯金属极少做超耐热材料,一般是在金属镍、镉、钨中加入其它一些金属材料,制成耐热合金,这些合金耐高温的水平明显提高。耐热合金主要是指第 Ⅴ~Ⅶ 副族元素和第 Ⅷ 族元素形成的合金。这些副族的元素由于其原子中未成对的价电子数很多,在金属晶体中形成坚强化学键,而且其原子半径较小,晶格结点上粒子间的距离短,相互作用力大,所以其熔点高、硬度大,因此是高熔点金属。

1.超耐热合金的分类

常用的高温合金有铁基、镍基和钴基 3 种。超耐热合金是以奥氏体基体为组织,在基体上弥散分布着碳化物、金属间化合物等形成的强化相,以增加合金的抗氧化和抗腐蚀能力。高温合金的主要合金元素有铬、钴、铝、钛、镍、钼、钨等。

①铁基耐热合金。它具有较好的中温力学性能和良好的热加工塑性,成分简单、成本低的有点是中等温度($600℃\sim800℃$)条件下使用的重要材料。主要用于制、燃气轮机的涡轮盘、造航空发动机和柴油机的废气增压涡轮等。铁基合金的缺点为:高温强度不足、组织不够稳定、抗氧化性较差,因而不适合在高温条件下使用。

②镍基耐热合金。它是以含量大于 50% 的镍为基体,在 $650℃\sim1 000℃$ 温度范围内具有较高的强度和良好的抗氧化、抗燃气腐蚀能力的高温合金,是高温合金中应用最广泛、高温强

度最高的一类合金。

它高温强度最高、应用最广泛的原因有镍基合金中可以溶解较多合金元素,且能保持较好的组织稳定性;具有良好的抗氧化和抗燃气腐蚀能力,镍基合金含有十多种元素,其中 Cr 主要起抗氧化和抗腐蚀作用,其他元素主要起强化作用;可以形成共格有序的 A_3B 型金属间化合物,以其为强化相,获得比铁基高温合金和钴基高温合金更高的高温强度。

③钴基耐热合金。它是含钴量 $40\%\sim65\%$ 的奥氏体高温合金,在 $730\sim1100℃$ 时,具有一定的高温强度、良好的抗热腐蚀和抗氧化能力,主要用于制作舰船燃气轮机的导向叶片、工业燃气轮机等。钴是一种重要战略资源,但世界上大多数国家缺钴,以致钴基合金的发展受到限制。

2.铁基超热合金的制备

铁基高温合金是常见的高温合金种类,制备铁基高温合金一方面方面提高钢铁高温强度;另一方面提高钢铁抗氧化性。

提高钢铁高温强度的方法很多,从结构、性质的化学观点看,大致有两种主要方法:

①增加钢中原子间在高温下的结合力。研究表明,金属中结合力(金属键强度大小)主要与原子中未成对的电子数有关。从周期表中看,ⅥB 元素金属键在同一周期内最强。因此,在钢中加入 Cr、Mo、W 等元素的效果最佳。

②加入能形成各种碳化物或金属间化合物的元素,使钢基体强化。由若干过渡金属与碳原子生成的碳化物属于间隙化合物,原子间存在金属键和共价键,导致钢铁的熔点增高,高硬度变大。

提高钢铁的抗氧化性途径:①在钢中加入 Cr、Si、Al 等元素,或者在钢的表面进行 Cr、Si、Al 合金化处理,它们在氧化性气氛中可很快生成一层致密的氧化膜,并牢固地附着在钢的表面,阻止氧化的继续进行;②在钢铁表面,用各种方法形成高熔点的氧化物、碳化物、氮化物等耐高温涂层。

3.提高耐热合金性能的途径

提高耐热合金高温强度和耐腐蚀性的途径有两种,改变合金的组织结构和采用特殊的工艺技术。

①金属在高温下氧化的起始阶段是一种纯粹的化学反应过程,随着氧化反应的进一步发展,便成为一种复杂的热化学过程了。在金属表面形成氧化膜后,反应是否继续向内部扩展,取决于氧原子穿过表面氧化膜的扩散速度,而氧原子穿过表面膜的扩散速率则取决于温度和表面氧化膜的结构。

铁能与氧形成氧化物有 FeO、Fe_3O_4、Fe_2O_3 等,在 $570℃$ 以下,铁表面 Fe_3O_4 和 Fe_2O_3 晶型结构复杂的氧化膜,氧原子难以扩散,因此氧化膜起着减缓深入氧化、保护内部的作用;但当温度 $570℃$ 以上时,氧化物的成分增加了 FeO。FeO 晶格中,氧原子不满定额,结构很疏松,为了防止深入氧化,必须设法阻止 FeO 的形成。在钢中加入对氧的亲和力比铁强的 Cr、Si、Al 等,可以优先形成稳定、致密的 Cr_2O_3、Al_2O_3 或 SiO_2 等氧化物保护膜,成为提高耐热钢高温抗腐蚀的主要措施。

②从工艺技术角度考虑可以采用定向凝固和粉末冶金来提高合金的高温强度。

通常高温合金中含多种金属元素，使其可塑性和韧性都比较差，合成时采用精密铸造工艺成型，铸造结构中的一些等轴晶粒的晶界面处于垂直受力方向时，很容易产生裂纹。定向凝固工艺形成沿着轴向方向的柱状晶体和垂直应力方向上的晶界，可将耐高温合金的热疲劳寿命提高 10 倍以上。

高熔点金属 W、Mo、Ta、Nb 的加入，凝固时会在铸件内部产生偏析，造成组织成分的不均匀，采用粒度数十至数百微米的合金粉末，经过压制、烧结、成型工序制成零件，可以消除偏析现象，组织成分均匀并可以大大节省材料。

6.5 新型金属材料

6.5.1 超塑合金

1. 超塑性现象

长期以来，人们一直希望能够很容易地对高强度材料进行塑性加工成型，成型以后，又能像钢铁一样坚固耐用。20 世纪 70 年代的初期，全世界都在追寻金属的超塑性，并已发现 170 多种合金材料具有超塑性。

在通常情况下，金属的延伸率不超过 90%，铝材在室温下拉伸变形时，伸长率在 30%～40% 就会断裂，即使在 400℃的高温下，伸长率也只有 50%～100%。具有特殊组织的材料，在适当的变形条件下不会断裂，伸长率特别大，甚至没有断裂缩颈现象，此现象称为超塑性。超塑性是高温蠕变的一种，将发生超塑性所需的温度称超塑性温度 T_s。一般金属金属不会"自动"具有超塑性，必须在一定的温度条件下进行预处理。产生超塑性的合金，晶粒一般为微小等轴晶粒，是塑性合金的组织结构基础，这种超塑性叫作微晶超塑性。有些金属受热达到某个温度区域时，会出现一些异常的变化，若使这种金属在内部结构发生变化的温度范围上下波动，同时又对金属施力，就会使金属呈现相变超塑性。

2. 超塑性合金分类

根据金属的特性可以将超塑性分为细晶超塑性和相变超塑性两类。细晶超塑性又叫等温超塑性，是研究最早的一种超塑性。产生细晶超塑性必须满足两个条件：①温度要高，$T_s = (0.4 \sim 0.7) T_{熔}$；②变形速率要小，低于 $10^{-3} s^{-1}$；③材料的组织为非常细的等轴晶粒，晶粒的直径小于 5μm。细晶超塑性要求合金要有稳定的超细晶体组织，细晶超塑合金多选择共晶或共析成分合金或有第二相析出合金，要求两相的尺寸和强度都要十分接近。相变超塑性不要求金属有超细晶粒组织，但要求有固态相变特性，在一定的外力作用下，使金属或合金在一定的温度下循环加热和冷却，经多次循环诱导后产生组织结构的变化，使金属原子发生剧烈的运动产生金属的超塑性。相变超塑性和伸长率有关，循环次数越多，总伸长率越大。相变超塑性是动态超塑性，它是在一温度变动频繁的温度范围内，依靠结构的反复变化，不断的是材料组织又一种状态变为另一种状态。

3.超塑性合金的应用

①高变形能力的应用。在适当的温度和变形速度下,利用超塑合金极大的延伸率,完成常压和一般加工方法下难以完成或经过多道工序才能完成的。如 Zn－22Al 加工成"金属气球",这对于一些形状复杂的深冲加工,内缘翻边等工艺的完成有着重要的意义。

②减震能力的应用。合金在超塑性下具有使振动循序衰减的性质,因此可以将超塑性合金直接制成零件,以满足不同温度下的减震需求。

③其他。利用动态超塑性来加工铸铁等可塑性差、焊接后易开裂的材料。还可以在高温苛刻条件下,使用机械、结构件的设计、生产及材料研制,也可用于金属陶瓷和陶瓷材料中。

6.5.2　合金钢

合金钢是在碳钢的基础上,为了改善碳钢的力学性能或获得某些特殊性能,有目的地在冶炼钢的过程中加入某些元素(称为合金元素)而得到的多元合金。常用的合金元素有:锰、硅、铬、锆、镍、钼、钨、钒、钛、钴、铝、硼及稀土元素等。磷、氮等元素在某些情况下也会起到有益的作用。合金钢的种类很多,下面介绍几种常见的合金钢。

①不锈钢。含铬在 $12\%\sim18\%$ 的钢称为不锈钢,它在氧化性介质,很快形成 Cr_2O_3 的保护膜而使内部免遭腐蚀。在不锈钢中加入钼和镍,有利于提高不锈钢的、耐热性和在非氧化性介质(如稀 H_2SO_4、HCl、H_3PO_4 等)中的耐腐蚀性、力学性能(钼能提高强度和耐磨性;镍能增加弹性、塑性和韧性)。

②钛钢。在钢中添加 1% 的钛制成的钛钢而制成的,钛是高熔点($1680℃$)、低密度($4.5g\cdot cm^{-3}$)的银白色金属,有很高的机械强度。坚韧而有弹性,硬度大,耐撞击。钛钢在国防工业中应用很广。

③锰钢。含锰在 $10\%\sim15\%$ 的锰钢具有高强度、高硬度及耐蚀性,用来制造粉碎机、自行车轴承和钢轨等。

6.5.3　非晶体金属材料

1.金属玻璃及其基本特征

非晶态是指原子呈长程无序排列的状态。具有非晶态结构的合金称非晶态合金,非晶态合金又称金属玻璃。20 世纪 50 年代,人们从电镀膜上了解到非晶态合金的存在。60 年代发现用激光法从液态获得非晶态的 Au－Si 合金,70 年代后开始采用熔体旋辊急冷法制备非晶薄带。作为金属材料的非常规结构形态,非晶态合金表现出许多特有的材料性能,如高的强度和韧性、高的电阻率、优异的软磁性能及良好的抗蚀性能。

与传统晶态合金相比非晶态合金有特征:

①非晶态合金的形成对合金组元有较大的依赖性,通常,非晶态合金由金属组成或由金属与类金属组合,类金属组合更有利于非晶态的形成,合适的组合类金属为 B、P、Si、Ge。

② X 射线、电子束衍射结果表明,非晶态合金结构长程无序和短程有序性。进一步的研究表明,非晶态金属的原子排列也不是完全杂乱无章的。例如,X 射线衍射的结果表明,非晶

态金属原子的最近邻、第二近邻这样近程的范围内,原子排列与晶态合金极其相似,即存在近程有序性。

③从热力学来看,它有继续释放能量、向平衡状态转变的倾向;从动力学来看,要实现向平衡态的转变必须克服一定的能垒,否则这种转变无法实现,因而非晶态金属又是相对稳定的,处于热力学亚稳定性。一般,在400℃以上的高温下,它就能够获得克服位垒的足够能量,实现结晶化。因此,位垒的高低是十分重要的,位垒越高,非晶态金属越稳定,越不容易结晶化。

2.金属玻璃的制备

制备非晶态金属的方法很多,大致可分为液相急冷法、气相沉积法、激光加热法和离子注入法等。从材料制备的工艺和产品的质地来看,在目前已成为制备各种非晶态金属的主要方法中,液相急冷法是比较好的一种。制备金属玻璃的原理是在足够高的冷却速度(一般 $10^6 \sim 10^{10}$ ℃·s^{-1})下,将液态或气态的无序状态保留到室温,在金属原子来不及按晶胞结构作规则排列而处于液相紊乱状态时,便猛然间凝固,形成类似于玻璃结构特征的非晶态金属。具体有三种常用的方法:

①单辊法是将液体金属从喷嘴中喷射到高速旋转的圆辊面上,由于辊面的温度很低,液体金属一接触到辊面就快速冷凝,在离心力的作用下被抛离辊面,形成厚度为 $15 \sim 40~\mu m$,宽度为 $5 \sim 100~mm$,尺度可以控制金属的玻璃薄带如图6-16。

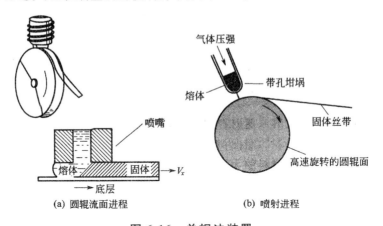

(a) 圆辊流面进程   (b) 喷射进程

图6-16 单辊法装置

②双辊法此法也生产带状制品。与单辊法不同的是,液体状金属喷射到两辊间隙处,进行双面冷却和压延。

③水中拉丝法是将液体金属连续注入冷却水中,直接获得金属玻璃丝。

上述方法制备金属玻璃,与传统的冶金相比具有生产过程简单、效率高、耗能少、成本低的特点。制作金属玻璃的方法还包括化学沉积法和电沉积法。

3.金属玻璃的性能与用途

①高强度高韧性的力学性能。非晶态合金具有高强度和硬度,其强度和硬度比一般晶态金属都要高,能高度4000N·mm^{-2},超过了超高硬度的工具钢。表6-2列举了几种分晶态合

金的力学性能。非晶态合金力学轻度高是因为结构中不存在位错,没有晶体中的滑移面,不易发生滑移现象,非晶态合金还有较高的韧性,断后伸长率低、不脆,非晶薄带可反复弯曲 180° 而不断裂,且可以冷轧等特征。

表 6-2　一些非晶态合金的力学参数

合金		硬度(HV)	抗拉强度/MPa	断后伸长率/%	弹性模量/MPa
非晶态合金	$Pd_{83}Fe_7Si_{10}$	4018	1860	0.1	66640
	$Cu_{57}Zr_{43}$	5292	1960	0.1	74480
	$CO_{75}Si_{15}B_{10}$	8918	3000	0.2	53900
	$Fe_{80}P_{13}C_7$	7448	3040	0.03	121520
	$Ni_{75}Si_8B_{17}$	8408	2650	0.14	78400
晶态	18Ni-9Co-5Mo		1810～2130	10～12	

利用非晶态合金的机械性能随电学量或磁学量的变化,可制作各种元器件。如用铁基或镍基非晶态合金可制作压力传感器的敏感元件。利用非晶态合金的高强度、高硬度和高韧性来制作轮胎、传送带、水泥制品及高压管道的增强纤维。用非晶态合金制成的刀具,如保安刀片,已投入市场。

②耐酸性耐化学腐蚀性。非晶态的 Fe-Cr 合金可以弥补不锈钢在含有侵蚀性离子的溶液中发生点腐蚀和晶尖腐蚀的不足。Cr 具有明显的改善腐蚀性,表 6-3 为 $FeCl_3$ 中晶型不锈钢和非晶态的腐蚀速率,不难看出非晶态合金的腐蚀性明显好于不锈钢。

表 6-3　非晶态合金和晶态不锈钢的腐蚀速率

试样		腐蚀速率/(mm/年)	
		40 ℃	60 ℃
晶态不锈钢	18Cr-8Ni	17.75	120.0
	17Cr-14Ni-2.5Mo		29.24
非晶态铁合金	$Fe_{72}Cr_8P_{13}C_7$		0.0000
	$Fe_{70}Cr_{10}P_{13}C_7$	0.0000	0.0000
	$Fe_{65}Cr_{10}Ni_5P_{13}C_7$	0.0000	0.0000

利用非晶态合金的腐蚀性,来制造耐腐蚀的管道、海底电缆屏蔽、磁分离介质和化工的催化剂和污水处理系统中的零件。

③高导磁、低铁损的软磁性能。非晶态合金由于其结构上为无序结构,不存在磁晶各向异性,因而易于磁化;而且没有位错、晶界等晶体缺陷,故磁导率、饱和磁感应强度高;矫顽力低、损耗小,是理想的软磁材料(在外磁场作用下容易被磁化)。目前比较成熟的非晶态软磁合金主要有铁—镍基、铁基和钴基三大类。金属玻璃在磁性材料方面的应用是作为变压器材料、磁头材料、磁致伸缩材料、磁屏蔽材料、磁泡材料等。

第7章 非金属材料

7.1 概述

无机材料中除金属以外统称为无机非金属材料。传统上的无机非金属材料主要有陶瓷、玻璃、水泥和耐火材料四种,其主要化学组成均为硅酸盐类。因此,无机非金属材料亦称为硅酸盐材料,又因其中陶瓷材料历史最悠久,应用甚为广泛,故国际上也常将无机非金属材料称为陶瓷材料。

自40年代以来随着新技术的发展,除了上述传统材料以外,陆续涌现出了一系列应用于高性能领域的先进无机非金属材料(以下简称为无机新材料),例如新型玻璃、非晶态材料结构陶瓷、功能陶瓷、复合材料、半导体和人工晶体等。这些新材料的出现说明了无机非金属材料科学与工程学科近几十年来的重大成就,它们的应用极大地推动了科学技术的进步,促进了人类社会的发展。

在化学组成上,随着无机新材料的发展,无机非金属材料已不局限于硅酸盐,还包括其它含氧酸盐、氧化物、氮化物、碳与碳化物、硼化物、氟化物、硫系化合物、硅、锗、Ⅲ-Ⅴ族及Ⅱ-Ⅵ族化合物等,其形态和形状也趋于多样化,复合材料、薄膜、纤维、单晶和非晶材料占有越来越重要的地位。

在晶体结构上,无机非金属材料的结合力主要为离子键、共价键或离子-共价混合键。由于这些化学键的特点,例如高的键能和强大的键极性等,赋予这一大类材料以高熔点、高强度、耐磨损、高硬度、耐腐蚀及抗氧化的基本属性和宽广的导电性、导热性、透光性以及良好的铁电性、铁磁性和压电性等特殊性能。

传统的无机非金属材料是工业和基础建设所必须的基础材料,无机新材料更是现代新技术、新兴产业和传统工业技术改造的物质基础,也是发展现代军事技术和生物医学的必要物质条件。

无机非金属材料是建立与发展新技术产业、改造传统工业、节约资源、节约能源和发展新能源及提高我国国际竞争力所不可缺少的物质条件。例如,氮化硅系统、碳化硅系统和氧化锆、氧化铝增韧系统的高温结构陶瓷及陶瓷基复合材料的研制成功,一改传统无机非金属材料的脆性大、不耐冲击的特点,而作为具有高强度的韧性材料用于制造热机部件、切削刀具、耐磨损、耐腐蚀部件等进入机械工业、汽车工业、化学工业等传统工业领域,推动了产品的更新换代,提高了产业的经济效益和社会效益。

无机新材料是科学技术的物质基础,是现代技术的发展支柱,在微电子技术、激光技术、光纤技术、光电子技术、传感技术、超导技术和空间技术的发展中占有十分重要的,甚至是核心的地位。例如,微电子技术就是在硅单晶材料和外延薄膜技术及集成电路技术的基础上发展起来的;又如空间技术的发展也是与无机新材料息息相关的,以高温 SiO_2 隔热材料和涂覆 SiC

热解碳/碳复合材料为代表的无机新材料的应用为第一艘宇宙飞船飞上太空做出了重要贡献。

国防工业和军用技术历来是新材料、新技术的主要推动者和应用者。在海湾战争中,高技术武器装备的大量、广泛的应用是多国部队赢得胜利的一个重要因素。在武器和军用技术的发展上,无机新材料及以其为基础的新技术占有举足轻重的地位。

由此可见,新世纪的到来会给无机非金属材料的发展带来新契机和新挑战,也为广大材料工作者提出了新任务和新课题。我们深信,随着科技的不断进步,研究手段的不断提高和完善,无机新材料的研究和开发工作会不断地获得新成果,并不断地推动社会进入新的时代。

7.2 陶瓷

7.2.1 陶瓷的分类与性能

1.陶瓷的分类

(1)按化学性质分类

①氧化性陶瓷。种类繁多,在陶瓷家族中占有非常主要的位置。最重要的氧化物陶瓷有 Al_2O_3、SiO_2、ZrO_2、MgO、CeO_2、CaO、Cr_2O_3、莫来石($Al_2O_3 \cdot SiO_2$)和尖晶石($MgAl_2O_4$)等。陶瓷中 Al_2O_3 和 SiO_2 相当于金属材料中的钢铁和铝合金一样受到广泛的应用。

②氮化物陶瓷。应用最广泛的是 Si_3N_4,其具有优良的综合力学性能和耐高温性能。另外,TiN、BN、AlN 等氮化物陶瓷的应用也日趋广泛。

③碳化物陶瓷。一般具有比氧化物更高的熔点。最常用的是 SiC、WC、B_4C、TiC 等。碳化物陶瓷在制备过程中需要气氛保护。

④硼化物陶瓷。应用并不广泛,主要是作为添加剂或第二相加入其他陶瓷基体中,以达到改善性能的目的。

(2)按性质和用途分类

①功能陶瓷。作为功能材料用于制造功能器件,主要使用其物理性能,如电性能、热性能、光性能、生物性能等。例如铁电陶瓷主要是使用其电磁性能来制造电磁元件;介电陶瓷用来制造电容器;压电陶瓷用来制作位移或压力传感器;固体电解质陶瓷利用离子传导特性可以制造氧探测器;生物陶瓷用来制造人工骨骼和人工牙齿等。高温超导材料和玻璃光导纤维也属于功能陶瓷的范畴。

②结构陶瓷。作为结构材料用于制造结构零件,主要使用其力学性能,如强度、韧性、硬度、弹性模量、耐磨性、耐高温性能等。上面讲到的四种陶瓷大多数为结构陶瓷。

上述分类方法是相对的,而不是绝对的。结构陶瓷和功能陶瓷有时并无严格界限,对某些陶瓷材料,二者兼而有之。

2.陶瓷的性能

陶瓷材料具有以下性能特点:

①弹性模量大(刚性好),是各种材料中最大的。陶瓷材料在断裂前无塑性变形,属于脆性

材料,抗冲击韧性很低。陶瓷材料如果内部缺陷如气孔、裂纹等减少,陶瓷材料的韧性和强度将大大提高。

②熔点高,高温强度高,线膨胀系数很小,是很有前途的高温材料。用陶瓷材料制造的发动机体积小,热效率大大提高。其在高温下不氧化,抗熔融金属的侵蚀性好,可用来制作坩埚,对酸、碱、盐等都具有良好的耐蚀性。但与金属比,其抗热冲击性差,不耐温度急剧变化。

③抗压强度比抗拉强度大。陶瓷的抗拉强度与抗压强度之比为 1:10(铸铁为 1:3)。此外,陶瓷硬度高,一般为 1000～5000 HV(金刚石为 6000～10 000 HV,淬火钢为 500～800 HV,塑料为 20 HV)。

④导电能力在很大范围内变化。大部分陶瓷材料可作为绝缘材料,有的可作为半导体材料,还可以作为压电材料、热电材料和磁性材料等。某些陶瓷具有光学特性,可用于激光、光色调节、光学纤维等领域。有的陶瓷材料在人体内无特殊反应,可作为生物医学材料使用。

7.2.2 普通陶瓷

普通陶瓷是用黏土($Al_2O_3 \cdot 2SiO_2 \cdot H_2O$)、长石($K_2O \cdot Al_2O_3 \cdot 6SiO_2$;$Na_2O \cdot Al_2O_3 \cdot 6SiO_2$)、石英($SiO_2$)为原料经过烧制而成。这类陶瓷质地坚硬,不会氧化生锈,不导电,能耐 1200℃高温,加工成形性好,成本低廉。其缺点是强度较低,高温下玻璃相易软化。

这类材料除了作为日用陶瓷外,还可用于制作工作温度低于 200℃的耐蚀器皿和容器、管道、绝缘子等。普通陶瓷的种类、性能及用途见表 7-1。

表 7-1 普通陶瓷的种类、性质及用途

种类	原料	性能	用途
日用陶瓷	黏土、石英、长石、滑石等	具有一定的热稳定性、致密性、机械强度和硬度	生活器皿
建筑陶瓷	黏土、长石、石英等	具有较好的吸水性、耐磨性、耐酸碱腐蚀性	铺设地面、输水管道、卫生间
电瓷	一般用黏土、长石、石英等配置	介电强度高,抗拉强度和抗弯强度较高,耐温度急变性能好,有防污染性	隔电的机械承件、瓷质绝缘器件
化工陶瓷	黏土、焦宝石(熟料)滑石、长石等	耐酸碱腐蚀性好,不污染介质	石油化工、冶炼、造纸、化纤、制药工业
多孔陶瓷	原料品种多,如以石英砂、河砂为骨料等	做过滤材料,流体从气孔通过时达到净化过滤及均匀化的效果	耐强酸、耐高温的多孔陶瓷器件

7.2.3 新型陶瓷

新型陶瓷与传统陶瓷相比有以下不同:

①其组成、纯度、粒度得到了精选,组成已超出了传统陶瓷硅酸盐成分范围,是一些纯的氧

化物、氮化物、硼化物等盐类或单质性质。

②制品的形态多样,有晶须、薄膜、纤维等。

③成形工艺方面应用了等压成形、热压成形等。

④应用领域已经从结构材料扩展到电、光、热、磁等功能材料方面。

1.结构性陶瓷

（1）氧化物陶瓷

氧化物陶瓷最多的是 Al_2O_3、ZrO_2、MgO、CaO、BeO 等。

氧化铝陶瓷又称高铝陶瓷,主要成分是 Al_2O_3 和 SiO_2。其可以是单一氧化物,也可以是复合氧化物,目前应用广泛的是氧化铝陶瓷,这类陶瓷以 Al_2O_3 为主要成分,并按 Al_2O_3 的含量不同可分为刚玉瓷、刚玉一莫来石瓷和莫来石瓷,其中刚玉瓷中 Al_2O_3 的含量高达 99%。氧化铝陶瓷的熔点在 2000℃以上,耐高温,能在 1600℃左右长期使用,具有很高的硬度,仅次于立方氮化硼、金刚石、碳化硅等,并有较高的高温强度和耐磨性。此外,它还具有良好的绝缘性和化学稳定性,能耐各种酸碱的腐蚀。但氧化铝陶瓷的缺点是热稳定性低。氧化铝陶瓷广泛用于制造高速切削工具、火箭导流罩、量规、拉丝模、高温炉零件、内燃机火花塞等,还可用作真空材料、绝热材料和坩埚材料,其特点和用途总结如下。

①性能特点。其强度高于黏土类陶瓷,硬度很高,耐高温,可在 1600℃高温下长期使用;有很好的耐磨性;耐蚀性很强;有良好的电绝缘性能,韧性低,抗热振性差,不能承受温度的急剧变化;在高频下的电绝缘性能尤为突出,每毫米厚度可耐电压 800 V 以上。

②主要用途。由于氧化铝陶瓷硬度高（760℃时 HRA87,1200℃时仍为 HRA80）、耐磨性好,因而很早就用于制作刀具、模具、轴承。用于制造在腐蚀条件下工作的轴承,其优点尤为突出。用其耐高温的特性,可制作熔化金属的坩埚、高温热电偶套管等;氧化铝的耐蚀性很强,可制作化工零件,如化工用泵的密封滑环、机轴套、叶轮等。

MgO、CaO 陶瓷能抗各种金属碱性渣的腐蚀,但热稳定性差,前者易在高温下挥发,后者易在空气中水化,它们可用于制造坩埚。MgO 可用作炉衬和高温装置。

BeO 陶瓷导热性好,消散高能射线能力强,具有很高的稳定性,但强度不高,可用于制造熔化某些纯金属的坩埚,也可做真空陶瓷和反应堆陶瓷。

ZrO_2 陶瓷有三种晶体结构:立方结构（c 相）、四方结构（t 相）和单斜结构（m 相）。在 ZrO_2 中加入适量的 MgO、Y_2O_3、CaO、CaO_2 等氧化物后,可以显著提高氧化锆陶瓷的强度和韧性,所形成的陶瓷称为氧化锆增韧陶瓷,如含 MgO 的 Mg-PSZ、含 Y_2O_3 的 Y-TZP 和 TZP-Al_2O_3 复合陶瓷。PSZ 为部分稳定氧化锆,TZP 为四方多晶氧化锆。氧化锆增韧陶瓷导热系数小,热膨胀系数大,强度及韧性好,是制造绝热内燃机的最合适的候选材料。氧化锆增韧陶瓷可用作汽缸内衬、活塞和活塞环、气门导管、进气和排气阀、轴承等。陶瓷绝热内燃机的热效率已达 48%（普通内燃机为 30%）,而且省去了散热器、水泵、冷却管等 360 个零件,质量减少了 190 kg。

（2）碳化物陶瓷

碳化物陶瓷包括碳化硅、碳化硼、碳化钛、碳化钨、碳化钽、碳化钒、碳化锆等。该类陶瓷具有较高的熔点、硬度和耐磨性,缺点是耐高温氧化性较差,脆性大。

碳化硅陶瓷主要以 SiC 为成分。其最大特点是高温强度高,在 1400℃时抗弯强度仍保持在 500～600 MPa 的较高水平。碳化硅有很好的耐磨损、耐腐蚀、抗蠕变性能,热传导能力很强,在陶瓷中仅次于氧化铍陶瓷,可用于制作火箭尾喷管的喷嘴、浇注金属用的喉嘴、热电偶套管、炉管,以及燃气轮机的叶片、轴承等零件。因其良好的耐磨性,还可用于制造各种泵的密封圈。

碳化硼陶瓷硬度极高,抗磨粒磨损能力很强,熔点高达 2450℃,但在高温下会快速氧化,且会与热或熔融的黑色金属发生反应,因此其使用温度限定在 980℃以下。其主要用于磨料,有时用作超硬质工具材料。

（3）氮化物陶瓷

其中最常用的是氮化硼陶瓷和氮化硅。

氮化硼陶瓷以 BN 为主要成分,分为低压型和高压型两类。低压型为六方晶系,结构与石墨相似,又称白石墨,其硬度较低,具有自润滑性,还有良好的高温绝缘性、耐热性、导热性及化学稳定性,可做耐热润滑剂、高温轴承、高温容器、坩埚、热电偶套管、散热绝缘材料等。高压型为立方晶系,硬度接近金刚石,在 1925℃以下不会氧化,常用于磨料、金属切削刀具及高温模具。

氮化硅陶瓷是以 Si_3N_4 为主要成分的陶瓷。根据制作方法可分为热压烧结陶瓷和反应烧结陶瓷。氮化硅陶瓷材料用作刀具时,与硬质合金相比,其热硬性高、化学稳定性好,适用于高速切削。它和氧化铝、氧化铝-碳化钛陶瓷材料相比硬度并不高,但它的导热性好、抗弯强度高、抗热振,因而适用性比氧化铝陶瓷材料广得多。氮化硅陶瓷材料可用反应烧结法、热压法、常压烧结法制造。热压烧结氮化硅陶瓷的强度、韧性都高于反应烧结氮化硅陶瓷,主要用于制造形状简单、精度要求不高的零件,如切削刀具、高温轴承等。反应烧结氮化硅陶瓷用于制造形状复杂、精度要求高的零件,用于要求耐磨、耐蚀、耐热、绝缘等场合,如泵密封环、高温轴套、电热塞、增压器转子、热电偶保护套、缸套、活塞顶、电磁泵管道和阀门等。作为高温、高强陶瓷材料,氮化硅陶瓷材料已成为当今市场的主流。氮化硅陶瓷还是制造新型陶瓷发动机的重要材料,实践证明用于柴油机汽车可节油 30%～40%,经济效益相当可观。

（4）硼化物陶瓷

其中最常见的是硼化铬、硼化铝、硼化钛、硼化钨、硼化锆等,特点是具有高硬度,同时具有很好的耐化学侵蚀能力,熔点范围为 1800～3000℃。比起碳化物陶瓷,其具有较高的抗高温氧化性能,可达 1400℃,故主要用于高温轴承、内燃机喷嘴、各种高温器件,处理熔融铜、铝、铁的器件。此外,二硼化物如 ZrB_2、TiB_2 还有良好的导电性能,电阻率接近铁或铂,可用作电极材料。

（5）金属陶瓷

金属陶瓷是把金属的热稳定性和韧性与陶瓷的硬度、耐火度、耐蚀性综合起来而形成的具有高强度、高韧性、高耐蚀和较高的高温强度的新型材料。

①氧化物基金属陶瓷。这是目前应用最多的金属陶瓷。在这类金属陶瓷中,通常以铬作为黏合剂,其含量不超过 10%,由于铬能和 Al_2O_3 形成固溶体,故可将其粉粒牢固地黏接起来。此外,铬的高温性能较好,抗氧化性和耐腐蚀性较高,所以和纯 Al_2O_3 陶瓷相比,改善了韧性、热稳定性和抗氧化性。

Al_2O_3 基金属陶瓷的特点是热硬性高（达 1200℃）、高温强度高、抗氧化性良好,与被加工金属材料的黏着倾向小，可提高加工精度和降低表面粗糙度。但其脆性仍较大，且热稳定性较低，主要用作工具材料，如刃具、模具、喷嘴、密封环等。

②碳化物基金属陶瓷（硬质合金）。碳化物基金属陶瓷用一种或几种难熔的碳化物粉末与作为黏合剂的金属粉末混合，通常又称硬质合金，常温加压成形，并在 1400℃ 左右高温下烧结成各种不同的刀头。图 7-1 所示为硬质合金组织。其应用较为广泛，常用作工具材料，另外也作为耐热材料使用，是一种较好的高温结构材料。

图 7-1　硬质合金组织

硬质合金的特点是：硬度很高，达 HRA86～HRA98（相当于 HRC69～HRC81）、热硬性好（可达 900～1000℃）、耐磨性优良。用硬质合金制作的刀具，切削速度为高速钢的 4～7 倍，刀具寿命可提高 5～80 倍。另外，硬质合金抗压强度高，可达 6000 N·mm²，弹性模量为高速钢的 2～3 倍。

然而，硬质合金脆性大，抗弯强度只有高速钢的 1/3～1/2，把它制成形状复杂的刀具较困难，所以一般只制成各种不同形状的刀头，镶焊在刀体上使用。

高温结构材料中最常用的是碳化钛基金属陶瓷。其黏结金属主要是 TiC，含量高达60%，以满足高温构件的韧性和热稳定性的需要，其特点是高温性能好，如在 900℃ 时，仍可保持较高的抗拉强度。碳化钛基金属陶瓷主要用作涡轮喷气发动机燃烧室、叶片、涡轮盘以及航空航天装置中的某些耐热件。

2.功能陶瓷

功能陶瓷是指具有一定声、光、电、磁、热等物理、化学性能特征的陶瓷。功能陶瓷的应用广、品种多，下面作简单的介绍。

（1）压电陶瓷

在石英、钛酸钡、锆钛酸铅（PZT）及锆钛酸铅镧（PLZT）等物质的两界面上加一定的电压，将产生一定的机械变形，如电压为交变电压，这些物质则相应产生交变振动，且这种过程具有可逆性，这种现象称为压电效应。利用正、逆压电效应可实现机械能和电能的相互转换，如常见的燃气及气体打火机点火器、音乐卡及手机中的电声喇叭、医疗及工业用的超声检测仪探头及其他换能器等电器元件都有压电陶瓷的应用。

（2）半导体陶瓷

其为导电性能介于导体和绝缘体之间的一类陶瓷，种类繁多。当温度、湿度、电场、光等其中一个条件发生变化时,导电性会产生变化,相应的称为热敏、湿敏、磁敏、光敏等半导体类陶瓷。主要用于自动控制的传感器,某些也可利用电阻特性作为高温发热元件或导电元件。

其中 PTC 陶瓷成分为 $BaTiO_3$,为正电阻温度系数材料,其电阻随温度显示出特殊变化规律:室温下为 N 型半导体,随温度升高,电阻率下降,显示一般负电阻温度系数特性;温度升高到居里温度后,材料本身的电阻突然猛增几万或几十万倍,使材料处于高阻状态,显示一般正电阻温度系数特性。PTC 材料已广泛用于过载保护、时间延滞、电动机启动、彩电消磁等方面。

(3)磁性陶瓷

在磁场中能被强烈磁化的陶瓷称为磁性陶瓷。其中铁酸盐的磁性陶瓷称为铁氧体。硬磁材料在磁场中难以被磁化,并在撤去磁场后仍保持高的剩余磁化强度。主要包括钡和锶的铁氧体和稀土磁体,其中稀土钕-铁-硼磁体为目前有最强磁性的永磁材料,用于制造器件可大大降低重量和尺寸,这对于航空航天工业具有重要的意义。其已广泛用于扬声器、永磁发电机和电动机,及各种磁性仪器仪表。

软磁材料是那些易于反复磁化的材料,其磁导率高,但磁矫顽抗力小,电动机、变压器的硅钢片都是典型的软磁材料。软磁铁氧体包括 Mn-Zn、Fe-Si、Fe-Ni、Ni-Zn 系铁氧体,主要用于感应铁心、电视机显像管偏转线圈及行输出变压器。

(4)生物陶瓷

生物陶瓷在人体内化学稳定性好,组织相容性好,无各种排异现象,其抗压强度高,易于高温消毒,是牙齿、骨骼、关节等硬组织良好的置换修复材料,但脆性大、成形加工较难是其主要缺点。

7.2.4 传统陶瓷的制备方法

陶瓷的整个工艺过程相当复杂,但可归纳为三大步骤:原料配置 → 坯料成形 → 窑炉烧成。传统陶瓷生产工艺流程如图 7-2 所示。

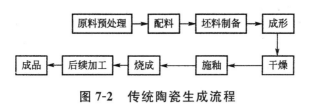

图 7-2 传统陶瓷生成流程

1.原料

传统陶瓷又称普通陶瓷,是指以天然存在的矿物为主要原料的陶瓷制品。普通陶瓷的原料中必不可少的三组分是石英、黏土和长石,三者以适当的比例混合而成。

石英的化学组成为 SiO_2 在普通陶瓷中,石英构成了陶瓷制品的骨架,赋予制品耐热、耐蚀等特性。石英的黏性很低,属非可塑性原料,无法做成制品的形状。为了使其具有成形性,需掺入黏土。

黏土的主要化学成分为 SiO_2、Al_2O_3、H_2O、Fe_2O_3、TiO_2 等。黏土具有很独特的可塑性

与结合性,调水后成为软泥,能塑造成形,烧后变得致密坚硬。

长石的为钠长石($Na_2O \cdot Al_2O_3 \cdot SiO_2$)、钾长石($K_2O \cdot Al_2O_3 \cdot SiO_2$)、钙长石($CaO \cdot Al_2O_3 \cdot SiO_2$)和钡长石($BaO \cdot Al_2O_3 \cdot SiO_2$)四大类。

陶瓷生产中其为几种长石的互溶物,并含有其他杂质,所以没有固定的熔融温度。它只是在一个温度范围内逐渐熔融成为乳白色黏稠状的玻璃态物质。熔融后的玻璃态物质能够溶解一部分黏土分解物及部分石英,促进成瓷反应的进行,并降低烧成温度。长石的这种作用称为助剂作用。冷却后的以长石为主的低共熔体以玻璃态存在于陶瓷制品中,构成陶瓷的玻璃基质。

以上三者为传统陶瓷的三组分,其中石英为耐高温骨架成分,黏土提供了可塑性,长石为助熔剂。上述三组分中,真正不可少的组分为骨架成分,其余两个组分的存在,破坏了骨架成分所具有的耐高温、耐腐蚀、高硬度等特性。

2. 生产工艺

原料配置就是将上述三种原料按一定的比例进行称量。之后进行的是材料的成形,也就是将配置好的原料加入水或其他成形助剂(粘结剂),使其具有一定的可塑性,然后通过某种方法使其成为具有一定形状的坯体。常用的成形方法如下。

(1)挤压成型

使用增塑剂与水混合均匀后的粉末作为坯料,由真空挤压机将坯料从挤型口挤出。该方法适合于黏土系陶瓷原料的成形,适宜制造横断面形状相同的坯体,如棒状、管状等长尺寸坯件。

(2)模压成型

其为利用压力将干粉坯料在模型中压成致密坯体的一种成形方法。由于模压成形的坯料水分少、压力大,坯体比较致密,因此能获得收缩小、形状准确、无须干燥的生坯。加压成形过程简单,生产量大、缺陷少,便于机械化,因此对于成形形状简单的小型坯体较为合适,但对于形状复杂的大型制品,采用一般的干压成形就比较困难。成形后的坯体仅为半成品,其后还要进行干燥、上釉等工艺才可以烧成。

①施釉。釉是附着于陶瓷坯体表面的连续玻璃质层,具有与玻璃相类似的物理与化学性质。陶瓷坯体表面的釉层从外观来说使陶瓷具有平滑而光泽的表面,增加陶瓷的美观,尤其是颜色釉与艺术釉更增添了陶瓷制品的艺术价值。就力学性能来说,正确配合的釉层可以增加陶瓷的强度与表面硬度,同时还可以使陶瓷的抗化学腐蚀性能、电气绝缘性能有所提高。

将釉料经配料、制浆后进行施釉。施釉方法可以分为喷釉法、浸釉法、刷釉法、浇釉法。喷釉法是利用压缩空气或静电效应,将釉浆喷成雾状,使其黏附于坯体。浸釉法是将产品全部浸入釉料中,使之附着一层釉浆。刷釉法常用于同一个坯体上施几种不同釉料,如用于艺术陶瓷生产。浇釉法系将釉浆浇到坯体上,该方法适用于大件器皿。

②烧成。经过成形、上釉后的半成品,必须最后通过高温烧成才能获得瓷器的一切特性。坯体在烧成过程中发生一系列物理化学变化,如膨胀、收缩、气体的产生、液相的出现、旧晶相的消失、新晶相的析出等,这些变化在不同温度阶段中进行的状况决定了陶瓷的质量与性能。

烧成过程大致可分为以下四个阶段：

蒸发期——坯体内残余水分的排除，为常温～300℃。

氧化分解和晶型转化期$\left\{\begin{array}{l}排除结构水\\有机物、碳和无机物等的氧化\\碳酸盐、硫化物等的分解\\晶型转变\end{array}\right\}$300℃～900℃

玻璃化成瓷期$\left\{\begin{array}{l}坯体内氧化分解反应的继续\\形成液相，固相溶解\\釉的熔融\end{array}\right\}$950℃～烧成温度

冷却期$\left\{\begin{array}{l}液相析晶\\液相的过冷凝固\\晶型转变\end{array}\right\}$止火温度～常温

（3）注浆成形法

注浆成形法是将制备好的坯料泥浆注入多孔性模型内，由于多孔性模型的吸水性，泥浆贴近模壁的一层被模子吸水而形成均匀的泥层。该泥层随时间的延长而逐渐加厚，当达到所需的厚度时，可将多余的泥浆倾出。最后该层继续脱水收缩而与模型脱离，从模型中取出后即为毛坯，整个过程如图 7-3 所示。

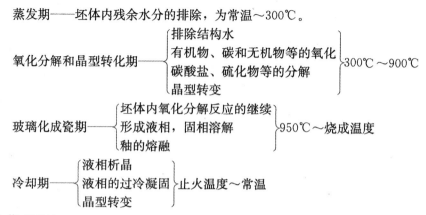

(a) 方法一

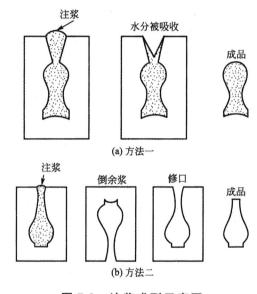

(b) 方法二

图 7-3　注浆成型示意图

注浆成形法适用于制造形状复杂、不规则、薄而体积大且尺寸要求不严的器物，如花瓶、茶壶、汤碗、手柄等。注浆成形后的坯体结构较均匀，但其含水量大且不均匀，干燥后烧成收缩也较大。另一方面，该法有适应性大、便于机械化等优点。

7.2.5 功能陶瓷的制备方法

1.高铝瓷的制备

高铝瓷是一种以 Al_2O_3 和 SiO_2 为主要成分的陶瓷,其中 Al_2O_3 的含量为 45% 以上。随 Al_2O_3 含量的增高,其力学和物理性能都有明显的改善。高铝瓷生产中主要采用工业氧化铝作原料,它是将含铝量高的天然矿物如铝矾土,用碱法或酸法处理而得。

在 Al_2O_3 含量较高的瓷坯中,主要晶相为刚土(α- Al_2O_3)。我国目前大量生产含有氧化铝 95% 的刚玉瓷,这种刚玉瓷,由于 Al_2O_3 含量高,具有很高的耐火度和强度。其生产工艺过程如下:

①工业氧化铝的预烧。预烧使原料中的 γ- Al_2O_3 全部转变为 α- Al_2O_3,减少烧成收缩。预烧还能排除原料中大部分 Na_2O 杂质。

②原料的细磨。由于工业 Al_2O_3 是由氧化铝微晶组成的疏松多孔聚集体,很难烧结致密。为了破坏这种聚集体的多孔性,必须将原料细磨。但过分细磨,也可能使烧结时的重结晶作用很难控制,导致晶粒长大,降低材料性能。

③酸洗。如果采用钢球磨粉磨,料浆要经过酸洗除铁。铁能与盐酸生成 $FeCl_2$ 或 $FeCl_3$ 而溶解,然后再水洗以达到除铁的目的。

④成形。把经酸洗除铁并烘干备用的原料采用下压、挤制、注浆、入膜、捣打、热压及等静压等方法成形,以适应各种不同形状的要求。

⑤烧成。烧成制度对刚玉制品的密度及显微结构起着决定性作用,从而对性能也起着决定性作用。适当地控制加热温度和保温时间,可获得致密的具有细小晶粒的高质量瓷坯。

⑥表面处理。对于高温、高强度构件或表面要求平整而光滑的制品,烧成后往往要经过研磨及抛光。

2.氮化硅制备

(1)Si_3N_4 的原料

工业合成 Si_3N_4 有两种方法。一种是将硅粉在氮气中加热:

$$3Si + 2N_2 \xrightarrow{1300℃} Si_3N_4$$

另一种方法是用硅的卤化物($SiCl_4$、$SiBr_4$ 等)与氨反应:

$$3SiCl_4 + 4NH_3 \xrightarrow{1400℃} Si_3N_4 + 12HCl$$

所得到的 Si_3N_4 粉末一般都是 α 相与 β 相的混合物,其中 α- Si_3N_4 是在 1100～1250℃下生成的低温相,β- Si_3N_4 是在 1300～1500℃下生成的高温相。α 相加热到 1400～1600℃开始变为 β 相,到 1800℃转变结束。这一转变是不可逆的。

(2)Si_3N_4 陶瓷的生产工艺

Si_3N_4 陶瓷的生产方法有反应烧结法和热压烧结法。反应烧结法的主要工艺过程如下:

将 Si 粉或 Si 粉与 Si_3O_4 粉的混合料按一般陶瓷生产方法成形,然后在氮化炉内于 1150℃～1200℃预氮化,获得一定的强度之后,可在机床上进行车、刨、钻、铣等切削加工,然后在 1350℃～1450℃进一步氮化处理 18 h～36 h,直到全部成为 Si_3N_4 为止。由于第二次氮化,其体积几乎不变化,因而得到的产品尺寸精确,体积稳定。

反应烧结后获得的 Si_3N_4 坯体密度比硅粉素坯密度增大 66.5%,这是氮化的极限值,可以用它来衡量氮化反应的程度。为了提高氮化效率和促进烧结,一般加入 2% 的 $CrF_2 \cdot 3H_2O$,能使氮化后密度增长 63%,即达到 Si_3N_4 理论密度的 90%。

热压烧结法是将 Si_3N_4 粉和少量添加剂(如 MgO、Al_2O_3、MgF_2、AlF_3 或 FeO 等)在 19.6 MPa 以上的压强和 1600℃～1700℃条件下热压成形烧结。原料 Si_3N_4 粉的相组成对产品密度影响较大。

3.碳化硅陶瓷的制备

(1)原料的获得

SiC 是将石英、碳和锯末装在电弧炉中合成而得。合成反应为

$$SiO_2 + 3C \longrightarrow SiC + 2CO$$

反应温度一般高达 1900℃～2000℃,最终得到 β-SiC 及 α-SiC 的混合物。其中 α-SiC 属于六方结构,在高温下是稳定相。而 β-SiC 属于等轴结构,在低温下是稳定相。β-SiC SiC 向 α-SiC 转变温度约 2100℃～2400℃。Si 和 C 原子之间以共价键结合。

(2)SiC 陶瓷的生产工艺

SiC 难以烧结,因而必须加入烧结促进剂,如 B_4C_9 以及 Al_2O_3 等。然后将粒度为 1 μm 左右的原料采用注浆、干压或等静压成形,于 2100℃烧结。其孔隙率约 10%。采用热压法得到的产品其密度得到进一步改善,可达到理论密度的 99%以上。

4.金属陶瓷的生产

金属陶瓷是一种由金属或合金同陶瓷所组成的非均质复合材料,金属陶瓷性能是金属与陶瓷二者性能的综合,故起到了取长补短的作用。

金属陶瓷中的陶瓷相通常由高级耐火氧化物(Al_2O_3、ZrO_2 等)和难熔化合物(TiC、SiC、TiN_3 等)组成。作为金属相的原料为纯金属粉末,如 Ti、Cr、Ni、Co 或它们的合金。

现以硬质合金(以碳化物如 WC、TiC、TaC 等为基的金属陶瓷)为例,介绍金属陶瓷的一般生产工艺:

①粉末制备。硬质合金粉末的制备,主要是把各种金属氧化物制成金属或金属碳化物的粉末。

②混合料制备。制备混合料的目的在于使碳化物和黏结金属粉末混合均匀,并且把它们进一步磨细,这对硬质合金成品的性能有很大影响。

③成形。金属陶瓷制品的成形方法有干压、注浆弍挤压、等静压、热压等方法。

④烧成。金属陶瓷在空气中烧成往往会氧化或分解,所以必须根据坯料性质及成品质量控制炉内气氛,使炉内气氛保持真空或处于还原气氛状态。

7.3　玻璃

7.3.1　玻璃态的同性

玻璃态是非晶态固体的一种,我国的技术词典把它定义为"从熔体冷却,在室温下还保持熔体结构的固体物质状态",习惯上常称之为"过冷的液体"。玻璃中的原子不像晶体那样在空间作远程有序排列,而近似于液体,同样具有近程有序排列,玻璃像固体一样能保持一定的外形,而不像液体那样在自重作用下流动。玻璃态物质具有下列主要特征。

1.各向同性

玻璃态物质的质点排列是无规则的,是统计均匀的,所以,玻璃中不存在内应力时,其物理化学性质在各方向上都是相同的。

2.无固定熔点

玻璃态物质由固体转变为液体是在一定温度区间(转化温度范围内)进行的,它与结晶态物质不同,没有固定熔点。

3.介稳性

玻璃是由熔体急剧冷却而得,由于在冷却过程中粘度急剧增大,质点来不及作形成晶体的有规则排列,系统的内能尚未处于最低值,从而处于介稳状态;在一定的外界条件下它仍具有自发放热转化为内能较低的晶体的倾向。

4.性质变化的连续性和可逆性

玻璃态物质从熔融状态到固体状态的性质变化过程是连续的和可逆的,其中有一段温度区域呈塑性,称为"转变"或"反常"区域,在这区域内性质有特殊变化。图 7-4 表示物质的内能和比体积随温度的变化。

在结晶情况下.性质变化如曲线 $ABCD$ 所示,T_m 为物质的熔点,过冷却形成玻璃时,过程变化如图 $ABKFE$ 所示,T_g 为玻璃的转变温度,T_f 为玻璃的软化温度,$T_g - T_f$ 称为"转变"或"反常"区域。

7.3.2　常见玻璃及其性能

1.常见的玻璃

(1)硅酸盐玻璃

二氧化硅是硅酸盐玻璃中的主体氧化物。仅由二氧化硅组成的石英玻璃是硅酸盐玻璃中结构最简单的品种,也是其他硅酸盐玻璃的基础。该体系是应用最广泛的玻璃,可做窗玻璃、容器和电子管等。

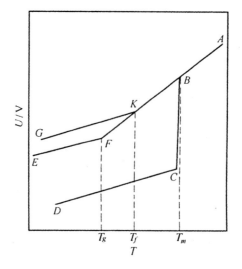

BK -过冷区；KG -快冷；

KF -转变区；FE -慢冷

图 7-4　内能和比体积随温度的变化

（2）硼酸盐玻璃

硼酸盐玻璃的结构和硅酸盐的不同，体系中 B_2O_3 是主要玻璃形成剂。硼玻璃为层状结构，其性能不如 SiO_2 玻璃，软化温度低、化学稳定性也差，故纯 B_2O_3 玻璃实用价值小。但在 B_2O_3 中加入一定量碱金属氧化物如 Na_2O，可改善玻璃的物理性能。重要品种有 Pyrex 玻璃，其化学稳定性优良、热膨胀系数低（$35×10^{-7}$），而且硬度高，耐磨性好，液相温度在高硅玻璃中是最低的。其被广泛用于制备各种耐热玻璃仪器，而且还用于制造成套化工设备和管道以及日常生活用品。由于电绝缘性好、介电损耗小，还广泛用于电真空技术。

2.玻璃的性能

玻璃属于脆性材料，抗弯、抗拉强度不高，但它的硬度高、抗压强度好。具有较好的化学稳定性。

（1）玻璃的脆性

玻璃的脆性可以用抗冲击能力来表示。玻璃分子松弛运动的速度低是脆性的重要原因。当受到突然施加的负荷（冲击力）时，玻璃内部质点来不及作出适应性流动就相互分裂而破坏。玻璃的化学成分对其脆性影响很大。例如，玻璃中加入碱金属和二价金属氧化物时，其脆性随加入离子半径的增大而增加；而引入阳离子半径小的氧化物（如 Li_2O、BeO、MgO 等），则有利于制备硬度大而脆性小的玻璃。

热处理对玻璃的抗冲击强度影响很大，通过退火消除玻璃中的应力，可使抗冲击强度提高 $40\%～50\%$。

（2）玻璃的强度

玻璃的理论强度可用下式近似计算：

$$\sigma_{th} = XE$$

式中，E 为弹性模量；X 为与物质结构和键型有关的常数，一般取为 $0.1 \sim 0.2$。按上式计算，一般玻璃的理论强度大致为 $100\ MPa$，而实际强度则不到理论值的 1%。玻璃的理论强度与实际强度间存在显著差别的主要原因，在于表面微裂纹、内部不均匀性或缺陷的存在以及微观结构上的各种因素。据测定，在 $1\ mm^2$ 玻璃表面上含有 300 个左右的微裂纹，其深度为 $4\ nm \sim 8\ nm$。当玻璃受到应力时，表面上的微裂纹急剧扩展，因应力集中而破裂。

（3）玻璃的化学稳定性

玻璃有较高的化学稳定性，因而用来制造盛装食品、药液和各种化学制品的容器及化学用管道和仪器。

玻璃对不同介质有不同的抗侵蚀能力。普通的建筑门窗玻璃在大气和雨水的长期侵蚀下，表面会失去光泽，并且表面出现脂状薄膜、斑点以至液滴等受侵蚀的痕迹。水对硅酸盐玻璃的侵蚀，开始于水中 H^+ 和玻璃中 Na^+ 进行交换，其反应为

$$—Si—O—Na^+ + H^+\ OH^- \xrightarrow{\text{交换}} —Si—OH + NaOH$$

如果玻璃仅含 Na_2O 和 SiO_2 两种组分，则在水中将继续溶解下去，直到 Na^+ 几乎全部被沥滤为止。但若含有 ZrO_2、Li_2O 等三组分和多组分系统，则能阻挡 Na^+ 的扩散，使玻璃的耐水侵蚀性能提高。

除氢氟酸外，一般的酸并不直接与玻璃起反应，而是通过水的作用侵蚀玻璃。浓酸对玻璃的侵蚀能力低于稀酸，就是因为浓酸中水含量低。

（4）玻璃的弹性模量

玻璃的弹性模量与玻璃组分的化学键强度有关，键力越强模量越大。所以在玻璃中引入较大离子半径、低电荷的 Na^+、K^+、Sr^{2+}、Ba^{2+} 等金属离子，不利于提高弹性模量；而引入离子半径小、极化能力强的离子如 Li^+、Be^{2+}、Mg^{2+}、Al^{3+}、Ti^{4+} 等，有利于提高玻璃的弹性模量。

玻璃的弹性模量 E 一般为 $44GPa \sim 88GPa$。大多数硅酸盐玻璃的 E 值随温度上升而下降，因温度高使得离子间距离增大，相互作用力降低。硼硅酸盐玻璃的 E 值均随温度升高而增大。

7.3.3　玻璃的制备

1. 原料

（1）主要原料

①SiO_2。引入 SiO_2 原料主要有硅砂和砂岩石。硅砂也叫石英砂，它主要是由石英颗粒组成。质地纯净的石英砂为白色，一般硅砂因含铁的氧化物和有机质呈现淡黄色或红褐色。砂岩是由石英颗粒和粘性物质在地质高压下胶结而成的坚实致密的岩石。

②Al_2O_3。引入 Al_2O_3 的原料主要有长石和高岭土。在自然界中常见的长石有：呈淡红色的钾长石（$K_2O \cdot Al_2O_3 \cdot 6SiO_2$）、呈白色的钠长石（$Na_2O \cdot Al_2O_3 \cdot 6SiO_2$）和钙长石（$CaO \cdot Al_2O_3 \cdot 6SiO_2$）。在矿物中它们常以不同的比例存在，所以长石的化学组成波动较大。对长石的质量要求是：$Al_2O_3 > 16\%$；$Fe_2O_3 < 0.3\%$；$R_2O > 12\%$。高岭土又称粘土

$(Al_2O_3 \cdot 2SiO_2 \cdot 2H_2O)$，由于所含 SiO_2 及 Al_2O_3 均为难熔氧化物，所以在使用前应进行细磨。对高岭土的质量要求是：$Al_2O_3 > 25\%$；$Fe_2O_3 < 0.4\%$。

③Na_2O。引入 Na_2O 的原料包括纯碱（Na_2CO_3）和芒硝（Na_2SO_4）。纯碱易潮解、结块，它的水含量通常波动在 $9\% \sim 10\%$ 之间，应贮存在通风干燥的库房内。对纯碱的质量要求是 $Na_2CO_3 > 98\%$；$NaCl < 1\%$；$Na_2SO_4 < 0.1\%$；$Fe_2O_3 < 0.1\%$。使用芒硝不仅可以代碱，而且又是常用的澄清剂，为降低芒硝的分解温度常加入还原剂（主要为碳粉、煤粉等）。使用芒硝也有如下缺点：热耗大、对耐火材料的侵蚀大、易产生芒硝泡，当还原剂使用过多时，Fe_2O_3 还原成 FeO 而使玻璃着色成棕色。对芒硝的质量要求是：$Na_2SO_4 > 85\%$；$NaCl > 2\%$；$CaSO_4 > 4\%$；$Fe_2O_3 < 0.3\%$；$H_2O < 5\%$。

④CaO。引入 CaO 的原料主要有石灰石、方解石。它们的主要成分均为 $CaCO_3$，后者的含量比前者高。对含钙原料的质量要求是：$CaO \geqslant 50\%$；$Fe_2O_3 < 0.15\%$。

⑤MgO。引入 MgO 的原料主要是白云石（$MgCO_3 \cdot CaCO_3$），呈蓝白色、浅灰色、黑灰色。对白云石的质量要求是：$MgO \geqslant 20\%$；$CaO < 32\%$；$Fe_2O_3 < 0.15\%$。

⑥B_2O_3。引入 B_2O_3 的原料。硼酸硼酸是白色鳞片状固体，易溶于水，含 B_2O_3 56.45%，H_2O 43.55%。

⑦硼砂（$Na_2B_4O_7 \cdot 10H_2O$）含 B_2O_3 6.65%，含水硼砂是坚硬的白色菱形结晶，易溶于水；无水硼砂或煅烧硼砂（$Na_2B_4O_7$）是无色玻璃状小块。含 B_2O_3 69.2%，Na_2O_3 0.8%。对硼砂的质量要求：$B_2O_3 > 35\%$，$Fe_2O_3 < 0.01\%$，$SO_4^{2-} < 0.02\%$。

（2）辅助原料

辅助原料包括澄清剂、着色剂、脱色剂、氧化还原剂、乳浊剂等。常见的澄清剂有三类：氧化砷和氧化锑；硫酸盐原料；氟化物类原料，依据离子着色剂的着色机理，着色剂可分为三类：离子着色剂、胶体着色剂和化合物着色剂，将脱色剂按机理分为物理脱色剂和化学脱色剂两类。

2.玻璃的形成条件

玻璃的形成规律主要取决于内在结构，即化学键的类型和强度、负离子团的大小、结构堆集排列的状况等。

（1）结构因素

能单一形成玻璃的氧化物如硅酸盐、硼酸盐、磷酸盐等无机熔体，在转变为玻璃时，熔体中含有多种负离子基团，如硅酸盐熔体中的 $[SiO_4]^{4-}$、$[Si_2O_7]^{6-}$、$[Si_6O_{18}]^{12-}$、$[SiO_3]_n^{2n-}$、$[Si_4O_{11}]_n^{6n-}$。这些基团处于缩聚平衡状态，随着温度降低，聚合过程占优势。聚合程度高，形成链状或网状结构大型负离子集团时，就容易形成玻璃。

（2）动力学条件

冷却速率对玻璃形成影响很大。熔体能否形成玻璃主要决定于熔体过冷后是否形成晶核，以及晶核能否长大。这两个过程都需要时间。因此，熔体要形成玻璃，必须在熔点以下迅速冷却，使它来不及析晶。

总的说来，形成玻璃的关键是熔体应尽快冷却，以免出现可见的析晶。形成玻璃的临界冷却速率是随熔体组成而变化的。

3.生产工艺

玻璃可以采用轧制、拉制、浇注、压制和吹制来成形。用何种方法加工,主要取决于最终应用。

(1)滚压

这种方法广泛应用于平板玻璃生产。原料熔化后,流经两滚筒,并严格控制温度,在合适的黏度下滚压成平板玻璃,然后使板材穿过一个长退火炉。为了得到表面光洁度高、平整的板材,可使玻璃熔体流经液态锡的浮池上面,池内保持可控制的加热气氛以防止氧化,让成形板材穿过退火炉即得成品。目前国内的茶色玻璃大多采用较先进的浮法生产。

(2)压制和吹制

这种方法广泛应用于容器制造。先将黏性玻璃块放入模具中压制,然后移去半个模具,以最终形状的模具代替,吹制成所要求的外形。

(3)浇铸

将玻璃熔体注入模具里完成浇铸,如浇铸光学玻璃镜片等。浇铸电视机显像管壳时,为了使熔融玻璃充满模具,还需使模具旋转,称为离心浇铸。

(4)熔融抽丝

玻璃纤维的制备与聚合物纤维的制备方法类似,熔融玻璃料流过多孔加热铂板而成纤维状,对纤维在缠绕的同时进行牵引,最后得到玻璃纤维。

7.4　硅酸盐水泥

7.4.1　硅酸盐水泥的原料

生产硅酸盐水泥的主要原料是石灰质原料、粘土质原料和铁质校正原料。

1.石灰质原料

常用的天然石灰质原料有石灰岩、白垩、泥灰岩、贝壳等。

(1)石灰岩

石灰岩系由碳酸钙所组成的化学与生物化学沉积岩。主要矿物是方解石,并含有白云石、硅质(石英或燧石)、含铁矿物和粘土质杂质。

(2)白垩

白垩是由海生生物外壳与贝壳堆积而成,常夹有软的或硬白裂礩石(主要为 $CaCO_3$)、红粘土和燧石(结晶二氧化硅)。白垩易于粉磨和煅烧,是立窑水泥厂的优质石灰质原料。

(3)泥灰岩

泥灰岩是由碳酸钙和粘土物质同时沉积所形成的均匀、昆合的沉积岩。它是一种由石灰岩向粘土过渡的岩石。若氧化钙含量超过 45%,称为高钙泥灰岩,用它作原料时,应加粘土配合;若氧化钙含量低于 43.5%,称为低钙泥灰岩,应与石灰石掺配使用;若氧化钙含量在 43.5%～45%,则称天然水泥岩,是一种极好的水泥原料。

2.粘土质原料

天然粘土质原料有黄土、粘土、页岩、泥岩、粉砂岩及河泥等,其中黄土与粘土用量最广。

(1)黄土

黄土是没有层理的粘土与微粒矿物的天然混合物,轻质而多孔,其中粘土矿物以伊利石为主、蒙脱石、拜来石次之,非粘土矿物有石英、长石类。

(2)粘土

粘土是多种含水铝硅酸盐矿物的混合体,按其主要矿物成分可分为,高岭石类、水云母类、蒙脱石类、叶腊石类、水铝石类。

3.校正原料

当石灰质原料和粘土质原料配合所得生料成分不能符合配料方案时,必须根据所缺少的组分,掺加相应的校正原料。其中,掺加氧化铁含量大于 40% 的铁质校正原料最为多见。常用的有低品位铁矿石、炼铁厂尾矿以及硫酸厂工业废渣(硫铁矿渣)等。

此外,若氧化硅含量不足时,须掺加硅质校正原料,常用的有砂岩、河砂、粉砂岩等。

7.4.2 硅酸盐水泥的硬化

水泥的水化硬化是个非常复杂的物理化学过程,简单概括起来具有以下几个反应:

$$3CaO \cdot SiO_2 + nH_2O \rightarrow 2CaO \cdot SiO_2(n-1)H_2O + Ca(OH)_2$$

$$2CaO \cdot SiO_2 + mH_2O \rightarrow 2CaO \cdot SiO_2 \cdot mH_2O$$

$$3CaO \cdot Al_2O_3 + 6H_2O \rightarrow 3CaO \cdot Al_2O_3 \cdot 6H_2O$$

$$4CaO \cdot Al_2O_3 \cdot Fe_3O_4 + 7H_2O \rightarrow 3CaO \cdot Al_2O_3 \cdot 6H_2O + CaO \cdot Fe_3O_4 \cdot H_2O$$

从中可以看出,其水化产物主要有氢氧化钙、含水硅酸钙、含水铝酸钙、含水铁铝酸钙等。它们的水化速度直接决定了水泥硬化的一些特点。

水泥凝结硬化分为三个阶段:溶解期、胶化期和硬化期(结晶期)。

①溶解期。水泥遇水后,在颗粒表面进行上述化学反应,生成氢氧化钙、含水硅酸钙、含水铝酸钙。前两个化合物在水中容易溶解,随着它们的溶解,水泥颗粒新表面产生了,再与水发生反应,使周围水溶液很快成为它们的饱和溶液。

②胶化期。紧接溶解期的过程,水分继续深入颗粒内部,使内部产生的新生物不能再被溶解,只能够以分散状态胶体析出,并包围在颗粒表面形成一层凝胶薄膜,使水泥浆具有良好的塑性。随着反应继续进行,新生物不断增加,凝胶体逐渐变稠,使水泥浆失去塑性,而表现为水泥的凝结。

③硬化期。随着胶化期的完成,凝胶体内水泥颗粒未水化部分将继续吸收水分进行反应,因此,胶体逐渐脱水而紧密,同时氢氧化钙及含水铝酸钙也由胶体转变为稳定的结晶相,析出结晶体嵌入凝胶体,两者互相交错,使水泥产生强度。

水泥硬化后,生成游离的氢氧化钙微溶于水,但之后其会与空气中的 CO_2 生成一层 $CaCO_3$ 硬壳,可防止氢氧化钙溶解。

7.4.3　硅酸盐水泥生产

硅酸盐水泥的生产主要经过三个阶段,即生料制备、熟料煅烧与水泥粉磨。

1. 生料制备

生料制备主要将石灰质原料、粘土质原料与少量校正原料经破碎后,按一定比例配合磨细,并调配为成分合适、质量均匀的生料。其制备方法有干法和湿法两种。前者是将原料同时烘干与粉磨或先烘干后粉磨成生料粉,而后喂入干法窑内煅烧成熟料的生产方法。而后者是将原料加水粉磨成生料浆后喂入湿法回转窑煅烧成熟料的生产方法。

2. 熟料煅烧

(1)煅烧过程中的物理化学变化

①干燥和脱水。干燥即物料中自由水的蒸发,而脱水则是粘土矿物分解脱出化合水。自由水的蒸发温度一般为 100℃ 左右。

对粘土矿物——高岭土在 500℃~600℃ 下失去结晶水时所产生的变化和产物,主要有两种观点,一种认为产生了无水铝酸盐(偏高岭土),其反应式为

$$Al_2O_3 \cdot 2SiO_2 \cdot 2H_2O \rightarrow Al_2O_3 \cdot 2SiO_2 + 2H_2O$$

另一种认为高岭土脱水分解为无定型氧化硅与氧化铝,其反应式为

$$Al_2O_3 \cdot 2SiO_2 \cdot 2H_2O \rightarrow Al_2O_3 + 2SiO_2 + 2H_2O$$

②碳酸盐分解。生料中的碳酸钙与碳酸镁在煅烧过程中都分解放出二氧化碳,其反应式如下:

$$MgCO_3 \Longrightarrow MgO + CO_2 - (1047 \sim 1214) \; J \cdot g^{-1}(590℃)$$

$$CaCO_3 \Longrightarrow CaO + CO_2 - 1645 \; J \cdot g^{-1}(890℃ 时)$$

通常,碳酸钙约在 600℃ 时就开始有微量的分解,至 898℃ 时,分解出的 CO_2 分压达 1 atm,此后,分解速度加快,达 1100~1200℃ 时,分解速度更为迅速。温度、窑系统的 CO_2 分压、生料细度和颗粒级配、生料悬浮分散程度、石灰石的种类和物理性质以及生料中粘土质组分的性质是影响碳酸钙分解的主要因素。

③固相反应。在碳酸钙分解的同时,石灰质和粘土质组分间,通过质点间的相互扩散,进行固相反应,其反应过程大致如下

800℃:$CaO \cdot Al_2O_3$(CA)、$CaO \cdot Fe_2O_3$(CF)与 $2CaO \cdot SiO_2$(C_2S)开始形成。

800℃~900℃:$12CaO \cdot 7Al_2O_3$($C_{12}A_7$)开始形成。

900℃~1100℃:$2CaO \cdot Al_2O_3 \cdot SiO_2$($C_2AS$)形成后又分解。$3CaO \cdot Al_2O_3$($C_3A$)和 $4CaO \cdot Al_2O_3 \cdot Fe_2O_3$($C_4AF$)开始形成。所有碳酸钙均分解,游离氧化钙达最高值。

1100℃~1200℃:C_3A 和 C_4A 大量形成,C_2S 含量达最大值。

固相反应是放热反应。温度、生料的粉磨细度和混合均匀性、生料颗粒粒度的分布范围以及掺加矿化剂都会对固相反应速度产生显著影响。

(2)熟料煅烧的过程

煅烧水泥熟料的窑型主要有两类:回转窑和立窑。窑内煅烧过程虽因窑型不同而有所差

别,但基本反应是相同的。现以湿法回转窑为例,说明如下:

湿法回转窑用于煅烧含水 30%～40% 的料浆。图 7-5 所示为一台 $\varphi 5/4.5 \times 135$ m 湿法回转窑内熟料煅烧过程。

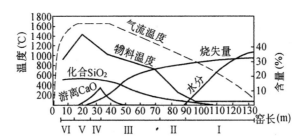

Ⅰ—干燥带;Ⅱ—预热带;Ⅲ—碳酸盐分解带;
Ⅳ—放热反应带;Ⅴ—烧成带;Ⅵ冷却带

图 7-5 $\varphi 5/4.5 \times 135$ m 湿法回转窑内熟料形成过程

燃料与一次空气由窑头喷入,和二次空气(由冷却机进入窑头与熟料进行热交换后加热了的空气)一起进行燃烧,火焰温度高达 1650℃～1700℃。燃烧烟气在向窑尾运动的过程中,将热量传给物料,温度逐渐降低,最后由窑尾排出。料浆由窑尾喂入,在向窑头运动的同时,温度逐渐升高并进行一系列反应,烧成熟料由窑头卸出,进入冷却棚。

料浆入窑后,首先发生自由水的蒸发过程,当水分接近零时,温度达 150℃ 左右的干燥带。随着物料温度上升,发生粘土矿物脱水与碳酸镁分解过程。进入预热区。

物料温度升高至 750℃～800℃ 时,烧失量开始明显减少,氧化硅开始明显增加,表示同时进行碳酸钙分解与固相反应。物料因碳酸钙分解反应吸收大量热而升温缓慢。当温度升到大约 1100℃ 时,碳酸钙分解速度极为迅速,游离氧化钙数量达极大值。这一区域称为碳酸盐分解带。

碳酸盐分解结束后,固相反应还在继续进行,放出大量的热,再加上火焰的传热,物料温度迅速上升 300℃ 左右,这一区域称为放热反应带。

大约在 1250℃～1280℃ 时开始出现液相,一直到 1450℃,液相量继续增加,同时游离氧化钙被迅速吸收,水泥熟料化合物形成,这一区域称为烧成带。

熟料继续向前运动,与温度较低的二次空气进行热交换,熟料温度下降,这一区域称为冷却带。

值得一提的是上述各带的划分是十分粗略的,物料在这些带中所发生的各种变化往往是交叉或同时进行的。

其他类型的回转窑内物料的煅烧过程,与湿法回转窑基本相同,只是在煅烧过程中将某些过程移到回转窑外的专门设备内进行。

7.4.4 熟料的矿物组成

水泥的质量主要取决与熟料的质量。优质的熟料应该具有合适的矿物组成和岩相结构。在硅酸盐水泥熟料中主要形成四种矿物

1.硅酸二钙

硅酸二钙（$2CaO \cdot SiO_2$），可简写为 C_2S，是硅酸盐水泥熟料的主要矿物之一，含量一般为 20% 左右。

硅酸二钙有多种晶型，即 $\alpha - C_2S$，$\alpha'_H - C_2S$，$\alpha'_L - C_2S$，$\beta \cdot C_2S$，$\gamma - C_2S$）等，在 1450℃ 温度以下，要进行下列多晶转变（图 7-6）。

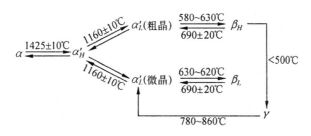

图 7-6　硅酸二钙的多晶转变

但是，要实现这样的转变，晶格要作很大重排。如果冷却速度很快，这种晶格的重排是来不及完成的，这样便形成了介稳的 $\beta \cdot C_2S$。在水泥熟料的实际生产中，由于采用了急冷的方法，所以硅酸二钙是以固溶有少量氧化物的 $\beta \cdot C_2S$ 的形式存在，这种固溶少量氧化物的硅酸二钙称为贝利特，简称 B 矿。当含某些离子时，可呈不同的颜色。

贝利特水化较慢，至 28 d 龄期仅水化 20% 左右；凝结硬化缓慢，早期强度较低，但 28 d 以后，强度仍能较快增长，在一年后，可以赶上阿利特。贝利特水化热较小，抗水性较好，因而对大体积工程或处于一定侵蚀性环境下的工程用水泥，适量提高贝利特含量，降低阿利特含量是有利的。

2.硅酸三钙

硅酸三钙（$3CaO \cdot SiO_2$），可简写为 C_3S，是硅酸盐水泥熟料中的主要矿物，其含量通常为 50% 左右，有时甚至高达 60% 以上。硅酸三钙并不以纯的形式存在，而是含有少量氧化镁、氧化铝等形成的固溶体，称为阿利特（Alite）或 A 矿。也常因含有不同氧化物而呈现不同颜色。

硅酸三钙加水调和后，凝结时间正常。它水化较快，粒径为 $40 \sim 45 \mu m$ 的硅酸三钙颗粒，加水后 28 d 其水化程度可达 70% 左右。所以硅酸三钙强度发展比较快，早期强度较高，且强度增进率较大，28d 强度可以达到其一年强度的 70%～80%。但硅酸三钙水化热较高，抗水性较差，且熟料中硅酸三钙含量过高时，会给煅烧带来困难，往往使熟料中游离氧化钙增高，从而降低水泥强度，甚至影响水泥安定性。

3.中间相

填充在阿利特、贝利特之间的含碱化合物、铁酸盐、铝酸盐和组成不定的玻璃体等称为中间相。

（1）游离氧化钙和方镁石

水泥熟料中，常常还含有少量的没有与其他矿物结合的以游离状态存在的氧化钙，称为游离氧化钙，又称游离石灰（f—CaO）。因多呈死烧状态，因此水化速度极慢，常常在水泥硬化以后,游离氧化钙的水化才开始进行,生成氢氧化钙,体积增大,在水泥石内部产生内应力,使抗拉、抗折强度有所降低,严重时甚至引起安定性不良。

熟料煅烧时,氧化镁有一部分可和熟料矿物结合成固液体以及溶液液相中,多余的氧化镁即结晶出来呈游离状态的方镁石存在,并对水泥的安定性有不良的影响。

(2)铁相固溶体

熟料中含铁相比较复杂,是化学组成为 C_8A_3F-C_2F 的一系列连续固溶体,也有人认为其组成为 C_6A_2F-C_6AF_2 之间的一系列固溶体,通常称为铁相固溶体。在一般硅酸水泥熟料中,其成分接近于铁铝酸四钙(C_4AF),所以常用 C_4AF 来代表熟料中的铁相固溶体。称才利特(Celite)或 C 矿。

当熟料中 $Al_2O_3/Fe_2O_3 < 0.64$ 时,则生成 C_4AF 和铁酸二钙(C_2F)的固溶体。

铁铝酸四钙的水化速度在早期介于铝酸三钙与硅酸三钙之间,但随后的发展不如硅酸三钙。它的强度早期发展较快,后期还能不断增长,类似于硅酸二钙。才利特的抗冲击性能和抗硫酸盐性能较好,水化热较铝酸三钙低。铁酸二钙水化较慢,但有一定的水硬性。

(3)铝酸钙

熟料中的铝酸钙主要是铝酸三钙(C_3A),有时还有七铝酸十二钙($C_{12}A_7$)。铝酸三钙水化迅速,放热多,凝结很快,如不加石膏等缓凝剂,易使水泥急凝。铝酸三钙硬化也很快,它的强度 3 天内就大部分发挥出来;故其早期强度较高,但绝对值不高,以后几乎不再增长,甚至倒缩。铝酸三钙的干缩变形大,抗硫酸盐性能差。

(4)玻璃体

是由于熟料烧至部分熔融时部分液相在冷却时来不及析晶的结果。因此,它是热力学不稳定的,具有一定的活性。其主要成分为 Al_2O_3,Fe_2O_3,CaO 以及少量的 MgO 和 R_2O(K_2O 和 Na_2O)等。

图 7-7a、b 所示为硅酸盐水泥熟料在反光显微镜下和扫描电子显微镜下的照片。阿利特

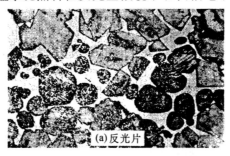

(a)反光片

(b) 扫描电镜片

图 7-7 硅酸盐水泥熟料矿物显微

C_3S:结晶轮廓清晰灰色多角形颗粒,晶较粒大,多为六角形和棱柱形。贝利特 β-C_2S:常呈圆粒状,也可见其它不规则形状。反光显微镜下有的有黑白交叉双晶条纹。铝酸盐熔融物中间相 C_3A:一般呈不规则的微晶体,如点滴状、矩形或柱状。由于反光能力弱,反光镜下呈暗灰色,常称黑色中间相。铁酸盐熔融物中间相 C_4AF:常呈棱柱状和圆粒状,反射能力强,反光镜下呈亮白色,称白色中间相。

7.5　耐火材料

7.5.1　耐火材料的组成

耐火材料是由多种不同化学成分及不同结构矿物组成的非匀质体。耐火材料的若干性质均取决于其中的物相组成、分布及各相的特性。

1.矿物组成

耐火材料由矿物组成,其性质是矿物组成和微观结构的综合反映。矿物组成取决于制品的化学组成和工艺条件。化学组成相同的制品,当工艺条件不同时,其所形成的矿物相的种类、数量、晶粒大小和结合情况也有很大差异。即使矿物组成相同的制品,也会因晶粒大小、形状、分布、晶粒结合状况不同而表现不同的性质。

耐火材料一般是多相组成体,其矿物相可分为结晶相和玻璃相两类,又可分为基质和主晶相。基质又称结合相,是填充在主晶相之间的结晶矿物和玻璃相。其含量不多,但对制品的某些性质影响极大,是制品使用过程中容易损坏的薄弱环节,因而在耐火制品生产过程中,必须根据需要调整和改变基质的成分。主晶相是构成耐火材料的主体,一般来说,主晶相是熔点较高的晶体,其性质、数量及结合状态决定制品性质。常见的耐火材料,多按主晶相和基质的矿物成分分为两类,一类是晶相和玻璃相共存的多成分材料制品,其基质可以是玻璃相,也可以是晶体和玻璃体二相的混合物;另一类为仅含晶相的多成分制品,其基质为细微的结晶体,制品靠这种微小结晶体来实现主晶相之间的粘接。

2.化学组成

化学组成是耐火材料的基本特征。为了抵抗高温作用,必须选择高熔点化合物。应用较多的是元素周期表中第二周期Ⅲ～Ⅵ主族的硼、碳、氮、氧的化合物,其中以氧化物居多。化学组成按各个成分含量多少和其作用可分为主成分和副成分。主成分是耐火材料中构成耐火基体的成分,它的性质和数量决定制品的性质。主成分可以是氧化物,也可以是元素或某元素与另一元素的化合物。副成分又分为杂质成分和添加成分。前者是无意或不得已带入的有害成分,它往往使耐火材料的耐火性能降低,但同时又可降低制品的烧成温度,促进其烧结。后者是为了提高制品某方面性能而有意添加的成分,常包括结合剂、矿化剂、稳定剂、抗氧化剂、烧结剂等。其特点是用量少、改性能力强,对主性能无严重影响。耐火材料的化学组成是通过化学分析来判断制品或原料纯度及其化学特性、耐火能力的基础,也可以作为原料筛选、调整工艺过程的依据。

7.5.2 耐火材料的结构

1. 微观结构

耐火材料是多相组成体,其中基质是填充在主晶相之间的结晶矿物和玻璃相。根据成分的不同,可以把耐火制品分为含有晶相和玻璃相的多成分耐火材料和仅含晶相的多成分制品,后者中基质为细微的结晶体,而前者中基质可以为玻璃相,也可以是玻璃相与微小颗粒混合而成。耐火制品的显微组织结构常见有两种类型,如图 7-8 所示。

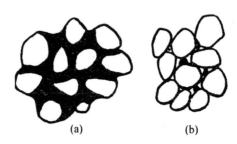

(a)   (b)

图 7-8　耐火制品的显微组织结构

图 7-8(a)为硅酸盐(硅酸盐晶体或玻璃体)结合相胶结晶体颗粒的结构类型,图 7-8（b）为晶体颗粒直接交错结合成的结晶网。当固-液相界面能小于固-固相界面能,液相对主晶相浸润良好时,有利于形成图 7-8(a)所示的固液结合。相反,当固-固相界面能比固-液界面能小,液相对固相浸润不良时,有利于形成图 7-8（b）所示的固体颗粒结合。图 7-8(b)中结合方式的制品的高温性能比图 7-8(a)中的优越得多。因而在耐火材料生产中,宜采用高纯原料,减少制品中低熔硅酸盐结合物,尽量烧结成直接结合砖。

2. 宏观结构

宏观结构可以理解为物质的颗粒、相位与气孔在数量上的相互关系及分布。其特征可以用气孔率、透气度、比表面、结构类型、各向异性、分布性、相的空间分布等指标来描述。

(1)气孔率和透气度

耐火材料的气孔可分为三类(图 7-9),即:封闭气孔,封闭在制品中不与外界相通;开口气孔,一端封闭,另一端与外界相通;贯通气孔,贯通气孔两侧,能为流体所通过。其中开口气孔与贯通气孔占总气孔体积的绝大部分,其和与总制品体积百分比,称为显气孔率,是检测耐火材料性能的一个重要指标。

图 7-9　耐火材料中的气孔类型

显气孔率可按下式计算

$$P_a = \frac{m_3 - m_1}{m_3 - m_2} \times 100$$

式中，P_a 为显气孔率；m_1、m_2、m_3 分别为干燥试样的质量、水饱和试样的表观质量和水饱和试样的空气中的质量。

透气度是指在一定的压力下，气体透过耐火制品的程度，可按下式计算

$$K = 2.16 \times 10^9 \eta \cdot \frac{h}{d^2} \cdot \frac{Q}{\Delta p} \cdot \frac{2p_1}{p_1 + p_2}$$

式中，K 为试样的透气度，μm^2；η 为试验温度下气体动力粘度，$Pa \cdot S^{-1}$；h 为试样高度，mm；d 为试样直径，mm；Q 为气体的体积流量，min^{-1}；Δp 试样两端气体的压差，$\times 9.81$ Pa，$\Delta p = p_1 - p_2$；p_1 为气体进入试样端的绝对压力，$\times 9.81$ Pa；p_2 为气体逸出试样端的绝对压力，$\times 9.81$ Pa。

（2）结构的各向异性

耐火制品结构的各向异性，主要在挤压成型时产生，同时还取决于配料颗粒的不等量性。在自由装料时，粉料颗粒定向地分布在垂直于重力方向宽而平坦的平面上，成型压力又增加了这种定向性。因此，垂直于成型压力方向上气孔的延伸性不断增长。在成型压力条件下，还产生接触强度的各向异性。由气孔所导致的结构强度和接触强度的各向异性，造成了耐火制品其他一些性能如透气性、导热性、热膨胀性等的各向异性。制品在长期使用的条件下，气孔会逐渐球化，这时其各向异性的显著性可以被减弱。

（3）耐火制品的结构类型

杜利涅夫将耐火制品的结构类型描述成以下三种类型。

①具有相互渗透组分的结构。其特点是固相和气相在各个方向上连续延伸，这种结构是具有连通气孔的轻质耐火材料和纤维材料所特有的。

②带有封闭夹杂物的结构。这种夹杂物是由连续的固体基体和无序或有序地分布在基体中的非接触气体组成。这种结构多半是致密的耐火材料和某些多孔的轻质耐火材料所固有的。

③分散（不粘在一起）的颗粒状材料的结构。粉末状物料的结构可分为两种，一种特点是具有构架，这种构架是由于接触的颗粒杂乱堆积或密实排列而成的。另一种结构类型是构架的空隙被颗粒充满。由第一种结构变成第二种结构时，孔隙和颗粒尺寸随之减小。

7.5.3　耐火材料的生产工艺

1. 耐火材料的原料选择

从化学角度讲，凡有高熔点的单质、化合物均可做耐火材料原料。从矿物学角度讲，凡是高耐火度的矿物均可做耐火材料原料。在单质中，碳的熔点最高，而且数量最多，最适于制作耐火材料；在化合物中，碳化物、氮化物和氧化物的熔点最高。在元素周期表中，Ⅳ、Ⅴ族第五、六、七周期某些元素的氧化物、氮化物、碳化物的熔点最高，如 ZrO_2，ZrC，TaC 等熔点均在 2700℃，甚至高达 3900℃。耐火材料尽管品种很多，但其构成矿物，常为十余种氧化物及非氧

化物。图7-10为构成常用耐火材料的单一氧化物、复合氧化物及非氧化物。

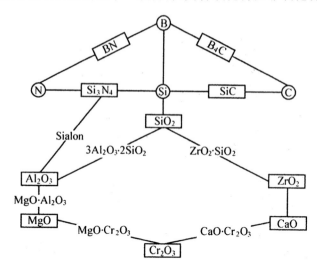

图 7-10　构成耐火材料的氧化物及非氧化物

2.耐火材料的生产过程

（1）原料的加工

①原料煅烧。在生产耐火制品的原料中,多数原料须经煅烧后使用,以免使其直接制成砖坯在加热过程中松散开裂,造成废品。经过煅烧过的矿石称为耐火熟料,密度高、强度大、体积稳定性好,可以保证耐火制品外形尺寸的正确性。在煅烧中,为获得较为纯净的物料,常选用二步煅烧法,即将原生料先进行轻烧,使其晶格缺陷增加、活性提高,然后压制成球或成块再进行死烧。二步煅烧较一次煅烧工艺复杂,但可以获得高质量的熟料。当原料杂质含量较高时可以不采用二步煅烧法。

②破粉碎。通过破粉碎,将块状原料制成具有一定细度的颗粒或细粉,以便于混合与成型。破粉碎过程常采用二级破碎,即粗破碎(破碎至 50～70 mm)、细破碎(粉碎至小于 5 mm)和一级细磨(磨成小于 0.088 mm 以下的细粉)。图 7-11 是粉碎过程中常采用的闭路粉碎示意图。

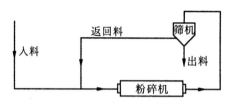

图 7-11　闭路粉碎示意图

③筛分。原料经粉碎后,为了获得符合规定尺寸的颗粒组分,需要进行筛分。筛分指粉碎后的物料,通过一定尺寸的筛孔,使不同粒度的物料进行分离的工艺过程。耐火材料生产用的筛分设备主要有振动筛和固定斜筛两种,前者筛分效率高达 90% 以上,后者则为 70% 左右。

（2）坯料的制备

①颗粒组成。为了制成致密度高的坯料,必须使颗粒间形成合理级配,粗细颗粒才能紧密堆积。在耐火材料生产中,通常采用三种组分颗粒配合,即粗颗粒、中颗粒和细颗粒。一般认为细颗粒为 0~0.2 mm;中颗粒为 0.2~0.5 mm;粗颗粒粒径为 0.5~4 mm。

②配料。根据耐火制品的工艺特点,将不同材质和不同粒度的物料按一定比例进行配比的工艺称为配料。配料时应注意:配制的坯料应具有足够的结合性;配料的化学组成必须满足制品要求;原料中含水和灼减成分时,应使原料、配料和制品的化学组成间符合换算关系。

配料方法一般有体积密度配料法和质量配料法两种。前者是按物料的体积比来进行配料,精度较低,而后者精度较高,应用更为普遍。

③混练。使不同组分和粒度的物料同适量的结合剂经混合和挤压作用达到分布均匀和充分润湿的混料的制备过程。混练除可以使物料成分和性质分散均匀,促进颗粒接触和塑化。

在混练过程中须注意:混练时间,应根据具体的物料情况和混练设备来确定;加料顺序。常见的加料顺序一般有:颗粒和细粉 → 干混 1~2 min → 结合剂、颗粒 → 结合剂 → 细粉、部分颗粒 → 结合剂 → 细粉 → 剩余颗粒料。加料顺序应根据实际工艺进行选择。

常用混练设备有单、双轴搅拌机、混砂机和湿碾机等。

混练结束后,在适当的温度、湿度条件下贮放一段时间,使水分分散更均匀,混料的可塑性和结合性大大改善,这个过程叫困料。困料也是坯料制备工艺中必不可少的环节。

（3）成型

这是将泥料加工成一定形状的坯体或制品的过程有以下几种方法:

①注浆法成形是将含水率 40% 的泥浆注入吸水性模型（石膏模型）中,经模型吸收水分后,在表面形成一层泥料膜,当膜达到一定厚度要求时,倒掉多余的泥浆,放置一段时间后,当坯体达到一定强度时脱模。

②可塑法成形用于含水率 16%~25% 的塑性状态泥料,设备为挤泥机。

③半干法成形指用于含水率 2%~7% 的泥料成形方法。其坯体具有密度高、强度大、烧成收缩小和制品尺寸易控制等特点。

④挤压成形是指将可塑性泥料经过强力模孔成形的方法。适于条形、压块状和管型坯体。

（4）坯体干燥

坯体干燥的目的在于提高其机械强度和保证烧成初期能够顺利进行。防止烧成初期升温快,水分急剧排出所造成的制品干裂。

干燥过程一般分两个阶段,即等速干燥阶段和减速干燥阶段。等速干燥阶段主要排出砖坯表面的物理水,水分蒸发在坯体表面进行;减速干燥阶段时,水分的蒸发由坯体表面逐渐移向内部,干燥速度受温度、孔隙数量及坯体大小的影响。干燥过程中,伴随着水分蒸发常有一些简单的物理—化学变化发生,如结晶水的变化、简单化学反应等。

（5）成型

烧成指对砖坯进行煅烧的热处理过程。通过烧成,可使坯体中发生分解和化合等化学反应,形成玻璃质或晶体结合的制品,从而使制品获得较好的体积稳定性和强度。烧成是耐火制品生产过程中最后一道工序,也是最为重要的一道工序,极大程度上决定了制品的质量。

为了合理进行各种耐火制品的烧成,应预先确定制品的烧成制度,内容包括:烧成的最高温度;各阶段升温速度;在最高温度下的保温时间;各阶段中窑内的气氛性质;制品冷却时的降温速度。烧成制度往往取决于加热和冷却时制品内进行的物理-化学变化过程中所产生的内应力大小,以及完成物理-化学变化所需的温度和时间。

烧成的整个过程大体可以分为三个阶段。

①加热阶段。即从窑内点火到制品烧成的最高温度。这个阶段中,坯体残余水分和化学结晶水排出,某些物质分解,新的化合物生成,发生多晶转变及液相生成等。

②最高烧成温度的保温阶段。这个阶段中,坯体内部也达到烧成温度,窑内温度均匀一致,坯体可以进行充分的烧结。

③冷却阶段。即从烧成最高温度至出窑温度。在此阶段中,制品在高温时进行的结构和化学变化基本上得到了固定。制品冷却到可以安全出窑的温度。

7.5.4 新型耐火材料

1. 碳结合制品和非氧化物制品

(1)碳结合制品

①碱性碳结合制品。主要有镁碳硅($MgO-C$),镁白云石碳砖($MgO-CaO-C$)。镁碳砖主要应用在氧气转炉上,在提高炉龄,降低消耗方面成效显著。宝钢300吨氧气转炉采用高强度镁碳砖,最高寿命达2250炉;镁白云石碳砖是炉外精炼炉用的优质材料。

②碳结合铝质材料。包括:铝碳/锆碳复合(Al_2O_3-C/ZrO_2-C)浸入式水口材料,在宝钢应用中,可连浇6炉,每炉侵蚀率小于0.08 mm·min^{-1};连铸用铝碳质(Al_2O_3-C)、铝锆碳($Al_2O_3-ZrO_2-C$)质滑板材料,基本可以满足多炉连铸要求;铝镁碳质($Al_2O_3-MgO-C$)连铸用包内衬材料,有良好抗渣性和抗热震性,经在宝钢300吨转炉钢包应用,出炉温度为1665℃,钢水停留时间为100 min。包龄多数大于80炉。Al_2O_3-尖晶石-C制品,在连铸钢包试用中效果较Al_2O_3-MgO-C质材料更为理想,最低寿命可达90次以上。

碳结合耐火材料的致命弱点是抗氧化性差、强度较低,宜在低氧气氛中使用。

(2)非氧化物制品

非氧化物制品主要有高炉用氮化硅(Si_3N_4)结合的碳化硅(SiC)制品和Sialon结合的碳化硅制品,比高铝、刚玉制品有更好的抗碱蚀性、耐磨性和抗热震性,比碳素制品有更好的抗氧化性和强度,在高炉中段应用,可使高炉寿命延长8~12年。

2. 氧化物和非氧化物复合耐火材料

此种复合材料是具有优越高温性能的高技术、高效耐火材料,可用于条件复杂苛刻的特定的高温部位,经过试验并初步应用的品种如下。

(1)$ZrO_2-Al_2O_3-A_3S_2$(莫来石)-BN复合材料

在氮化物为基的复合氧化物中引入 $10\%\sim30\%$ 锆刚玉莫来石,在 1850℃氮气气氛下热压烧结,其强度、韧性和抗氧化性较其单组分材料有显著提高。

(2)ZrO_2-Al_2O_3-A_3S_2(莫来石)-SiC 复合材料

以锆刚玉莫来石为基,引入 $5\%\sim15\%$SiC,在 1750℃埋粉,常压烧结而成。其抗氧化性和高温强度极为优越。

(3)O-Simon-ZrO_2-C 复合材料

在 1700℃埋 SiC 粉,氮气气氛下无压烧结合成,抗氧化性、抗 Al_2O_3 粘附性、抗渣性良好,可做外衬的浸入式水口(Sialon 是 Al_2O_3、AlN 在 Si_3N_4 中的固溶体)。

3.功能耐火材料

功能耐火材料在高温技术领域起着举足轻重的作用。它一般应用在特殊部位,使用条件苛刻,要求有突出的抗热震性、优良的高温强度和抗侵蚀性,外形尺寸也要求极为严格。其特点是高性能、高精度和高技术。我国已自行开发了铝锆碳三层滑板、铝碳/锆碳复合浸入式水口等静压成型的莫来石长辊筒、刚玉—莫来石—碳化硅质过滤器、Si_3N_4-BN 水平连铸分离环、Al_2O_3-C、Al_2O_3-SiC-C 连铸用复合式整体塞棒等,有的已达国际水平。

4.特种耐火材料

特种耐火材料是在传统耐火材料基础上发展起来的新型无机非金属材料,具有高熔点、高纯度、良好化学稳定性和热震稳定性。它包括高熔点氧化物和难熔化合物及由此衍生的金属陶瓷、高温涂层等材料。特种耐火材料可用于高精尖科技中,其成型料为微米级微粉料,烧成需在很高温度下及保护气氛中。主要制品有高纯氧化铝、氧化镁、氧化锆、氧化铍、碳化物、氮化物、硼化物及硅化物等制品。

5.优质节能耐火材料

(1)微粉与高效不定形耐火材料

耐火材料中微粉的用量逐渐增多。近几年耐火材料领域开发的微粉主要有 SiO_2、Ai_2O_3 扑锆英石、碳化硅、莫来石和尖晶石等微粉。微粉可以促进制品的烧结和改善性能。SiO_2 微粉(硅灰)加入浇注料中后,可以大大降低水的用量和大幅度提高浇注料的强度和密度,也可以用于降低特种耐火材料制品的烧结温度;Al_2O_3 微粉在不定形耐火材料中已得到大量应用,如低水泥浇注料,铁沟浇注料,加人到烧成制品中提高制品的强度、密度及其它性能,如加入到镁碳砖中提高热稳定性能;锆英石微粉在耐火材料中作为增韧增强和热稳定性改善剂。

不定形耐火材料是耐火材料工业中发展最迅速的一个领域。主要的高效不定形耐火材料有:低水泥,超低水泥浇注料,如大型高炉出铁沟使用的 Al_2O_3-SiC-C 浇注料,周期通铁量达 3 万吨以上;氧气转炉钢包渣线区使用的 Al_2O_3-矾土基尖晶石浇注料,包龄提高 $15\%\sim20\%$。其他新型不定形耐火材料还有含碳浇注料、纤维不定形耐火材料、低硅灰用量的高技术浇注料、无水泥无微粉尖晶石烧注料等。自流式浇注料,其要点是粒度构成,合理的粒度搭配增加浇注料流动性,避免低水泥浇注料因施工振动而导致的质量波动。

(2)新型轻质耐火材料

新型轻质耐火材料主要有微孔碳砖、空心球制品、绝热板和高强轻质材料(制品与浇注料)等,在工业窑炉中应用,可降低 20%～30%能耗。

第8章 化学与能源

8.1 概述

能源、材料和信息一起构成世界经济发展的三大支柱,能源的发展水平在一定程度上反映了国家的经济发展水平,所以认识能源及其变化规律,合理生产和消费能源,防止环境污染,是人类面临的重大课题。

所谓能源,是指可以提供能量的自然资源。通常将能源分为一次能源和二次能源两大类,如表 8-1 所示。一次能源是指存在于自然界中不必改变其基本形式就可以直接利用其能量的资源,如:煤、石油、天然气等;二次能源是由一次能源经加工或转换其形态的能源产品,如电力、焦炭、汽油等。在一次能源中,不因使用而显著减少的称为可再生能源。常规能源是指已经大规模生产和广泛利用的能源。新能源是指以新技术为基础,正在研究和推广利用的能源。其中最引人注目的是太阳能的利用。

表 8-1　各类能源及实例

能源	一次能源	常规能源	可再生能源	水力、草木燃料等
		非再生能源	煤炭、石油、天然气等	
		新能源	可再生能源	太阳能、风能、生物能、地热等
		非再生能源	核聚变燃料等	
	二次能源	电能、氢能、煤气、沼气、汽油、煤油等		

能源的开发和利用其实是能量的转化过程,如:水力发电,是将水力转化为电能。火力发电包含的能量转化过程是:煤(燃料)的化学能 → 热能 → 水的内能 → 机械能 → 电能。在转化过程中虽然能量以不同形式表现,但其总和是保持不变的。这就是能量守恒定律。

20 世纪 90 年代初,我国许多新闻媒体纷纷报道了"水变油"的惊人发明:只要在水中加入百万分之一的"燃料母液",普通水就会变成可燃烧的油供汽车使用。一时间炒得沸沸扬扬,其结果是"发明者"骗取了 4 亿多元,而生产者损失惨重。水能够变为油吗?我们知道,汽油和柴油是 C、H 化合物,而水是 H、O 化合物;要由水制取燃料,必须消耗能量,使其转变为氢气或水煤气。"魔液"并不能创造这种转变所需的条件。显然"水变油"违背了能量守恒定律,是一场打着"科学发明"旗号的骗局,是伪科学。

虽然能量的转化遵守能量守恒定律,但能源是有限的,因为能量总是沿着从集中到分散,从能量高到能量低的方向传递的,在传递过程中又总会有一部分成为不能再被利用的无效能而逸散。例如,煤炭燃烧生成二氧化碳,并放出热量,而生成的二氧化碳和放出的热是不会自发变为碳了。再如水从高处流向低处而不会倒流。还有太阳在向地球辐射时,进入大气层的太阳能中,有30%被反射回去,有20%被大气吸收,只有50%的太阳能到达地面。由此可见,能量传递过程中有效能总是趋于减少的。目前正在利用的常规能源(煤、石油、天然气)在不远的将来会被耗尽,人类正面临着能源危机。摆在我们面前的是如何节约和利用现有能源,不断开发新的能源来替代这些不可再生的能源。

我国人均能源水平很低,矿物能源人均拥有量只有世界平均量的$\frac{1}{3}$。因此我国经济发展必须走资源节约型道路。自20世纪80年代以来,我国经济增长所供应的能源,一半靠开发,一半靠节能,即使这样节能潜力仍很大。同发达国家相比,我国单位产值能耗高出2~7倍,所以节能工作大有可为。围绕着节能工作有许多涉及技术、行政管理、能源政策、节能法规、能源价格等方面的问题急待解决。

8.2 化学电源

将化学能直接转化为电能的装置叫做化学电源。化学电源可分为原电池、蓄电池和燃料电池。

8.2.1 原电池

常用的原电池有锌锰干电池、锌汞(钮扣)电池、银锂(钮扣)电池等。

日常用的收音机、手电筒里使用的都是锌锰干电池,其电动势一般为1.5 V,电容量随体积大小而异(分1号、2号、3号、4号、5号等)。其负极是锌板制的外壳;正极是位于中心的石墨棒,裹上了一层由MnO_2、炭黑及NH_4Cl溶液混合压紧的团块。两个电极之间的电解质是由NH_4C和$ZnCl_2$、淀粉和一定量的水制成的浆糊状混合物。它虽不流动,但可以导电。锌筒上加沥青密封,防止电解液渗出,如图8-1所示。

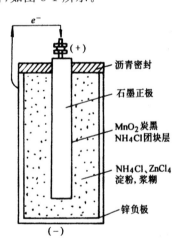

图 8-1　锰锌干电池的结构

整个电池符号可表示为

$$(-)Zn\,|\,NH_4Cl、ZnCl_2\,|\,MnO_2,C(+)$$

式中(＋)、(－)表示两个电极符号,习惯上把负极写在左边,正极写在右边。Zn 和 C(C 只是导体,实际起正极反应的是 MnO₂ 分别表示两个电极,NH₄Cl、ZnCl₂ 表示电解质溶液。以"｜"表示电极与电解质溶液间的接触界面。

在使用过程中,电子由锌极流向锰极(电流方向相反),锌皮不断消耗,MnO₂ 不断还原,电压慢慢降低,最后电池失效。干电池不宜长时间的连续使用。忌暴晒、防潮湿,较长时间不用要从电池匣中取出。这种电池是"一次电池"。

8.2.2　蓄电池

1.铅蓄电池

两组铅锑合金的栅格板作为电极导电材料,其中一组的栅孔填充 PbO₂ 作为正极;另一组的栅孔填充海棉状金属铅作为负极;以 30% 的稀硫酸为电解质溶液,如图 8-2 所示。因此铅蓄电池也叫酸性蓄电池。

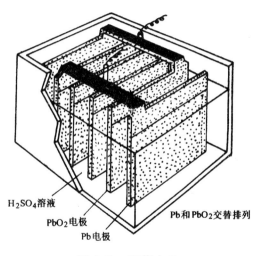

H₂SO₄溶液
PbO₂电极
Pb电极
Pb和PbO₂交替排列

图 8-2　铅蓄电池

铅蓄电池在使用前应充电。即利用外接直流电源使蓄电池内部起化学反应,这时它相当于一个电解池。阴极(还原)反应为

$$PbSO_4 + 2e^- = Pb + SO_4^{2-}$$

阳极(氧化)反应为

$$PbSO_4 + 2H_2O - 2e^- = PbO_2 + 4H^+ + SO_4^{2-}$$

总反应为

$$2PbSO_4 + 2H_2O \xrightarrow{\text{通电}} PbO_2 + Pb + 2H_2SO_4$$

在此过程中,电能转变为化学能储存起来。充电后的蓄电池就可作为电源使用。

蓄电池在使用时,化学能又转变为电能。这一过程叫做放电。负极(氧化)反应为

$$Pb + SO_4 - 2e^- = PbSO_4$$

正极(还原)为

$$PbO_2 + SO_4^{2-} + 4H^+ + 2e^- = PbSO_4 + 2H_2O$$

总反应为

$$PbO_2 + Pb + 2H_2SO_4 = 2PbSO_4 + 2H_2O$$

铅蓄电池充电和放电过程可以合并写为

$$Pb + PbO_2 + 2H_2SO_4 \xrightleftharpoons[\text{充电}]{\text{放电}} 2PbSO_4 + 2H_2O$$

在正常情况下,铅蓄电池每个单元的电动势为 2 V 左右,汽车用的启动电瓶一般由 3 个单元组成,即工作电压在 6 V 左右。当单元电压降到 1.8 V 时,就不能继续使用,必须进行充电。只要按规定及时充电,使用得当,一个蓄电池可以充放电 300 多次,否则使用寿命会大大降低。

铅蓄电池具有电动势高、电压稳定、使用温度范围宽、原料丰富、价格便宜等优点。主要缺点是笨重、防震性差、易溢出酸雾、携带和维护不便等。针对这些问题,科技工作者不断地从电极材料、隔板材料、电解液组成、电池槽体、整体密封等多方面进行改进。自 20 世纪 80 年代以来各种新型的蓄电池相继问世,它们在汽车、通信、飞机、船舶、矿山、军工等方面都有广泛应用。

2. 碱性蓄电池

①镍镉(Ni—Cd)和镍铁(Ni—Fe)电池的体积、电动势都和干电池差不多,但携带方便,使用寿命比铅蓄电池长得多,使用恰当可以反复充放电数万次。它们的电池反应是

$$Cd + 2NiO(OH) + 2H_2O \xrightleftharpoons[\text{充电}]{\text{放电}} 2Ni(OH)_2 + Cd(OH)_2$$

$$Fe + 2NiO(OH) + 2H_2O \xrightleftharpoons[\text{充电}]{\text{放电}} 2Ni(OH)_2 + Fe(OH)_2$$

反应是在碱性条件下进行的,所以叫碱性蓄电池。

②金属氢化物—镍蓄电池(MH—Ni)是以金属氢化物(如 $LaNi_5H_6$)为负极、氧基氢氧化镍(NiOOH)为正极组成的碱性蓄电池。其负极(氧化)反应为

$$MH + OH^- - e^- = M + H_2O$$

正极(还原)反应为

$$NiOOH + H_2O + e^- = Ni(OH)_2 + OH^-$$

总反应为

$$NiOOH + MH \xrightleftharpoons[\text{充电}]{\text{放电}} Ni(OH)_2 + M$$

MH—Ni 电池是镍—镉电池的换代产品,是碱性蓄电池研究的热点。MH—Ni 电池具有下列优点:比能量高,良好的耐过充、过放的保护特性,贮氢材料来源广泛,制造工艺简单,没有镉及其化合物的污染,有利于环境保护。

20 世纪 90 年代,MH—Ni 电池已进入产业化阶段,用于笔记本电脑、摄影机等。可以预言,MH—Ni 电池具有极好的发展、应用前景。

银锌蓄电池的结构可表示为

$$(-)Zn | KOH(40\%) | Ag_2O, Ag(+)$$

充放电反应可合并表示如下

$$Zn + Ag_2O + H_2O = Zn(OH)_2 + 2Ag$$

它具有质量轻、体积小等优点,可制作大电流的电池。这类电池已用于宇航、火箭、潜艇等方面。此外,新闻灯、红外瞄准仪、激光测距仪也都使用银锌电池。

8.2.3　燃料电池

氢气(H_2),甲烷气(CH_4),乙醇(C_2H_6OH)等物质在氧气中燃烧时,能将化学能直接转化为电能,这种装置叫燃料电池。这些气体首先在电极催化剂作用下离子化,再与 O_2 起反应生成 CO_2 和 H_2O。这种电池能量利用率可高达 80%(一般柴油发电机只有 40% 左右),反应产物的污染也少。一种 $10\sim20$ kW 的碱性 H_2-O_2 燃料电池已成功地用于航天飞机,在美国、日本还有若干示范性的 CH_4-O_2 燃料电池发电站,但目前这类电极成本很高,气体净化要求也高,短期内难以普及。

此外,锂－碘电池、钠－硫电池、太阳能电池等多种高效、安全、价廉的电池也在研究之中。化学电源的研究和开发是化学科学的重要研究领域之一,也是能源工作者研究的领域之一。

8.3　矿物能源

煤、石油、天然气是当今世界的三大矿物能源,在我们的现代生活中起着重要的作用。它们既可以作燃料为生产、生活提供热源,又是重要的化工原料,如果仅仅把它们作为燃料烧掉,既污染环境又浪费资源,所以综合利用是非常好的道路。

8.3.1　煤

煤是远古时代的植物经过复杂的生物化学、物理化学和地球化学作用转变而成的固体可燃物,形成过程非常复杂。现代成煤理论认为,煤化过程是:植物 → 泥炭 → 褐煤 → 烟煤 → 无烟煤。煤是由有机物和无机物组成的复杂混合物,其主要元素是 C。随着形成时间长短不同,煤的含碳量也不同,含碳量越高发热量越高。各种煤的含碳量如表 8-2 所示。

表 8-2　各种煤的含碳量

	泥煤	褐煤	烟煤	无烟煤
ω(C)%	50	$50\sim70$	70—85	85—95

煤中还含有一定量的 H 和少量 O、N、S、P 及微量的其它金属、非金属元素(表 8-3)。煤的化学式可用 $C_{135}H_{96}O_9NS$ 表示。

表 8-3　石油和煤的成分(平均)

	C	H	O	N	S	发热值/$kJ \cdot g^{-1}$
煤炭中含量/ω(%)	$80\sim90$	$3\sim6$	$5\sim8$	$0.5\sim1.0$	$1\sim2$	33
石油中含量/ω(%)	$83\sim87$	$10\sim14$	$0.5\sim2.0$	$0.02\sim0.2$	$0.0\sim8.0$	48

煤炭的结构中含有大量环状芳烃,缩合交联在一起,并且夹着含 S 含 N 的杂质,通过各种桥键连接,所以煤成为芳烃的重要来源。同时煤燃烧过程中有 S 和 N 的氧化物产生,污染空气。

煤在我国能源消费结构中位居榜首(约占 70%),年消费量在 12 亿 t 以上,其中 30% 用于发电和炼焦,50% 用于工业锅炉和窑炉,20% 用于居民生活,就是说煤的大部分是直接烧掉的,这样不但热能利用率低,而且对环境造成污染。为了解决这些问题,人们研究出许多合理利用煤碳资源的方法,现介绍已有实用价值的三种。

1.煤的气化

将经过适当处理的煤送入反应器,在一定温度和压力下,通过氧化剂(空气或氧气和水蒸气)以一定的流动方式转化为气体(主要有 H_2、CO、CO_2、CH_4 等)。通过调节煤与氧化剂的比例或适当分离提纯,使得到的气体作燃料气或化工原料。

2.煤的焦化(也叫煤的干馏)

把煤隔绝空气加强热,使煤分解成固态的焦炭、液态的焦油和气态的焦炉气。随着加热温度不同,产品数量和质量有所不同。高温法(1000~1100℃)所得主要产品是高质量的焦炭,焦油占原料煤的 3%;中温法(750~800℃)主要产品是城市煤气;低温法(500~600℃)所得焦炭质量较差,但焦油的产率较高,可达原料煤的 10%。焦油主要含有烷烃、烯烃和较多的环烷烃。煤的焦化产品有如下主要用途:

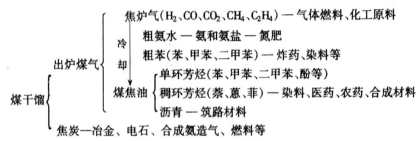

煤经过焦化加工后,使其中各种成分都得到有效利用,而且用煤气作燃料要比直接燃煤干净得多。

3.煤的液化

直接液化法是先将煤加热裂解,使大分子变成小分子,然后催化加氢(450~480℃,12℃30MPa),可以得到许多燃料油。此法原理简单,实际工艺复杂,涉及裂解、缩合、加氢、脱氧、脱氮、脱硫、异构化等多种化学反应。

间接液化法是先将煤气化,得到 CO、H_2 等气体小分子,然后在一定温度和压力及催化剂作用下,合成各种烷烃、烯烃、乙醇和乙醛等。这种方法至今已有 60 年的历史,目前少数缺油富煤的国家仍采用这种方法。

8.3.2 石油

石油是远古海洋或湖泊里的动植物遗体,在地下经过漫长而复杂的变化所形成的棕黑色粘稠液态混合物。其沸点范围从室温到 500℃ 以上,主要成分是 C 和 H,此外还含有 O、N、S等。与煤相比,石油的含氢量较高,含氧量较低。在石油中碳氢化合物以直链烃为主,而煤以芳烃为主，N、S 含量则因产地不同而异，如表 8-3 所示。

从油田开采出来未经加工处理的石油叫原油，石油中所含的化合物种类繁多，必须经过多步炼制才能使用，主要过程有分馏、裂化、重整、精炼。

1. 分馏

加热蒸馏，石油即分成不同沸点范围的产物，它们仍为多种烃的混合物。分馏是在如图 8-3 所示的分馏塔中进行的。

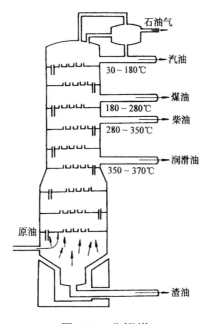

图 8-3　分馏塔

沸点最低的组分含 $C_1 \sim C_4$，有饱和烃和不饱和烃。不饱和烃如乙烯、丙烯、丁烯是重要的化工原料，分离出去后，剩余的饱和烃以丁烷为主，它的沸点为 $-0.5℃$，稍加压即可液化，储于高压钢瓶中供城乡居民使用。液化过程会带入少量的戊烷和己烷，这些杂质沸点较高（$36 \sim 39℃$）室温不能气化，而以液态沉积于钢瓶底部。

在 $40 \sim 180℃$ 沸点范围内可以回收 $C_6 \sim C_{10}$ 的馏分，这便是汽油。按各种烃的组成不同，可分为航空汽油、车用汽油、溶剂汽油等。

提高蒸馏温度，依次还可以得到煤油（$C_{10} \sim C_{16}$）和柴油（$C_{17} \sim C_{20}$）。蒸馏温度在 350℃ 以下所得各馏分都属于轻油；高于 350℃ 的馏分属于重油部分（$C_{18} \sim C_{40}$），其中有润滑油、凡士林、石蜡、沥青等。

直接分离出来的汽油通常叫直馏汽油，在使用时爆震性很强，会发出很大的噪声，浪费能量，损坏发动机。人们把抗爆性能作为衡量汽油质量高低的一种标准，通常用"辛烷值"来表示。辛烷值越大，汽油的质量越好。异辛烷（2,2,4-三甲基戊烷）的爆震性最弱，将其辛烷值定为 100；正庚烷的爆震性最强，规定其辛烷值为 0。如果汽油的辛烷值为 70，即表示其爆震性能与 70% 的异辛烷和 30% 的正庚烷的混合物相当。

可以在直馏汽油中加入少量的"抗爆剂"来提高汽油的辛烷值,四乙基铅就是一种。它是具有香味的无色液体,有毒,1 L汽油中加入1 mL四乙基铅,可提高10～12个标号,但汽油燃烧后放出含微量铅的尾气会污染空气,成为公害。自20世纪70年代起,各国从环境保护的角度考虑,纷纷要求使用无铅汽油。被誉为汽车"绿色食品"的无铅汽油开始得到广泛使用。无铅汽油一般是加入甲基叔丁基醚[$CH_3OC(CH)_3$]来提高辛烷值。这种组分沸点较低,可以改善汽车的起动和加速、减少发动机磨损和耗油量。

现在,高辛烷值的汽油主要是通过催化重整来获得。

我国也非常重视无铅汽油的推广和使用,并开发了提高汽油辛烷值的催化裂化剂。

2.裂化

用上述蒸馏方法所得轻油的产量仅占原油的 $\frac{1}{3} \sim \frac{1}{4}$,为了提高轻油(特别是汽油)的产量,石油工业上采用催化裂化法,使碳原子数多的烃裂解为碳原子数较少的烃,如我国原油成分中重油比例较大,经过30多年的研究和实践,已开发出适用于我国原油的一系列铝硅酸盐分子筛型催化剂。经催化裂化能从重油中获得更多较好的汽油和乙烯、丙烯、丁烯等化工原料。

3.重整

在一定温度和压力下,汽油中的直链烃在催化剂表面进行结构"重新调整",转化为带支链的烷烃异构体,这就能有效地提高汽油的辛烷值,同时还可以得到一部分芳香烃。现在用的催化剂有贵金属铂、铱、铼等[以多孔性的氧化铝或二氧化硅为载体在其表面浸渍0.1%(质量分数)的贵金属],汽油在催化剂表面只需要20 s就能完成重整反应。

4.加氢精制

由蒸馏和裂解所得汽油、煤油、柴油中含有少量氮或硫的杂环化合物,在燃烧时,产生NO_x及SO_2等酸性氧化物污染空气。除去N、S的现行办法是用催化剂在一定条件和压力下,使这些杂环化合物和氢起反应生成NH_3、H_2S而分离,留在油中的只有烃。这类催化剂以Al_2O_3为载体,活性组分有Co—Mo、Ni—Mo、Ni—W等体系。

8.3.3 天然气

天然气是蕴藏在地层较深部位的可燃性气体,与石油伴生,有的也存在于煤田附近。其主要成分是甲烷,还有少量的乙烷和丙烷。天然气是一种高效、清洁的气体燃料,产物为无毒的CO_2和H_2O,而且燃烧时发热量高,热值可达35378～39774 kJ·m^{-3}。一般在-160℃和相应的压力下天然气就可被液化。液化天然气的热值比航空煤油高15%,能作汽车、快艇、飞机燃料。天然气的管道输送费用比其它能源低,容易管理,输送距离可达数千千米。

众所周知,汽车尾气是流动性很强的严重大气污染源,在城市大气污染中占60%以上,目前仍呈上升趋势。发达国家正在竞相研究开发对环境污染较小的机动车辆,如电动、太阳能、氢能汽车,此外用酒精、甲醇、液化石油气等为燃料的汽车也已出现,但以天然气为燃料的发动机仍是科技工作者的首选目标。以天然气为燃料的发动机冷起动性能好,运行平稳,燃料和维修费用低,发动机不易积炭,寿命比汽油和柴油发动机延长 2～3 倍,所以天然气汽车是当今世界公认的低污染、节能又经济安全的"绿色环保车"。

试验表明,燃气汽车比燃油汽车一氧化碳污染减少 89.73％,碳氢化合物污染减少 70％,燃气汽车的运行成本仅为燃油汽车的 60％。

天然气还是住宅取暖能源、发电厂发电燃料和重要的化工原料。在德国就有 39％ 的住宅采用天然气取暖。法国政府要求本国能源部门用天然气发电以取代成本日益上升的核电。在化学工业中用天然气作原料,可以合成氨和甲醇,制乙烯、乙炔、氢氰酸、二硫化碳、炭黑、甲醛等。从世界能源结构的变化趋势来看,天然气将是 21 世纪最有发展前景的能源之一。

目前世界天然气总储量估计达到 4.04×10^{14} m³,专家认为其中 1.46×10^{14} m³ 天然气是肯定可以开采的,它约相当全球年能源消耗量的 200 倍,至少可供今后 70 年的需要。我国天然气储量丰富,资源总量在 4.0×10^{13} m³,已探明的可采天然气储量居世界第 16 位。当前,从总体看,我国天然气开发程度还比较低,生产规模比较小,油、气产量远远低于世界平均水平。近几年由于国家的高度重视,加大了对天然气生产的投入,现已形成重庆、陕甘宁、新疆三个陆地新气区,具备了快速发展天然气的基础。1997 年 9 月 10 日,陕京天然气输气管道全线竣工,全长 860 km,是我国目前陆地上第一条大口径、长距离、全自动的输气管线。该管线 1998 年输气量达 3×10^8 m³,到 2000 年将达到 7×10^8 m³,为改善北京地区的燃料结构,减少大气污染,方便居民生活,促进沿线经济发展将起重要作用。

8.4　核能

核能来自于核反应。重原子核分裂(裂变)或轻原子核聚合(聚变)都能释放出巨大的能量。例如,1 kg U－235 裂变所释放的能量相当于 2.4×10^6 kg 标准煤燃烧所释放的能量;1 kg 氘聚变所释放的能量相当于 3×10^{10} kg 煤燃烧所释放的能量。认识核反应和研究核能的利用是开发能源的一个重要方面。

U－235 原子核受到高能中子的轰击时,能分裂出质量相差不多的两种核素,同时又产生几个中子,并释放出巨大能量。裂变产物复杂,它们的原子序数在 30～65 之间。例如

$$\ce{^{235}_{92}U} + \ce{^{1}_{0}n} \longrightarrow \begin{cases} \ce{^{144}_{56}Ba} + \ce{^{89}_{56}Kr} + 3\ce{^{1}_{0}n} \\ \ce{^{140}_{54}Xe} + \ce{^{94}_{38}Sr} + 2\ce{^{1}_{0}n} \\ \ce{^{133}_{51}Sb} + \ce{^{99}_{41}Nb} + 4\ce{^{1}_{0}n} \end{cases}$$

U－235 裂变过程中每消耗 1 个中子能产生几个中子,它们又能轰击其它 U－235,使其裂变……,这就是链式反应。

如果链式反应迅速进行,可在瞬间引发巨大爆炸,这是制造原子弹的原理。如果人工控制链式反应以适当的速率进行,产生的能量用来加热水蒸气,推动汽轮发电机,这就是建设核电站的原理。

核电站的中心是反应堆,它包括稀释的裂变物质、控制裂变速率的中子减速剂、控制温度

的冷却剂、限制辐射的屏蔽装置。减速剂是能吸收中子的材料,如锆、镉、铪等,利用它们能够吸收中子的特性控制链式反应进行的速率,实现核能与热能平稳的转换。U－235 裂变时所释放的能量可将循环水加热至 300℃,高温水蒸气推动汽轮发电机发电。整个回路系统被称为核蒸气供应系统,它相当于常规火电厂的锅炉系统。

由此可见,核电是一种清洁能源,它没有废气和煤灰,建设投资虽高,但可免去运输煤炭或石油这样繁重的工作,因此,还是经济的。发展核电站有两个令人担忧的问题,即能否保证安全运行和核废料的处理问题。

国际上曾发生两次重大核事故。1979 年,美国宾夕法尼亚洲三里岛核电站二号反应堆失水,导致堆芯内压迅速上升,放射性物质逸出,由于事故得到及时处理,未造成人员重大伤亡,但影响十分巨大。1986 年,前苏联切尔诺贝利核电站因违章操作发生猛烈爆炸,反应堆里的放射性物质大量外泄,造成大面积污染,人畜伤亡惨重。

反应堆工作一定时间后必须更换新的核燃料,卸下的放射性废料必须认真地处理。因 U－235 裂变后产生的碎核都具有放射性。为保证不污染环境,过去曾深埋地下,但地下水会被其污染。后来又将废料装入金属桶,外面加一层混凝土或沥青弃于海底。现在认为,对用过的核燃料中还有未燃尽的铀,应尽量回收,这样既可以提高原料的利用率,又减少废料的放射性。废料中还有其它一些有价值的放射性物质和非放射性物质,也应提取分离,这些过程统称为后处理。处理后的放射性核废料应装入具有防震、防腐、防泄露等特性的容器,深埋在荒无人烟的岩石层里,使它长期与生物界隔离。随着核电的发展,核燃料的后处理过程中有许多化学问题值得深入研究。

8.5　新型能源的开发

新型能源主要是指太阳能、氢、生物能、风能、地热和海洋能。它们的特点是:资源丰富,可以再生,没有污染或污染少。

1. 太阳能

太阳每年辐射到地球表面的能量为 $5×10^{19}$ kJ,相当于目前全世界能量消耗的 1.3 万倍,而且,还可持续几十亿年,真可谓取之不尽用之不竭,但由于它到达地面强度低,有间歇性,地区之间存在很大的差异,至今未能广泛利用。如何把分散的能量集中在一起成为有用的能量并可贮存,是开发利用太阳能的关键。目前利用的方式有光热转化和光电转化。

（1）太阳能集热器

不同材料和不同类型的集热器热效率不同。终端使用温度低于 100℃时,可供居民生活热水和取暖;温度在 100～300℃之间的,供烹调、工业用热;温度 300℃以上的,可把水加热成蒸气再用来发电。

（2）太阳能电池

它是利用光电效应通过光电池把光能转变为电能。太阳能电池是用半导体材料制成的,如硅电池(光电转化率为 10％～15％)。目前,太阳能电池已广泛用于太阳能计算器、太阳能手表、太阳能充电器、空间飞行器、微波中继站、卫星地面站、农村电话系统等。其中,光伏打电池具有安全可靠、无噪声、无污染、无需燃料、无需架设输电网、规模可大可小等优点。比较适用于阳光充足的边远地区的农牧民或边防部队使用。

对于利用阳光发电,在美国有 Solar 2000 年计划,目标是到 2000 年美国太阳能电池总产量达 1400 MW,日本在 70 年代就制定了阳光计划。我国自 80 年代开始了太阳能电池的研究,引进了国际先进技术,太阳能电池已有小批量生产,受到西藏无电地区牧民的欢迎。这种小太阳能发电装置可以为一台彩色电视机和一部卫星接收机提供电源,或为家庭照明供电。

2.氢能

氢气燃烧发热量高、无污染,而且资源丰富。氢能是可以利用其它能源(如热能、电能、太阳能和核能等)来制取的二次能源。科学家认为"氢能"将是未来理想的能源。氢能源和常规能源的热值如表 8-4 所示。

表 8-4 氢能源和常规能源的热值

燃料	主要成分	化学反应	热值/$kJ \cdot g^{-1}$
天然气	CH_4	$CH_4 + 2O_2 = CO_2 + 2H_2O$	56
液化气	C_4H_{10}	$2C_4H_{10} + 13O_2 = 8CO_2 + 10HO$	50
汽油	C_8H_{18}	$2C_8H_{18} + 25O_2 = 16CO_2 + 18H_2O$	48
煤	C	$C + O_2 = CO_2$	33
氢能	H_2	$2H_2 + O_2 = 2H_2O$	121

开发和利用氢能源,必须解决氢气的生产、储存和运输等问题。地球上 70% 的表面被水所覆盖,要将氢气作为二次常规能源的话,应以水为原料生产。而水是非常稳定的化合物,使水分解必须消耗大量的能量。如果电解水制备 1 m^3 H_2 需耗电 4.0~4.5 kW,而电能本身就是高效、清洁能源,消耗电能来获得氢能似乎得不偿失。

水蒸气与炽热的碳反应为
$$C + H_2O(g) = CO \uparrow + H_2 \uparrow -131.8 \text{ kJ}$$

这是一个吸热反应,反应中消耗了碳的化学能才使水分解,生成的 CO 和 H_2 都是可燃性气体,虽然消耗了一定的能量,但有利于环境保护,还是值得的。然而矿物能源面临枯竭,所以这不是理想长久的方法。目前生产氢气采用一些新的方法,如热化学循环法和阳光催化分解水法。

热化学循环制氢的一类方法中,比较成功的有硫—碘热循环,反应如下
$$SO_2 + I_2(g) + 2H_2O = H_2SO_4 + 2HI(g)$$
$$2HI(g) = H_2 + I_2(g)$$
$$2H_2SO_4 = 2SO_2 \uparrow + O_2 \uparrow + 2H_2O(g)$$

这个循环过程要求很高的热量,但反应速率快。改进方向是加入新的循环剂,以使反应在能量要求上成为实际可行的。最合理的工艺无疑是将化学热循环反应与太阳能利用结合起来。

上述方法一般都是在较高的温度下进行的。英国科学家波特研究出了阳光催化分解水的

方法,如果能实现大规模工业应用,无疑具有划时代的意义。这是一种类似于植物的光合作用的方法,即在常温下利用光催化剂将光能直接转化为化学能。因为水和二氧化碳不吸收可见光,所以也不能直接被太阳能所分解,在这种情况下,就需要一种能把太阳能传递给化学反应的光催化剂。科学家为找到高效光催化剂倾入大量心血,取得了一定的成果。

今天,科学技术迅猛发展,氢能成为第二代常规能源的目标一定能实现。建立在氢能源经济基础上的、一个无污染和能源利用率很高的未来世界,将给人类带来最美好的生活。

3.生物能

蕴藏在动物、植物、微生物体内的生物能,是由太阳能转化而来的。可以说是现代可再生的"化石燃料"。稻草、桔杆等农牧业废弃物,在广大农村仍为主要能源。这样的燃料直接燃烧时,热值利用率很低,仅为15%左右,现在使用的节能柴灶热值利用率最好的也只有25%左右,并且对环境有较大污染。目前生物能作为新能源来考虑,并不是再去烧固态柴草,而是将其转化为可燃性的气体或液体,然后再燃烧放热。农牧业废料、高产作物(甘蔗、高粱、甘薯)及速生树木等,经过发酵或高温热分解等方法可以制造甲醇、乙醇等清洁的液体燃料。欧共体已建成几座由木屑生产甲醇的工厂。这类生物质在密闭的容器内经过高温干馏也可生成CO、H_2、碳氢化合物等气体燃料。我国山东等地利用桔杆热解制取可燃性气体技术取得较好的效果,产生1 m^3 这种可燃性气体生产成本只有0.16元。

生物物质还能在厌氧条件下生成沼气。沼气的主要成分为甲烷,作为燃料不仅热值高,并且干净。沼渣、沼液是优质的速效肥料,同时又处理了各种垃圾,清洁了环境。我国农村约有500万个小沼气池作为家用能源。投资建设中型、大型沼气池不仅可用于发电,还可处理城市垃圾。

此外科学家还成功地培养出若干植物新品种,如巴西的香胶树(也称石油树),每株年产50 kg左右与石油成分相似的胶质。美国人工种植的黄鼠草,每公顷可年产6000 kg石油,美国西海岸的巨型海藻,可用于生产类似柴油的燃料油。

4.地热

地热能是地球内部的能量。地壳深处比其表面温度高得多,地壳上层平均温度梯度20～30℃/km,在外层20 km内储热量达12.6×10^{24} kJ(估计地壳表面3 km内可利用地热能约为8.4×10^{17} kJ),按10%的转化率计算,相当于50年内的发电量(5.8×10^6 kJ)。利用地热可以发电,在西藏的发电量中,一半是水利发电,约40%是地热发电,火力发电只占10%。西藏羊八井热电站的水温150℃左右,台湾清水地热电站水温达226℃。温度较低的地热泉(温泉)遍布全国。地热能与地球共存,潜力不可忽视。

5.海洋能

在地球与太阳、月亮的相互作用下,海水不停地运动,其中蕴藏着潮汐能、波浪能、海流能等,这些能量总和称为海洋能。从20世纪60年代起,法国、前苏联、加拿大,芬兰等国先后建成潮汐电站。我国在东南沿海先后建成7个小型潮汐电站,其中浙江温岭的江厦电站具有代表性,它建成于1980年,至今运行状态良好。

6. 风能

　　风能是太阳能的一部分,而且是可以再生的干净能源。可以利用风力发电、提水、扬帆、助航等。我国东南沿海及西北高原地区有丰富的风力资源,已建成的小型发电厂 9 个,发电装机容量 20000 kW。风力发电也将是电力建设的一个方面。

第9章 化学与环境

9.1 概述

我国环境保护法规定:环境是指"影响人类生存和发展的各种天然的和经过人工改造的自然因素的总体。包括大气、水、土地、矿藏、森林、草原、野生生物、自然遗迹、人文遗迹、自然保护区、风景名胜区、城市和乡村等。"

人类以环境为生存条件,通过对自然的开发利用创造财富,使环境在某些方面按人类的意志得到改善;同时,由于不合理的生产和消费,对环境造成了多方面的破坏。如大气和水体污染、森林和草原减少、土地沙漠化等等。环境的恶化不仅限制了社会的持续发展,而且严重威胁到人类的生存。

保护环境不仅是整个人类面临的重大课题,也是每个公民义不容辞的责任。我们应该强烈地意识到:合理开发资源、加强生态和环境保护,是经济可持续发展和社会全面进步的基础。不论在任何时候和任何地方,都不能以牺牲环境为代价去谋取经济增长,都不能因眼前的利益去损害长远的利益,更不能为局部的发展去损害全局的发展。我们在开辟未来的进程中,不仅要为当代人创造一个良好的生活和工作环境,也要努力把一个美好的家园——蓝天红日、绿水青山留给子孙后代。这种环境意识是现代人才素质的重要内涵。

环境保护涉及多方面的问题,本章主要介绍水体的污染及控制,硬水的软化,大气污染物的治理和固体污染物的治理。

9.2 水体的污染及控制

9.2.1 水资源

水是宝贵的自然资源,是一切生命机体的主要成分和新陈代谢的介质,也是工农业不可缺少的物质。

就全球而言,水量是丰富的。地球表面的 71% 被水所覆盖,总贮水量约为 14 亿 km^3,但与人类生活和生产关系密切的淡水只占总水量的 0.063%,其中能被我们开发利用的仅是河流、湖泊等地表水和部分地下水,占淡水总量的 0.34%,因此,人类可利用的水资源是有限的。我国的水资源总量居世界第 6 位,人均拥有的水量只是世界人均量的 $\frac{1}{4}$,居世界各国的第 88 位,属水资源匮乏的国家。

随着人口的增长和生产的发展,全球的用水量以每 20 年增加 1 倍的速度不断上升,对水资源的压力越来越大。当前,全球有 60% 的陆地面积淡水供应不足,近 20 亿人饮用水不足,人类活动对水的污染更加剧了这一危机。

9.2.2 水体中的主要污染物

人类生活、生产排放的各种污染物进入江河湖海或地下水中,使水的物理、化学性质发生变化,不仅降低了水的使用价值,还严重地危害人体健康。据世界卫生组织报导,发展中国家 $80\% \sim 90\%$ 的疾病和 $\frac{1}{3}$ 的死亡者都与水的污染有关。

污染水体的物质种类繁多,包括无机和有机毒物、植物营养物、耗氧有机物、放射性物质及细菌微生物等等,下面介绍其中几种。

1. 无机毒物

无机毒物主要指汞、镉、铬、铅等重金属;砷的化合物以及氰离子(CN^-)、亚硝酸根离子(NO_2^-)等。

从毒性对人体危害来看,重金属污染可概括为以下几个特点。

(1)只要微小的浓度即可引起中毒

一般重金属的致毒质量浓度为 $1 \sim 10$ mg·L^{-1},而毒性较强的 Hg 和 Cd 致毒质量浓度仅为 $0.001 \sim 0.01$ mg·L^{-1}。

(2)在水中难以被微生物降解

重金属污染通过"虾吃虫,小鱼吃虾,大鱼吃小鱼"的食物链被富集,浓度逐级增大。处于食物链终端的人,通过饮食将毒物摄入体内并积蓄,引起慢性中毒。日本曾发现的"骨痛病"就是因 Cd 累积过多,使肾功能失调、钙吸收减少,导致骨骼软化等病变。有些重金属又可被微生物转化为毒性更大的金属有机物。

(3)重金属污染物的毒性不仅与摄入体内的量有关,而且与其存在的形态有密切关系

例如,6 价 Cr 的毒性比 3 价 Cr 高 100 倍;有机汞比无机汞毒性更强。发生在日本的"水俣病"就是通过食用含氯化甲汞的鱼,使有机汞在人体内积累,从而损伤中枢神经系统,导致四肢麻木或死亡。

砷的化合物中,以 As_2O_3(砒霜)的毒性最大。氰化物中,HCN 和 KCN 都是剧毒,CN^- 进入人体血液后会破坏血红蛋白传递氧的生理功能,使人由于组织细胞缺氧而窒息。但如果生成稳定性大的配离子,如 $Fe(CN)_6^{3-}$ 或 $Fe(CN)_6^{4-}$ 等,则毒性很小或基本无毒。

无机有毒物主要来源于金属冶炼、农药生产、电镀等工业废水。

2. 有机毒物

有机毒物主要包括有机氯农药、多氯联苯、多环芳烃、高分子聚合物、染料等。它们在水中的含量虽不高,但由于大都难以降解,在水中残留时间长,可造成人体慢性中毒,具有致癌、致畸等危害。

水体中的有机毒物主要来自煤气、焦化、石油化工、有机合成等工业废水及农药。

3. 植物营养物

含 N、P、K 等营养元素的物质,能够促使植物生长。过多的营养物质进入天然水体,特别

是湖泊、水库、海湾等水流缓慢的区域,将使藻类及其他浮游生物迅速繁殖(称水体的"富营养化"),从而大量消耗掉水中的溶解氧,导致水中鱼类和其他生物大量死亡与腐烂,使水质恶化。江河湖泊中的"水华"、海洋上的"赤潮"现象就是因水体富营养化,迅速繁殖的浮游生物呈现不同的颜色所致。

含大量化肥的农田排水、食品工业和城市生活污水(包括含磷洗涤剂)等是水体富营养化的主要污染源。

4.耗氧有机物

来自生活污水及食品、造纸、印染等工业的废水中,含有大量碳氢化合物、蛋白质、脂肪、纤维素。它们本身无毒,但在分解时需消耗水中的溶解氧。这是最经常、最普遍的一类水体污染物,通常用水体的 BOD 或 COD 值来衡量其对水体的污染程度。

BOD 为生化需氧量,表示在一定条件下,单位体积水样中的有机物于一定时间里经生物氧化所消耗的溶解氧,单位是 $mg \cdot L^{-1}$。BOD 越大,表示水体中耗氧有机物越多,水质越差。通常以 20℃ 条件下,5 日内的生化需氧量作为指标来衡量水中有机物含量的多少,以符号 BOD_5 表示。一般 $BOD_5 < 4 \ mg \cdot L^{-1}$ 可满足饮用水的需要。

COD 为化学需氧量,通常用 $K_2Cr_2O_7$ 或 $KMnO_4$ 在酸性介质及催化条件下,对水样加热回流氧化,将测得的氧化剂换算为所需氧量,单位是 $mg \cdot L^{-1}$。以 $KMnO_4$ 为氧化剂时所测得的结果也称耗氧量。

9.2.3 水质标准

根据水的不同用途,国际卫生组织和各国政府都制订了各自的水质标准。我国已经颁布的水质标准有:地面水质量标准、生活饮用水标准、海水水质标准、农田灌溉用水水质标准、污水综合排放标准、医院污水排放标准和一批工业水污染物最高允许排放标准等。

地面水环境质量标准如表 9-1 所示。

表 9-1 地面水环境质量标准($mg \cdot L^{-1}$)

序号	参数	I 类	II 类	III 类	IV 类	V 类
	基本要求	所有水体不应有非自然原因所导致的下述物质。 (1)凡能沉淀而形成令人厌恶的沉积物 (2)漂浮物,诸如碎片、浮渣、油类或其他的一些引起感官不快的物质 (3)产生令人厌恶的色、臭、味或浑浊度的 (4)对人类、动物或植物有损害、毒性或不良生理反应的 (5)易滋生令人厌恶的水生生物的				
1	水温/℃	人为造成的环境水温度变化应限制在: 夏季周平均最大温升≤1 冬季周平均最大温降≤2				
2	pH	6.5～8.5			6～9	

序号	参数	I 类	II 类	III 类	IV 类	V 类
3	硫酸盐（以 SO 计）≤ 250 以下	250	250	250	250	
4	氯化物（以 Cl 计）≤	250	250	250	250	250
5	溶解性铁≤	0.3	0.3	0.5	0.5	1.0
6	总锰≤	0.1	0.1	0.1	0.5	1.0
7	总铜≤	0.01	1.0（渔 0.01）	1.0（渔 0.01）	1.0	1.0
8	总锌≤	0.05	1.0（渔 0.1）	1.0（渔 0.1）	2.0	2.0
9	硝酸盐（以 N 计）≤	10	10	20	20	25
10	亚硝酸盐（以 N 计）≤	0.06	0.1	0.15	1.0	1.0
11	非离子氨≤	0.02	0.02	0.02	0.2	0.2
12	凯氏氮≤	0.5	0.5	1	2	2
13	总磷（以 P 计）≤	0.02	0.1（湖、库 0.025）	0.1（湖、库 0.05）	0.2	0.2
14	高锰酸盐指数≤	2	4	6	8	10
15	溶解氧≥	饱和率 90%	6	5	3	2
16	化学需氧量（CODCr）≤	15	15	15	20	25
17	生化需氧量（BOD5）≤	3	3	4	6	10
18	氟化物（以 F− 计）≤	1.0	1.0	1.0	1.5	1.5
19	硒（+4 价）≤	0.01	0.01	0.01	0.02	0.02
20	总砷≤	0.05	0.05	0.05	0.1	0.1
21	总汞≤	0.00005	0.00005	0.0001	0.001	0.001
22	总镉≤	0.001	0.005	0.005	0.005	0.01
23	铬（+6 价）≤	0.01	0.05	0.05	0.05	0.1
24	总铅≤	0.01	0.05	0.05	0.05	0.1
25	总氰化物≤	0.005	0.05（渔 0.005）	0.2（渔 0.005）	0.2	0.2
26	挥发酚≤	0.002	0.002	0.005	0.01	0.1
27	石油类（石油醚萃取）≤	0.05	0.05	0.05	0.5	1.0
28	阴离子表面活性剂≤	0.2	0.2	0.2	0.3	0.3

序号	参数	I 类	II 类	III 类	IV 类	V 类
29	总大肠菌群（个/L）≤			10000		
30	苯并[a]芘/（μg·L^{-1}）	0.0025	0.0025	0.0025		
31	甲基汞	1×10^{-7}	1×10^{-6}	1×10^{-6}	5×10^{-6}	5×10^{-6}

该表所列标准适用于全国江河、湖泊、水库等具有使用功能的地面水域。依据地面水域使用目的和保护目标将其划分为 5 类：

I 类：主要适用于源头水、国家自然保护区。

II 类：主要适用于集中式生活饮用水水源地一级保护区、珍贵鱼类保护区、鱼虾产卵场等。

III 类：主要适用于集中式生活饮用水源二级保护区、一般鱼类保护区及游泳区。

IV 类：主要适用于一般工业用水及人体非直接接触的娱乐用水区。

V 类：主要适用于农业用水区及一般景观要求水域。

污染物最高允许排放标准如表 9-2 所示。

表 9-2　污染物最高允许排放标准

序号	参数	污染物最高允许排放浓度/mg·L^{-1}		
		一级	二级	三级
1	pH 值	6～9		
2	总锰	2.0	2.0	5.0
3	总铜	0.5	1.0	2.0
4	总锌	2.0	5.0	5.0
5	化学需氧量（COD$_{Cr}$）	100	150	500
6	生化需氧量（BOD$_5$）	30	60	300
7	氟化物（以 F 计）	10	10	20
8	硫化物	1.0	1.0	2.0
9	悬浮物	70	200	400
10	总氰化物	0.5	0.5	1.0
11	非离子氨	15	25	—
12	挥发酚	0.5	0.5	2.0
13	石油类	10	10	30
14	阴离子表面活性剂	5.0	10	20
15	苯并（a）芘	0.00003		

续表

序号	参数	污染物最高允许排放浓度/mg·L⁻¹		
		一级	二级	三级
16	总大肠菌群/个·L⁻¹	500（医院）	1000（医院）	5000（医院）
17	总磷（以 P 计）	0.6	1.3	—
18	有机磷农药（以 P 计）	不得检出	0.5	0.5
19	烷基汞	不得检出		
20	总砷	0.5		
21	总汞	0.05		
22	总镉	0.1		
23	铬（＋6 价）	0.5		
24	总铅	1.0		
25	总银	0.05		
26	硒（＋4 价）	0.5		

9.2.4　水样的采集和保存

水质监测涉及范围甚广:河流、湖泊、水库、海洋、地下水、工业用水、排放水、生活饮用水等等。我们以河流、湖泊为例。

1. 采样点的布设

在对河流和湖泊考虑采样点的布设时,常将其看成一个三维空间,而采样点就分布在某一断面上。监测断面应设置在水域的关键位置上,例如河流进入城市以前的地方;湖泊、水库的主要入口或出口处;有大量废水排入河流的主要居民区、工业区的上游或下游;饮用水源区、主要风景区、水上娱乐区、排灌站等。有时为了取得水系和河流的环境背景监测值,还应在清洁的、基本上未受人类活动影响的河段上设置"背景断面"。图 9-1 为湖区监测断面示意图。在一断面上,采样点的数目取决于水面的宽度和深度,监测断面和采样点的位置确定后,应设立人工标志物,使每次采样取自同一位置,以保证样品的可比性。倘若是对工业废水监测的采样,可以有针对性地选择车间或工厂总排污口处布点采样,也可以在污水处理设施的出口处布点,以考察对废水处理的效果。

2. 采样频率

为使采集的水样具有代表性,能够反映水质的变化规律,必须确定合理的采样时间和频率。如为了掌握河流水质的季节变化,需要采集四季的水样,每季不少于三次;也可按丰水期、平水期和枯水期采样,每期采样两次;对于一些重要的控制断面,为能了解一天内或几天内的水质变化,可以在一天 24 h 内按一定时间间隔进行采样;背景断面每年采样 1～2 次即可。

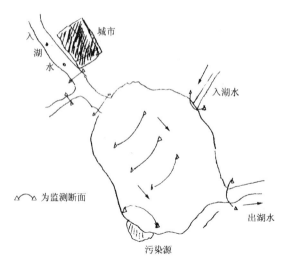

图 9-1　河、湖区多断面采样点布设示意图

3.水样的采集

环保部门使用多种类型的水质监测采样器。最简单的当为水桶和单层采水瓶,结构简单,使用方便,但水样与空气接触,不适于测定水中溶解氧;常用的采水器还有直立式采水器、手摇泵、电动采水泵、连续自动定时采水器、深层采水器等。当采样环境流量大,水深时,常采用急流采样器,如图 9-2 所示。

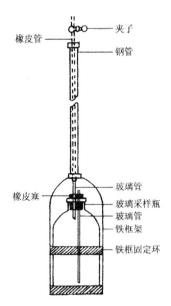

图 9-2　急流采水器

它是将一根长钢管固定在铁框上,管内装有一根长橡皮管,橡皮管上部用夹子夹紧,橡皮管下端与瓶塞上一根短玻璃管连接,橡皮塞上另有一根长玻璃管直通至采样瓶底部。当采集水样时,塞紧橡胶塞,沿垂直方向伸入要求的水深处,打开上部橡皮管夹,水样便从长玻璃管口进入样品瓶中,瓶内空气由短玻璃管沿橡皮管排出。这样采集的水样是与大气隔绝的,所以可用于测定水中溶解性气体,如溶解氧。当然,对采样瓶或采样桶的材质应有一定规格,要求其化学性能稳定,不吸附待测组分,容易清洗,可反复使用等。

4. 水样的保存

水样在存放过程中,由于物理的、化学的和生物的作用,其成分可能发生变化。如金属离子可能被瓶壁吸附,硫化物、亚硫酸盐、氰化物可能被氧化,苯酚类可能被细菌分解等等。为此,水样保存应当采取三项措施:一是选择性质稳定、杂质含量低的材料作贮水容器,如硼硅玻璃、石英、聚乙烯、聚四氟乙烯等;二是尽可能地缩短采样和测定的时间间隔。一些项目尽量在现场测定,如水样的 pH、色度、嗅味、悬浮物、浊度、电导、溶解氧等;三是对不能尽快分析的水样采取适当的保存措施,如加入化学试剂,冷藏或冷冻。冷藏或冷冻是很好的保存技术,但它不适用于很多类型的样品;加入化学试剂可调节水样的 pH,防止金属离子水解沉淀或被瓶壁吸附,或起生物抑制的作用。当然,加入的保存试剂纯度要高,并且不能干扰以后的测定。必要时,应做相应的空白试验,对测定结果进行校正。表 9-3 列出我国"水质采样"标准中建议的水样保存方法。

表 9-3　常用水样保存方法

项目	容器类别	保存方法	可保存时间	建议
COD	G	2—5℃冷藏	尽快	
		加 H_2SO_4 酸化,pH<2	1 周	
		−20℃冷冻	1 月	
BOD	G	2~5℃冷藏	尽快	
		−20℃冷冻	1 月	
凯氏氮	P 或 G	加 H_2SO_4,pH≤2	24 h	注意 H_2SO_4 中的 NH_4^+ 空白。阻止硝化菌作用,可加杀菌剂 $HgCl_2$ 或 $CHCl_3$
氨氮	P 或 G	加 H_2SO_4,pH≤2,2−5℃冷藏	24 h	
硝酸盐氮	P 或 G	酸化,pH≤2,2~5℃冷藏	24 h	有些废水不能保存,应尽快分析
亚硝酸盐氮	P 或 G	2~5℃冷藏	尽快	同硝酸盐氮
TOC	G	加 H_2SO_4,pH<2,2~5℃冷藏	24 h	尽快分析
有机氯农药	G	2~5℃冷藏	1 周	
有机磷农药	G	2~5℃冷藏	24 h	最好现场用有机溶剂萃取

项目	容器类别	保存方法	可保存时间	建议
阴离子表面活性剂	G	加 H_2SO_4，pH＜2，2～5℃冷藏	48 h	
非离子表面活性剂	G	加4％甲醛使含1％，充满容器，冷藏	1月	
砷	P	加 H_2SO_4，pH 1～2	数月	生活污水，工业废水用此法
硫化物		每100 mL水样加2 mol·L^{-1} Zn(Ac)$_2$ 和1 mol·L^{-1} NaOH各2 mL，2～5℃冷藏	24 h	现场固定
总氰	P 或 G	加NaOH，pH为12	24 h	如果含余氯，应加 NaS_2O_3
酚	BG	加 H_3PO_4、$CuSO_4$，pH小于2 加NaOH，pH为12	24 h	
肼	G	加HCl至1 mol·L^{-1}，冷暗处	24 h	
汞	P 或 BG	1％HNO_3～0.05％$K_2Cr_2O_7$	2周	
总铝	P	加 HNO_3，pH 1～2	1月	取混匀样，消解后测定
溴化物	P 或 G	2～5℃冷藏	尽快	避光保存
氯化物	P 或 G		数月	
氟化物	P		数月	
碘化物	棕色玻璃瓶	加NaOH，pH为8，2～5℃冷藏	24 h	
硒	G 或 BG	加 HNO_3，pH≤2	数月	
硅酸盐	P	酸化滤液，pH＜2，2～5℃冷藏	24 h	
Ba、Cd、Fe、Cu、Pb、Mn、Ni、Ag、Sn、Zn、Co、Ca、总铬等		加 HNO_3，pH 1～2	1月	取混匀样，消解后测定

注：P为聚乙烯容器，G为玻璃容器，BG为硼硅玻璃容器。COD为化学需氧量，BOD为生物化学需氧量，TOC为总有机碳。

9.2.5　水体污染的控制

1.污染源控制

水体污染是由于大量工业废水、生活污水和其它含毒废弃物排入环境所引起的。因此,控制废水的有害物质浓度(表 9-3)和排放总量,是控制水体污染的基本途径。目前所采用的措施有以下几点。

①采用无污染或少污染的生产工艺。例如,氯碱工业中用隔膜电解法取代汞阴极电解法,消除汞的污染;用无氰、低氰及低铬电镀工艺,控制氰和铬的污染;用无水印染工艺代替有水印染,减少印染废水的排放量。实行生态农业,减少化肥、农药的使用量。

②节约用水。工业用水尽量重复使用和循环使用,农业用水要改进灌溉方法。

③充分利用废水中的有用物质,化害为利。

下面介绍一个充分利用废水中的有用物质,化害为利的例子。南阳酒精厂是我国大型酒精厂之一,其生产原料为农产品红薯,处理废渣是一个大问题。该厂曾一度将含废渣的污水直接排入附近的河流,对水体造成严重污染。后来他们建立了几座容积 $5000\ m^3$ 的发酵装置,并采用先进的生物能搅拌技术(整个搅拌系统无须安装机械设备),每天利用废渣生产数万立方米沼气,除供化工厂用作生产 $CHCl_3$ 的原料外,还给几万户城市居民提供了洁净、方便的燃料。经消化后的糟液是优质的有机肥料,用于灌溉农田,提高了农作物的产量,形成生态工业和农业的良好结合,如图 9-3 所示。

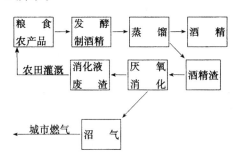

图 9-3　南阳酒精厂生态工业示意图

由于该项目很好地解决了工业废渣污染环境的问题,变废为宝,取得了明显的经济、社会和环境的综合效益,受到世界环境保护界的重视,南阳市也因此被定为“中国 21 世纪议程”示范城市。

沼气是有机物在隔绝空气的条件下经厌氧菌分解产生的,主要成分是甲烷(66%)、二氧化碳(33%)。广大农村可因地制宜建立沼气池,如图 9-4 所示,利用它来制造沼气。各种原料从进料口投入,进入密封的发酵间,产生的沼气由导气管引出,剩余的残渣从出料口取出。

制造沼气的原料有农作物秸秆、树叶、杂草、垃圾、粪便等。一般的比例为:人粪便 10%、畜粪便 30%、秸秆杂草 10%、水 50%。甲烷菌喜温暖、怕酸碱,因此沼气池应保持 8℃以上和中性环境。

用沼气可以烧饭、照明、代替燃油开动内燃机。秸秆杂草和粪便经沼气池发酵,不仅提高

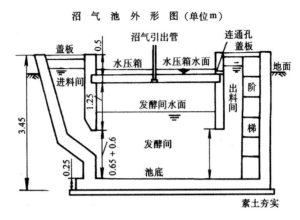

图 9-4 沼气池示意图

了肥效,还杀死了其中的寄生虫和病菌,具有多方面的效益。我国一些地方的生态农业试点,就是以沼气的制造和综合利用为主要环节,串联农林牧副渔和加工工业建成生态农业系统工程的。

2.污水处理

污水处理的目的是将污水中所含的污染物质分离出来,或转化为无害物质,达到一定的水质要求后排入水体或重复利用。目前,可采用的污水处理技术和方法已有多种,如表 9-4 所示,可针对不同污染物的性质有选择地运用。

表 9-4 污水处理方法分类

基本方法	基本原理	单元技术
物理法	物理或机械的分离过程	过滤、沉淀、离心分离、上浮等
化学法	加入化学物质与污水中的有害物质发生化学反应的转化过程	中和、氧化、还原、分解、混凝、化学沉淀等
物理化学法	物理化学的分离过程	吸附、离子交换、萃取、电渗析、反渗透等
生物法	微生物在污水中对有机物进行氧化、分解的新陈代谢过程	活性泥,生物滤池,生物转盘,氧化塘,厌气消化等

污水的处理程度可分为三个等级,其净化率逐级提高。

一级处理由筛滤、重力沉淀、浮选等物理方法串联而成,可除去污水中大部分 0.1 mm 以上的颗粒物质(60%的悬浮物),使 BOD 下降 25%～40%。污水经一级处理后一般还达不到排放标准,故通常作为预处理阶段。

二级处理是采用微生物法和化学絮凝法,除去水中可降解的有机物和部分胶体物质。

自然界存在大量依靠有机物生存的微生物,它们分解有机物的能力很强。利用它们的代谢作用,可使许多有机污染物降解为无害物质。

化学絮凝法就是向污水中投入凝聚剂(如硫酸亚铁、明矾),使难以自然沉降的胶体颗粒产生凝聚沉淀,与水分离。经此处理,可除去 90% 的悬浮物、25%～55% 的氮、10%～30% 的磷,使 BOD 下降 90%,保持水中的溶解氧(DO),一般可达到农灌标准和污水排放标准。

　　三级处理是为除去某些特定污染物所进行的"深度处理",可采用化学法、物理化学法。经此处理,可除去 99% 的悬浮物、50%～95% 的氮、94% 的磷,使 BOD 下降 99% 以上。

　　化学处理法就是通过化学反应改变水体中污染物的性质,进而将其除去。按不同的机理,可分为沉淀法、氧化还原法、中和法等。下面结合实例简要介绍。

　　(1)化学沉淀法

　　化学沉淀法就是利用某些化学物质作沉淀剂,与水体中的污染物(主要是重金属离子)反应,生成沉淀从污水中分离出去。其工艺流程如图 9-5 所示。

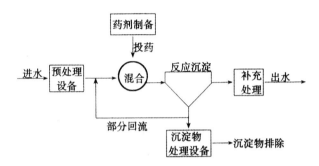

图 9-5　化学沉淀法工艺流程

　　化学沉淀法的理论依据是溶度积原理。

　　$AgCl$、$BaSO_4$、$CaCO$ 等都是难溶电解质,它们在溶剂中的溶解和沉淀是互为可逆的过程。例如,难溶电解质 A_mB_n 的溶解和沉淀:

$$A_mB_n(s) \underset{结晶}{\overset{溶解}{\rightleftharpoons}} mA^{n^+} + nB^{m-}$$

　　在一定温度下,当溶解和沉淀的速率相等时(即溶液呈饱和状态),我们称为溶解平衡。其平衡常数表达式为

$$K = \frac{[A^{n^+}]^m [B^{m-}]^n}{[A_mB_n(s)]}$$

令 $K \cdot [A_mB_n(s)] = K_{sp}$,则

$$K \cdot [A_mB_n(s)] = K_{sp}$$

它表示,当温度一定时,难溶电解质的饱和溶液中,各离子浓度幂的乘积是一个常数(酶)。

　　我们称之为溶度积常数,简称溶度积。显然,在相同的温度下,同类型的难溶电解质,溶度积越小,其溶解度也就越小。某些难溶电解质在 298 K 时的溶度积列于表 9-5 中。

表 9-5　几种难溶电解质的溶度积

难溶电解质	溶度积	难溶电解质	溶度积	难溶电解质	溶度积
$Cd(OH)_2$	2.2×10^{-14}	CdS	7.9×10^{-27}	$CaCO_3$	8.7×10^{-9}
$Hg(OH)_2$	4.8×10^{-26}	HgS	4.0×10^{-53}	$CaSO_4$	2.5×100^{-5}
$Pb(OH)_2$	1.2×10^{-1}	PbS	3.4×10^{-28}	FeS	3.2×10^{-18}

根据平衡移动原理,有如下规律:

当 $K_{sp} < [A^{n^+}]^m[B^{m^-}]^n$ 时,溶液呈过饱和状态,将析出沉淀。

当 $K_{sp} > [A^{n^+}]^m[B^{m^-}]^n$ 时,溶液呈不饱和状态,存在于溶液中的沉淀将溶解。

(2)氧化还原法

氧化还原法常用来处理难以生物降解的有机物,如农药、染料、酚、氰化物以及有色、有臭味的污染物。常用的氧化剂有液态氯、次氯酸钠、漂白粉和空气、臭氧、过氧化氢、高锰酸钾等。

例 9-1　含汞、镉污水的处理可加入石灰,使 Hg^{2+}、Cd^{2+} 与 OH^- 作用生成沉淀。要使 Hg^{2+}、Cd^{2+} 的浓度达到国家规定的排放标准($[Hg^{2+}] \leqslant 0.05$ mg·L^{-1},$[Cd^{2+}] \leqslant 0.1$ mg·L^{-1}),应使污水的 pH 控制在多大的范围?

解　加入石灰,使 OH^- 达到一定浓度,即有 $Hg(OH)_2$ 和 $Cd(OH)_2$ 沉淀生成

$$Hg^{2+} + 2OH^- = Hg(OH)_2 \downarrow$$
$$K_{sp}[Hg(OH)_2] = 4.8 \times 10^{-26}$$
$$Cd^{2+} + 2OH^- = Cd(OH)_2 \downarrow$$
$$K_{sp}[Cd(OH)_2] = 2.2 \times 10^{-14}$$

根据关系式 $[Hg^{2+}][OH^-]^2 = K_{sp}[Hg(OH)_2]$ 和 $[Cd^{2+}][OH^-]^2 = K_{sp}[Cd(OH)_2]$,要使 $[Hg^{2+}] \leqslant 0.05$ mg·L^{-1},即 $[Hg^{2+}] \leqslant 2.5 \times 10^{-7}$ mol·L^{-1}

$$[OH^-] \geqslant \sqrt{\frac{K_{sp}}{[Hg^{2+}]}} = \sqrt{\frac{4.8 \times 10^{-26}}{2.5 \times 10^{-7}}} = 4.38 \times 10^{-10} \text{ mol·L}^{-1}$$

同理,要使 $[Cd^{2+}] \leqslant 0.1$ mg·L^{-1},即 $[Cd^{2+}] \leqslant 8.9 \times 10^{-7}$ mol·L^{-1}

$$[OH^-] \geqslant \sqrt{\frac{2.2 \times 10^{-14}}{8.9 \times 10^{-7}}} = 5 \times 10^{-4} \text{ mol·L}^{-1}$$

$$pOH = 3.8$$

所以 pH = 10.2,即要使 Hg^{2+}、Cd^{2+} 的浓度达到国家规定的排放标准,应使污水的 pH $\geqslant$ 10.2。

对于含汞、镉污水的处理,也可加入过量 Na_2S,使 Hg^{2+} 和 Cd^{2+} 生成难溶的硫化物

$$Hg^{2+} + S^{2-} = HgS \downarrow$$
$$K_{sp}(HgS) = 4 \times 10^{-53}$$
$$Cd^{2+} + S^{2-} = CdS \downarrow$$
$$K_{sp}(CdS) = 7.9 \times 10^{-27}$$

由于单一的 HgS 颗粒很小,沉淀困难,因此要同时加入 $FeSO_4$,与过量的 S^{2-} 生成 FeS $[K_{sp}(FeS) = 3.2 \times 10^{-18}]$,它容易与 HgS 一起共沉淀从水中析出。

例 9-2　含氰污水的处理

解　在碱性条件下(pH 为 8.5~11),液氯可将氰化物氧化成氰酸盐

$$CN^- + 2OH^- + Cl_2 = CNO^- + 2Cl^- + H_2O$$

氰酸盐的毒性仅为氰化物的千分之一。如果投加过量氧化剂,可进一步将氰酸盐氧化为 CO_2 和 Cl_2。

$$2CNO^- + 4OH^- + 5Cl_2 = 2CO_2 + N_2 + 6Cl^- + 2H_2O$$

化学还原法主要用来处理含铬、汞等重金属离子的污水。

例 9－3　含铬污水的处理

解　先用 H_2SO_4 酸化污水（pH＝3～4），再加入 5％～10％ 的 $FeSO_4$，使铬由 6 价还原为 3 价

$$6Fe^{2+}+Cr_2O_7^{2-}+14H^+=6Fe^{3+}+2Cr^{3+}+7H_2O$$

随着反应的进行，水中的 H^+ 被大量消耗，pH 增大，到一定程度时，有如下反应发生

$$Cr^{3+}+3OH^-=Cr(OH)_3\downarrow$$

$$K_{sp}[Cr(OH)_3]=7\times10^{-31}$$

$$Fe^{3+}+3OH^-=Fe(OH)_3\downarrow$$

$$K_{sp}[Fe(OH)_3]=4\times10^{-38}$$

$Fe(OH)_3$ 具有凝聚作用，可吸附 $Cr(OH)_3$，形成共沉淀与水分离。如果向含 Cr^{3+} 的污水中加入石灰，将酸度降低（pH 为 8～9），可促使 $Cr(OH)_3$ 沉淀的生成

$$2Cr^{3+}+3Ca(OH)_2=2Cr(OH)_3\downarrow+3Ca^{2+}$$

含汞的污水，可用废铁屑（或废铜屑、废锌粒）作还原剂处理。

当污水流过有上述金属的过滤柱时，Hg^{2+} 即被还原

$$Fe(Zn,Cu)+Hg^{2+}=Fe^{2+}(Zn^{2+},Cu^{2+})+Hg\downarrow$$

生成的铁（锌、铜）汞渣经焙烧炉加热可回收金属汞。

9.3　硬水的软化

9.3.1　硬水和软水

水是日常生活和生产中不可缺少的物质，还是重要的溶剂。水质的好坏直接影响人们的生活和生产。由于来自江河湖海的天然水长期与土壤、矿物和空气接触，溶解了许多无机盐、某些可溶性有机物和气体等，使天然水通常含有 Ca^{2+}、Mg^{2+} 等阳离子和 HCO_3^-、CO_3^{2-}、Cl^-、SO_4^{2-}、NO_3^- 等阴离子。各地天然水所含这些离子的种类和数量有所不同。工业上根据水中 Ca^{2+} 和 Mg^{2+} 的含量不同，将天然水分为硬水和软水两种。含有较多量 Ca^{2+} 和 Mg^{2+} 的水，叫做硬水；只含有较少量或不含 Ca^{2+} 和 Mg^{2+} 的水，叫做软水。硬度指每升水中钙、镁离子的含量，是衡量水的一种质量指标。

硬水分为暂时硬水和永久硬水两种。含有钙、镁酸式碳酸盐的硬水叫做暂时硬水。暂时硬水经煮沸后，酸式碳酸盐发生分解，会生成不溶性的碳酸盐沉淀而除去。

$$Ca(HCO_3)_2\xrightarrow{\Delta}CaCO_3\downarrow+CO_2\uparrow+H_2O$$

$$Mg(HCO_3)_2\xrightarrow{\Delta}MgCO_3\downarrow+CO_2\uparrow+H_2O$$

含有钙和镁的硫酸盐或氯化物的硬水叫做永久硬水，它们不能用煮沸的方法除去硬性。

9.3.2　硬水的危害

硬水对生活和生产都有危害。如生活中用硬水洗涤衣物，其中的 Ca^{2+} 和 Mg^{2+} 会与肥皂形成不溶性的硬脂酸钙 $[(C_{17}H_{35}COO)_2Ca]$ 和硬脂酸镁 $[(C_{17}H_{35}COO)_2Mg]$，不仅浪费肥皂，

而且污染衣服;硬水用于印染时,织物上因沉积有钙、镁盐会使染色严重不匀,且易褪色;再如工业锅炉使用硬水,日久锅炉壁上可生成沉淀,俗称锅垢,其主要成分是 $CaCO_3$、$MgCO_3$ 等。锅垢不易传热,使锅炉内金属导管的导热能力大大降低,这不仅浪费燃料,而且更重要的是由于锅垢与钢铁的膨胀程度不同,致使锅垢产生裂缝,水渗漏,会使锅炉变形,甚至发生爆炸;化学工业使用硬水,会把钙、镁离子带入产品而影响质量;引用硬水,不仅口感苦涩,且对健康不利。很多工业部门,如造纸、纺织等,都要求使用软水。因此在使用硬水前,必须减少其中 Ca^{2+} 和 Mg^{2+} 的含量,这种过程叫做硬水的软化。

我国有关部门规定,饮用水的硬度不能超过 $450\ mg \cdot L^{-1}CaCO_3$。但这并不是说饮用水越软越好。实践证明,如果长期饮用纯净水,心血管疾病的发病率会明显升高。

9.3.3　硬水的软化

硬水的软化方法很多,下面介绍两种目前最常使用的方法。

1. 化学软化法

化学软化法在水中加入某些化学试剂,使水中溶解的钙盐、镁盐成为沉淀析出。常用石灰乳和纯碱使水软化。

$$Ca(HCO_3)_2 + Ca(OH)_2 \rightarrow 2CaCO_3 \downarrow + 2H_2O$$
$$Mg(HCO_3)_2 + Ca(OH)_2 \rightarrow CaCO_3 \downarrow + MgCO_3 \downarrow + 2H_2O$$
$$Ca(HCO_3)_2 + Na_2CO_3 \rightarrow CaCO_3 \downarrow + 2NaHCO_3$$
$$MgSO_4 + Na_2CO_3 \rightarrow MgCO_3 + Na_2SO_4$$
$$CaSO_4 + Na_2CO_3 \rightarrow CaCO_3 + Na_2SO_4$$

此法操作较繁琐,软化效果较差,但成本低。发电厂、热电站等一般采用此法作为水软化的初步处理。

2. 离子交换软化法

离子交换软化法是借助离子交换树脂来软化水的。离子交换树脂是带有可交换离子的高分子化合物,它分为阳离子交换树脂(用 $R^- H^+$ 表示)和阴离子交换树脂(用 $R^+ OH^-$ 表示)。当待处理的硬水通过阳离子交换树脂层时,离子交换树脂中的 H^+ 能与水中的阳离子(Ca^{2+}、Mg^{2+})发生交换,使水中的 Ca^{2+}、Mg^{2+} 等被树脂吸附,发生如下反应:

$$2R^- H^+ + Ca^{2+} \rightarrow R_2Ca + 2H^+$$
$$2R^- H^+ + Mg^{2+} \rightarrow R_2Mg + 2H^+$$

树脂上可交换的 H^+ 进入水中。当水由阳离子交换树脂层进入阴离子交换树脂层时,离子交换树脂中的 OH^- 能与水中的阴离子如 Cl^-、SO_4^{2-} 等发生交换,使它们也被树脂吸附,发生如下反应:

$$2R^+ OH^- + SO_4^{2-} \rightarrow R_2SO_4 + 2OH^-$$
$$R^+ OH^+ Cl^- \rightarrow RCl + OH^-$$

这样处理的水中只含有 H^+ 和 OH^-,称为去离子水,可用于高压锅炉及人体注射用水。

当阴、阳离子交换树脂中的 OH^- 和 H^+ 被 SO_4^{2-}、Cl^- 及 Ca^{2+}、Mg^{2+} 等几乎全部代替后,

离子交换树脂就失去了交换能力，可用一定浓度的强酸(如 HCl)和强碱(如 NaOH)分别处理，使离子交换树脂重新获得交换能力。这个过程叫做离子交换树脂的再生。

$$R_2Ca + 2HCl \rightarrow 2RH + CaCl_2$$
$$R_2SO_4 + 2NaOH \rightarrow 2ROH + Na_2SO_4$$

用离子交换法来处理硬水，设备简单，操作方便，占地面积小，软化后水质高，又可重复使用。

9.4　大气污染物的治理

9.4.1　大气概述

1. 大气的组成

围绕着地球的气体层总称大气圈，厚度约 $1000 \sim 1400$ km，其中从地面到 12 km 的空间是人类赖以生存的范围。

大气的组成相当复杂，它是多种气体的混合物，可分为恒定、可变和不定三种组分。

按体积计，恒定组分包括 78.09% 的氮、20.94% 的氧、0.93% 的氩。此外，还有微量的氖、氦、氪、氙、氢等稀有气体。可变组分是指二氧化碳和水蒸气。通常 CO_2 的含量为 0.02% $\sim$ 0.04%，水蒸气的含量少于 4%，它们的含量随季节和气象条件以及某些人为因素而有所变化。含有以上组分的空气就是纯净空气。

大气中的不定组分是指煤烟、尘埃、硫氧化物、氮氧化物、碳氢化物等污染物。它们可因地震、火山爆发等自然灾害产生，也可由人为活动而增加。

大气与人类休戚相关，一般成人每天吸入的空气量约 $10 \sim 12$ m³(约 13.6 kg)，相当每人每天所需食物量的 10 倍、饮水量的 3 倍。可见保证洁净的空气对生命是何等重要。大气污染不仅直接影响人类健康，而且还会造成多方面的危害，如动植物不能正常生长，建筑物和珍贵文物遭受腐蚀等等。

2. 大气的结构

大气圈自下而上可分为对流层、平流层、中间层、热成层、逸散层。图 9-6 简明地表示出各层的高度、主要化学成分、压力和温度分布情况。

对流层是大气的最底层，平均厚度约 12 km，集中的气体质量约为整个大气圈的 $\frac{3}{4}$。由于受地面辐射的影响，该层气温一般随高度增加而下降，其顶部气温可降到 $-50℃$ 以下。这种上冷下热的温差，决定了该层存在着活跃的垂直对流。由于地球表面存在地形和纬度等差别，下层的气温在水平方向也存在很大差异，因而在水平方向上也有对流运动。因为该层直接与地表接触，尘埃、微生物、水蒸气进入空气形成扬尘、飞沙和雨、雪、云、雾等天气现象，所以它对人类生产和生活影响最大。

平流层位于大气层的 $12 \sim 50$ km，其温度随高度增加而上升。这种"逆温"特点是该层中

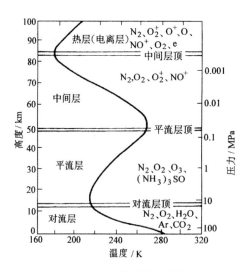

图 9-6　大气层的结构

臭氧层作用的结果。因为上热下冷,气流垂直运动微弱,只有水平方向的流动,所以污染物一旦进入该层,就可长时间滞留,且易造成大范围以至全球性的影响。

9.4.2　大气中的主要污染物

1.含硫化合物

大气中的含硫化合物主要有 SO_2、SO_3、H_2S、H_2SO_4 及其盐等,它们主要来源于煤(含硫 $0.5\%\sim0.6\%$)和石油(含硫 $0.5\%\sim3.0\%$)的燃烧、冶金厂和硫酸厂排放的废气。

SO_2 是最重要的大气污染物,全世界每年排放的含硫化合物约 4 亿 t,其中 SO_2 就有 1.5 亿 t。我国以煤为主要燃料,加之燃烧技术落后,是排放 SO_2 最多的国家之一。

SO_2 在大气中可通过多种途径转化为 SO_3,进而转变为 H_2SO_4 和硫酸盐。

SO_2 具窒息性,对人的呼吸系统有强烈刺激作用,使患支气管炎、肺炎和肺癌的几率明显上升。当大气中烟尘浓度增高时,粉尘表面对 SO_2 的氧化反应起催化作用。

$$2SO_2 + O_2 = 2SO_3$$

产生的 SO_3 又极易与大气中的水汽形成硫酸雾,它对人体的危害性更大。1952 年 12 月 5 日,一场使 4000 人丧生的"伦敦烟雾事件",就是由于 SO_2 和雾滴、烟尘协同作用而造成的。

2.氮氧化物(NO_x)

造成大气污染的氮氧化物主要是 NO 和 NO_2,它们主要来自矿物燃料的高温燃烧(汽车及其它内燃机)、生产或使用硝酸的工厂所排放的尾气、金属冶炼等。

NO 为无色无味气体,具有生理刺激作用,能与血红素结合形成亚硝基血红素,从而破坏血红蛋白的生理功能引起中毒。

NO_2 有特殊的臭味,可严重刺激呼吸系统,并使血红素硝化,危害性比 NO 大。NO_2 与水汽作用可生成 HNO_2 和 HNO,是"酸雨"的成分。NO_2 还是形成"光化学烟雾"的主要因素之一。

光化学烟雾是由 NO_2 和碳氢化合物经过一系列光化学反应形成的二次污染物,其形成过程可用图 9-7 表示。光化学烟雾的主要成分有臭氧(85%)、过氧化酰硝酸酯(即 PAN,占 10%)、醛和酮。它使人眼睛红肿、流泪、呼吸困难、喉痛、头晕目眩,并诱发其它疾病。

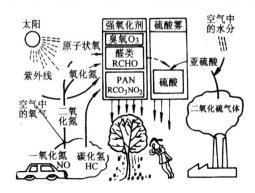

图 9-7　光化学烟雾形成过程

3. 一氧化碳(CO)

一氧化碳主要来源于汽车排放的尾气。它极易与血红蛋白结合(亲和力比 O_2 大 $200 \sim 300$ 倍),使其丧失携氧能力。CO 浓度低时可使人慢性中毒,浓度高时会导致窒息死亡。

4. 碳氢化合物(HC)

自然界中的碳氢化合物主要来源于生物的分解。人为造成的碳氢化合物污染,主要是燃料不完全燃烧和有机物的蒸发,其中以汽车尾气最为突出。

甲烷能与大气中的羟基、原子氧或氧分子发生光化学反应而转变为 CO;其它碳氢化合物(特别是不饱和烯烃类)会导致光化学烟雾的形成。

5. 尘埃(颗粒物)

尘埃主要来源于矿物燃料的燃烧、矿石烧结、水泥工业和金属冶炼。

按尘埃在重力作用下的沉降特性,可将其分为降尘和飘尘。降尘(如煤粉尘和灰尘)的颗粒直径大于 $10~\mu m$,可以较快沉降;飘尘(如烟雾)颗粒小于 $10~\mu m$,可长期漂浮在空气中。

颗粒物对大气的污染越来越受到人们的重视,其原因有以下三点。

①颗粒物中有许多致癌、致畸、致突变的物质,因此进入人的呼吸系统后所造成的危害比一般气体污染物要严重得多。

②颗粒物能散射和吸收阳光,增加大气的混浊度,还会影响降雨和气候。

③可与某些气体污染物作用形成危害更大的二次污染,如酸雾。

9.4.3　大气标准

当前,世界各国根据本国大气污染的现状、经济技术水平和卫生特点制订各自的大气质量标准。我国已颁布的大气标准有:大气环境质量标准、大气污染物最高允许浓度、居民区大气中有害物质最高允许浓度、汽车污染物排放标准、车间空气中有害物质的最高允许浓度等等。大气中各项污染物的浓度限值如表 9-6 所示。

表 9-6 大气中各项污染物的浓度限值

污染物名称	取值时间	浓度限值/($mg \cdot m^{-3}$)		
		一级标准	二级标准	三级标准
二氧化硫 SO_2	年日平均	0.02	0.06	0.10
	日平均	0.05	0.15	0.25
	1 h 平均	0.15	0.50	0.70
总悬浮颗粒物 TSP(total suspended particles)	年日平均	0.08	0.20	0.30
	日平均	0.12	0.30	0.50
可吸入颗粒物 PM_{10} (inhalable particles, particular matter less than 10 μm)	年日平均	0.04	0.10	0.15
	日平均	0.05	0.15	0.25
氮氧化物 NO_x	年日平均	0.05	0.05	0.10
	日平均	0.10	0.10	0.15
	1 h 平均	0.15	0.15	0.30
二氧化氮 NO_2	年日平均	0.04	0.04	0.08
	日平均	0.08	0.08	0.12
	1 h 平均	0.12	0.12	0.24
一氧化碳 CO	日平均	4.00	4.00	6.00
	1 h 平均	10.00	10.00	20.00
	任何一次	10.00	10.00	20.00
臭氧 O_3	1 h 平均	0.12	0.16	0.20
铅 Pb	季日平均	1.50×10^{-3}		
	年日平均	1.00×10^{-3}		
苯并[a]芘(B[a]P)	日平均	0.01×10^{-3}		
氟化物 F	日平均	7×10^{-3}		
	1 h 平均	20×10^{-3}		
飘尘	日平均	0.05	0.15	0.25
	任何一次	0.15	0.50	0.70

注："年日平均"为任何一年的日平均浓度均值不得超过的限值。"日平均"为任何一日的平均浓度不得超过的限值。"任何一次"为任何一次采样测定不许超过的质量浓度限值。不同污染物"任何一次"采样的时间见有关规定。

近些年来,借鉴了国际上通用的惯例,我国也开展了空气质量周报、日报和污染预报的发布工作,并且采用了空气污染指数(air pollution index,API)的形式。空气污染指数是一种定量反映和评定空气质量的尺度,是一种将常规监测的几种空气污染物浓度简化成单一的数字形式,分级表示空气质量等级状况,具有简明、直观的特点。空气污染指数及相应的空气质量等级见表 9-7。

表 9-7　空气污染指数及其意义

污染物浓度/(mg·m⁻³)			空气污染指数 API*	空气质量等级	空气质量描述	对健康的影响	对应空气适用范围
SO_2	NO_x	TSP					
0.050	0.050	0.120	0～50	I	优	可正常活动	自然保护区、风景名胜区和其他需要特殊保护的地区
0.150	0.100	0.300	51～100	II	良	可正常活动	为城镇规划中确定的居住区、商业交通居民混合区、文化区、一般工业区和农村地区
0.250	0.150	0.500	101～200	III	轻度污染	长期接触,人群中体质较差者出现刺激症状	特定工业区
1.600	0.565	0.625	201～300	IV	中度污染	接触一段时间后,心脏病和肺病患者症状加剧,运动耐受力降低,健康人群中普遍出现症状	
2.100	0.750	0.875	301～400	V	重度污染	健康人除出现较强烈症状,降低运动耐受力外,会提前引发某些疾病	
2.620	0.940	1.000	401～500				

9.4.4 大气样品的采集

1.采样点的布设

大气"海阔天空",合理布点对了解污染的特征及提高监测效率显得更为重要。通常采用的布点方法有以下 4 种。

（1）网格布点法

该法是将监测区域的地面按地理坐标划分成若干均匀方格,采样点可设在方格中心,如图 9-8 所示。网格大小视污染源、人口分布及人力、物力等因素而定。但对一个城市来说,总点数应在 15 个以上,如果将网格划分的足够小,则可将监测结果绘成污染物浓度空间分布图,对城市环境状况的了解和治理将有重要意义。

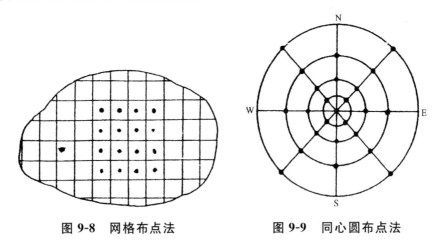

图 9-8　网格布点法　　　　　图 9-9　同心圆布点法

（2）同心圆布点法

该法适用于污染源的调查或风向多变的情况。先以点污染源为圆心,画同心圆,圆间距约 0.5～2.0 km,同心圆数目不少于 5 个,再画出 8 方位的放射线。同心圆与放射线的交点即为监测点,如图 9-9 所示。

（3）扇形布点法

此法适用于主导风向明确,风向变化不大的情况。首先以主导风向为轴线,向两侧分别画出 30°,22.5°,15°等夹射角射线,再画出三条放射线和同心弧线,射线与弧线交叉点即为监测点,如图 9-10 所示。

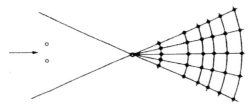

图 9-10　扇形布点法

（4）功能区布点法

该法是将监测区划分为工业区、商业区、居住区、工业居住混合区、交通稠密区、文化区和清洁区，在各功能区设置一定数量的采样点。该法多用于区域性常规监测。

2.采样时间和频度

我国监测技术规范对环境空气污染例行监测规定的采样时间（一个采样周期所持续的时间）和采样频度（在采样时间内的采样次数）如表 9-8 所示。

表 9-8　环境空气采样时间与频度

临测项目	采样时间和频度
二氧化硫	隔日采样，每次采样连续（24±0.5）h，每月 14～16 d，每年 12 个月
氮氧化物	隔日采样，每次采样连续（24±0.5）h，每月 14～16 d，每年 12 个月
总悬浮颗粒物	隔双日采样，每天（24±0.5）h 连续监测，每月监测 5～6 d，每年 12 个月监测
灰尘自然沉降量	每月（30±1）d 监测，每年 12 个月监测
硫酸盐化速率	每月（30±1）d 监测，每年 12 个月监测

3.环境空气的采样方法

（1）直接采样法

直接抽取少量空气样品进行分析。该法所得结果为污染物瞬时浓度，要求采用的分析方法有较高的灵敏度。该法常用的采样工具为塑料袋、玻璃注射器（100 mL，采样时宜往复推拉玻璃柱塞多次）、采气管（与气泵相连）和真空瓶（与气泵相连，采样前将其抽成真空状态）。

（2）富集采样法

富集采样法又称浓缩采样法。该法适合于大气中污染物浓度甚低时的情况，在采样同时将污染物进行富集。所以，该法测定的是采样时间内有害物质的平均浓度。常采用的是溶液吸收法和填充柱阻留法。溶液吸收法是将待测气体通过吸收液，由于溶解作用或化学反应将待测组分吸收进吸收液中。吸收液中待测组分浓度与通气时间、吸收速度大小等相关。常用的吸收液有水、化学试剂的水溶液和有机溶剂等。选择吸收液时应考虑到以下因素：吸收液对富集对象溶解度大或化学反应快速；吸收液要有足够的稳定性；吸收液不应影响下一步测定。采样吸收液列举于表 9-9 中。填充柱阻留法是让气样以一定流速通过用活性炭、硅胶、分子筛等填充的玻璃管或不锈钢管柱，通过吸附、反应等作用，使待测组分阻留在柱中的填充剂上，达到浓缩的目的。采样后通过解吸或溶剂洗脱，使待测组分从填充剂上释放出来进行测定。

表 9-9　大气监测中采用的吸收液示例

被测组分	吸收液	测定方法
二氧化硫	0.04 mol·L—四氯汞钾溶液（$HgCl_2$＋KCl）	分光光度法
	0.3％过氧化氢水溶液（pH 4.0～4.5）	钍试剂分光光度法

被测组分	吸收液	测定方法
硫化氢	硫酸锌—氢氧化钠—硫酸铵	亚甲基蓝分光光度法
氮氧化物	冰乙酸—对氨基苯磺酸—盐酸萘乙二胺	分光光度法
	3％H_2O_2溶液	中和滴定法
氨	0.01 mol·$L^{-1}$$H_2SO_4$溶液	分光光度法
氰化氢	0.05 mol·L^{-1}NaOH溶液	分光光度法
光化学氧化剂(O_3)	碘化钾—硼酸溶液	分光光度法
	0.4％NaOH	碘量法
氯化氢	0.1 mol·L^{-1}NaOH	分光光度法
二硫化碳	乙酸铜—乙醇—二乙胺	分光光度法
	20％KOH—乙醇溶液	碘量法
甲醛	酚试剂(3—甲基—苯并噻唑腙)(MBTH)0.005％水溶液	分光光度法
丙烯醛	乙醇—三氯乙酸—二氯化汞—4—已基间苯二酚	分光光度法
酚类	0.1 mol·L^{-1}NaOH	4—氨基安替比林光度法或气象色谱法
苯胺	0.01 mol·$L^{-1}$$H_2SO_4$	分光光度法
吡啶	0.01 mol·L^{-1}HCl	分光光度法
异氰酸甲酯	二甲基亚砜—盐酸	分光光度比
光气	KI—丙酮	碘量法
	苯胺水溶液(0.025％)	紫外分光光度法

9.4.5　全球性大气污染的问题

以上所讨论的大气污染物,与正常空气组分相混合,在一定条件下就会发生各种物理和化学变化,生成一些新的污染物质(即二次污染),并可能出现某些综合性乃至全球性的大气污染现象。

1.酸雨

酸雨是指 pH 小于 5.6 的酸性降水,其主要成分是硫酸和硝酸,此外还含有多种其它无机酸和有机酸。酸雨可降落在发生源本地,也可随风飘移至几千公里外造成大范围的公害。酸雨使水体酸化,从而造成水生生物减少甚至绝迹,底泥中沉积的有毒重金属溶入水体,富集在鱼贝体内,最终通过食物链危害人体健康。酸雨可酸化土壤,使其中的镁、钙等营养元素迅速溶出流失,导致土壤肥力下降。酸雨危害农作物生长,特别是大面积毁坏森林。

2.臭氧层衰竭

臭氧层存在于平流层中。O_3 在地面上有不少危害,例如产生光化学烟雾和破坏许多一般物质。然而在高空,它能够吸收和阻挡紫外线的辐射,从而起到保护地球生物的作用。

随着现代科学技术和工农业的发展,远在 12 km 以外的高空也被污染。近十余年的研究表明,污染物对 O_3 层的影响至少涉及 150 个化学反应,其中影响最大的有两类。

(1)氮氧化物的作用

在平流层飞行的超音速飞机、核爆炸都可产生大量的 NO_x。NO 在平流层中与 O_3 和 O 发生如下链式反应:

$$NO + O_3 \rightarrow NO_2 + O_2$$
$$NO_2 + O \rightarrow NO + O_2$$

总反应为

$$O_3 + O \rightarrow 2O_2$$

在此循环反应中,NO 和 NO_2 都起着催化剂的作用,反应的净结果是消耗了氧原子和臭氧分子,这是臭氧层可能遭受破坏的重要机理之一。

(2)氟利昂类的作用

氟利昂(freons)是氟氯代烃的总称。它们被用作制冷剂和喷雾剂,具有很高的化学稳定性,有可能一直上升到平流层,在紫外光作用下分解。例如

$$CF_2Cl_2 \rightarrow Cl + CF_2Cl$$

Cl 原子在高空中是分解 O 的一种强催化剂。在它的作用下 O_3 分子和 O 原子被转化为普通的 O_2 分子

$$Cl + O_3 \rightarrow ClO + O_2$$
$$ClO + O \rightarrow Cl + O_2$$

总反应为

$$O_3 + O \rightarrow 2O_2$$

据监测,1978～1987 年全球臭氧层中 O_3 的含量平均下降了 3.4%～3.6%,在南极上空出现了巨大的臭氧空洞。至 1999 年 9 月,空洞面积已达 2.155×10^7 km²,比 10 年前扩大了 $\frac{2}{3}$。与此同时,我国上空的臭氧含量下降了 6%。臭氧层的衰竭使紫外光对地球的辐射强度增大,由此引起人类白内障和皮肤癌增多,免疫系统功能下降;严重影响水生生物和农作物的正常生长;伤害生物圈的食物链。强烈的紫外光辐射还引起各种材料的巨大损失。

臭氧层的破坏已引起世界各国的极大关注,1987 年 9 月 16 日,46 个国家在加拿大的蒙特利尔签署了臭氧层保护协议书。按协议规定,发展中国家到 2010 年要最终淘汰臭氧层消耗物质。我国是蒙特利尔协议书的签字国,将于 2005 年停止使用氟利昂类物质。加速研制绿色环保型制冷剂是一项重要课题。

3.温室效应

大气中 CH_4、CO_2 能让阳光中的短波辐射自由地到达地面,同时又能显著地阻止地面的

长波热辐射返回太空,对地球起着保温作用,故有"温室效应"之称。随着能源的大量消耗和森林的日趋减少,大气中的 CO_2 含量越来越高,20 世纪 60～80 年代增加了 8%,从而使地球平均气温呈逐渐上升的态势。联合国环境规划署一项研究报告称,如果人类不能成功地控制或减少 CO_2 的排放量,估计今后每年气温平均要上升 0.3℃。这将导致地球两极冰层融化和滑动,使海平面上升而淹没大片陆地;同时引发旱灾和土地荒漠化加剧。

当然,影响气候变化的因素很多,对未来地球是否能持续变暖仍然存在争议。但在主张维持碳的循环平衡、绿化大地和保护森林方面,大家的认识是完全一致的。

9.4.6 大气污染的控制

防治空气污染的关键在于控制污染源,在此基础上采取化学、物理、生物等方法进行综合治理。化学方法主要有下面几种。

①对燃料进行预处理以脱硫。例如,硫在煤中主要以 FeS_2 及有机硫化物形式存在。将煤粉碎,经过 2 次浮选就可除掉 90% 的无机硫化物,而有机硫则可通过煤的气化、液化或排烟脱硫法作进一步的处理。硫在重油中多以结构复杂的环状有机物存在,可用催化加氢的方法,将其转化为 H_2S 气体,再用石灰水吸收生成 CaS 沉淀,以达到脱硫的目的。

②改善燃烧技术,将燃料产生的污染气体控制于燃烧过程之中。例如,"流化床燃烧"技术能有效地控制 SO_2 及 NO_x。这种燃烧技术使炉内固体燃料处于流态化状况,在较低燃烧温度(850～900℃)和传质、传热效率较高的情况下燃烧,有利于吸附剂(如石灰石)在炉内吸收 SO_2。其主要的化学反应可表示为

$$CaCO_3 \underset{}{\overset{>800℃}{\rightleftharpoons}} CaO + CO_2 \uparrow$$
$$CaO + SO_2 = CaSO_3$$
$$2CaSO_3 + O_2 = 2CaSO_4$$

此法既可提高燃烧效率又可减少排气中的 SO_2 和粉尘。我国研制的"烧结多孔脱硫剂"在钙硫比为 1.5 时,脱硫率可达 90% 以上。

③废气净化后再排出。例如,可用石灰乳法、氨法、碱法或吸附法吸收废气中的 SO_2。

石灰乳法是以 $CaCO_3$ 或 $Ca(OH)_2$ 或两者的混合浊液(5%～10%)作为吸收剂。烟气除硫后再经除雾和加热通过烟囱排放;吸收液经空气氧化可得石膏产品。此法流程简单、成本低廉,除硫率可达 95%～98%,适用于低浓度废气的除硫。其缺点在于吸收器及管道容易被析出的晶体堵塞。

氨法是以氨水为吸收剂,吸收率可达 93%～97%,适用于电厂锅炉烟道气或硫酸厂尾气的处理。此法最后产品为高浓度的 SO_2 和硫酸铵。当废气(含 0.9% 的 SO_2)在吸收塔内经氨和亚硫酸铵溶液 2 次逆流吸收后,SO_2 的浓度可降到 0.03%,其化学反应式为

$$SO_2 + 2NH_3 + H_2O = (NH_4)_2SO_3$$
$$(NH_4)_2SO_3 + SO_2 + H_2O = 2(NH_4)HSO_3$$
$$(NH_4)HSO_3 + NH_3 = (NH_4)_2SO_3$$

用 93% 的浓硫酸酸化上述吸收液,可得 $(NH_4)_2SO_4$ 和高浓度 SO_2 气体,其反应式为

$$2(NH_4)HSO_3 + H_2SO_4 = 2SO_2 \uparrow + 2H_2O + (NH_4)_2SO_4$$

$$(NH_4)_2SO_3 + H_2SO_4 = SO_2\uparrow + H_2O + (NH_4)_2SO_4$$

底液含有 40% 的 $(NH_4)_2SO_4$，经蒸发得到结晶硫铵肥料；含量高达 95% 的 SO_2 气体冷却至 $-10℃$，即可得到液态 SO_2，并可进而制得硫酸。

碱法是用 $NaOH$ 或 Na_2CO_3 溶液作吸收剂（也可用熔融的 Na_2CO_3），其反应式为

$$Na_2CO_3 + SO_2 = Na_2SO_3 + CO_2$$

吸附法是用活性炭、活性氧化铝、五氧化二钒、硅胶及分子筛等作为催化吸附剂，吸附烟气中的 SO_2，并使其氧化为 SO_3，再成硫酸。

控制和清除 NO_x 比较困难，目前多采用催化还原法。例如，用甲烷或氢作还原剂，在 Pt 的催化下将烟气中的 NO_x 还原为无害的 N_2。在 $400\sim500℃$ 的温度，其主要反应为

$$CH_4 + 4NO_2 = 4NO + CO_2 + 2H_2O$$
$$CH_4 + 4NO = 2N_2 + CO_2 + 2H_2O$$

也可用氨为还原剂，在适宜的温度下将 NO_x 还原为 N_2。

我国采用 $Cu-Cr$ 氧化物系、$Fe-Mn$ 氧化物系作催化剂代替贵金属，可使 NO_x 的转化率达 97% 以上。基本上可消除废气中的 NO_x 污染。

与化学有关的其他方法还有以下四个。

④改变能源结构，开发利用无污染能源（如太阳能、海洋能、风能等），或采用相对低污染的能源（如天然气），以减少污染物的排放。

⑤改进生产工艺，实行清洁生产。针对汽车尾气污染，要改进发动机和尾气排放系统，积极采用污染较低的燃料（如无铅汽油、液化石油气、天然气）。

⑥合理布局，综合利用能源，尽量实行区域采暖、集中供热。

⑦大面积植树造林，净化空气。

第10章　化学在日常生活中的应用

10.1　化妆品

10.1.1　化妆品的作用

化妆品一般分为乳剂(如雪花膏、润肤霜)、粉剂(如胭脂、香粉)、水剂(如香水、花露水)及软膏(如唇膏、戏剧油彩)等,它们的作用主要有以下四点。

①用于清除面部、皮肤表面和毛发中的不洁物质。如香皂、洗面奶、洗发精等。

②用于保持面部、皮肤表面和毛发的柔滑滋润,增强分泌机能和活性。如各种润肤霜、护发素等。

③用于改变和美化面部、皮肤表面及毛发。如脂粉、染发剂等。

④用于治疗或抑制某些影响外表美观的生理现象。如雀斑霜、防晒剂等。

选用合适的化妆品,有助于保护皮肤、毛发的健康,并能美容美颜,焕发青春活力。

10.1.2　化妆品的原料

组成乳剂化妆品的主要有羊毛脂、椰子油、硬脂醇、硬脂酸、蜂蜡、凡士林等,起护肤、柔滑和滋润等作用。

组成粉剂化妆品的原料主要有滑石粉($3MgO \cdot 4SiO_2 \cdot H_2O$)、高岭土($Al_2O_3 \cdot 2SiO_2 \cdot 2H_2O$)、钛白粉($TiO_2$)、氧化锌、碳酸钙、磷酸氢钙、硬脂酸锌和淀粉,起遮盖、滑爽和吸收等作用。

组成水剂化妆品的原料主要有酒精、丙酮、丁酮、丁醇、乙酸乙酯、乙酸丁酯、甘油和丙二醇等,起溶解稀释作用。

常用化妆品的辅助原料主要有乳化剂(如硬脂酸钠)、助乳化剂(氢氧化钾、硼砂、三乙醇胺等)、香精、色素、防腐剂和抗氧化剂(没食子酸、二羟基酚)、粘合剂(阿拉伯树胶、果胶)、发泡剂和收敛剂(碱式氧化铝、苯酚磺酸铝等)。

10.1.3　化妆品可能造成的危害

化妆品的魅力主要来自它醉人的香味和诱人的美容效果。但不可不防隐藏在它背后的危害性。化妆品的副作用来自香料、色剂和防腐剂中的光感性物质及杂质。较常见的皮肤损害病有以下两点。

1.色素性化妆品皮炎

此类病变早期表现仅为面部皮肤轻微发痒、发红或是略有小丘疹、癣状物。如果立即停止使用化妆品,其症状会自然消失;如继续使用化妆品,则过敏源不断侵入、蓄积,最终导致皮肤干涩粗糙,并可能留下很难消除的黑色素斑。

2.化妆品性粉刺痤疮

这不仅是因粉底型化妆品堵塞毛孔所致,也与化妆品的油量过大和香料、色素、防腐剂刺激有关。

染发剂含有较多的对苯二胺,人体皮肤能吸收此类苯环化合物。染发者长期接触对苯二胺之类的苯类衍生物,有可能造成人体细胞内脱氧核糖核酸损伤。如果染发剂中含有醛基结构的合成香精,对脱氧核糖核酸损伤更甚,有可能诱发细胞突变而发生癌症。研究人员初步估计,某些染发剂对人体的致癌作用有长达 15 年之久的潜伏期。黑色染发剂比其它颜色的染发剂毒性小,一般说来,只要不是经常反复接触染发剂,染发者便不必担心致癌。

防止化妆品病的唯一方法是要根据自己皮肤的性质和季节变化,选用质地优良和无色、无味或色轻、味淡的化妆品,千万不要无选择地滥用化妆品。其实,美容美发的关键是要保持身心健康,平时注意从饮食中摄取足量的维生素 A、B_2、B_6、C 等。此外,风靡世界的黑色食品(黑米、黑豆、黑木耳、黑芝麻等)对护肤美容、乌发、延缓衰老有独特的作用。不吸烟,少喝酒,少吃烟熏、辛辣食物,多喝水也可延缓皮肤衰老。

10.2　服装材料

化学在穿着方面贡献重大,如皮革是兽皮经化学处理后制成的,而合成塑料(合成革)正在取而代之;色泽鲜艳的衣料是天然纤维或化学纤维经过化学处理和化学染色而成的。本节简要介绍化纤与天然棉、麻、丝、毛织品的鉴别和洗涤。

10.2.1　化纤、棉毛织品的鉴别

鉴别方法主要有感官鉴别法和实验鉴别法。感官鉴别法简单易行,但准确度不高。实验鉴别法又分为燃烧鉴别法、溶剂溶解鉴别法、试剂显色鉴别法和显微镜鉴别法等。这类鉴别法准确可靠。本节仅介绍简单易行的燃烧鉴别法,如表 10-1 所示。

表 10-1　几种常见纤维的燃烧特征

种类	燃烧情况	气味	灰烬颜色和状态
棉、麻	燃烧快,产生黄色火焰及蓝色的烟	烧纸和烧枯草味	灰少,呈浅灰或灰白色粉末
丝	燃烧慢,烧后缩成一团	烧毛发味	灰为黑褐色小球,用手指一压即碎
毛	一面燃烧一面冒烟起泡	烧毛发味	灰多为有光泽的黑色脆块,一压即碎
涤纶	燃烧时纤维卷缩,一面熔化一面冒烟,产生黄色火焰	有芳香气味	灰烬为黑褐色硬块,用手可以压碎
锦纶	一面熔化,一面缓慢燃烧,火焰呈蓝色,无烟或略带白烟	有芹菜味	灰为浅褐色硬块,不易压碎

种类	燃烧情况	气味	灰烬颜色和状态
腈纶	一面熔化一面缓慢燃烧,产生明亮的白色火焰,略有黑烟	鱼腥臭味	灰烬为黑色圆球,易压碎
氯纶	难燃烧,接近火焰时收缩	有氯气的刺鼻气味	灰为不规则黑褐色硬块
丙纶	边熔化边燃烧,火焰明亮,呈蓝色	有燃蜡气味	灰为硬块,能用手压碎
维纶	燃烧时纤维迅速收缩,燃烧缓慢,有浓烟、火焰小呈红色	有特殊臭味	灰为黑褐色不定形硬块,可用手压碎

10.2.2 衣物的洗涤和收藏

1.棉麻织物

棉麻织物耐碱性强,可用各种肥皂和洗涤剂洗涤。花色织物不宜用沸水浸泡或在洗涤液中浸泡过久,以免褪色,在日光下晾晒时应反面在上。麻织物应轻洗轻揉,漂洗后不能用力拧,以免起毛和使麻纤维滑移损坏衣物。

2.丝毛织物

高级的绸缎和毛料最好干洗,一般的丝绸和毛料可选用中性皂或高级洗涤剂。洗时应大把轻揉,以免损伤纤维。为保持色泽的鲜艳明亮,漂洗后宜放在透风阴凉处晾干。晾到八成干时,可用白布覆盖衣料,用熨斗熨平。熨烫时忌喷水,以免造成水渍斑痕。

3.合成纤维织物

一般选用碱性较低的洗衣粉。洗液温度以微温为宜(高温易使衣物收缩、变形或软化),也可用冷水洗涤。洗涤后一般不宜在阳光下直接曝晒,应在通风阴凉处晾干。

4.腈纶、氯纶绒线

洗涤时应分两步进行:第一步是先用洗衣粉或中性皂将绒线洗净晾干;第二步是用热水处理,即将刚烧开的水倒入盆内(氯纶绒线耐热性差,水温不得超过70℃),随即放入洗净晾干的绒线。浸泡片刻后,拎起扎绞线,上下抖动3~5次,使蜷曲的绒线伸直。待水自然冷却后取出绒线,放在蓝子里或网袋里将水分沥干。经热水处理后的绒线,基本可以伸直,而且蓬松度和弹性也有所恢复。

衣物在收藏前都应清洗干净。凡含天然纤维的衣物(包括各种混纺织物)收藏时应放樟脑丸之类的防蛀剂。防蛀剂最好包以纱布或薄纸,以免沾染衣物。纯化纤衣物最好单独存放,否则,防蛀剂的增塑性会加快衣物的老化。

10.3　营养饮食

10.3.1　人体必需的营养素

人体必需的营养素主要有蛋白质、脂肪、糖、维生素、矿物质和水。

1. 蛋白质

蛋白质是组成人体一切细胞和组织的基本物质,是人体氮的唯一来源。蛋白质参与酶、激素、血浆蛋白、抗体等的组成,促进机体生长发育,更新修补组织,并供给热量。人体蛋白质缺乏会导致机体抵抗力降低,新陈代谢机能紊乱,使人消瘦、贫血、水肿、发育迟缓、甚至危及生命。一般成人对蛋白质的需要量为每天 80~100 g。年龄越小,蛋白质需要量相对越多。

2. 脂肪

脂肪在人体内的首要功能是储存和供给能量。其次是提供人体不能合成的三种“必需脂肪酸”,即亚麻油酸、亚麻油烯酸和花生油烯酸(它们的功能是促进发育,降低血胆固醇,减少血小板粘附性和保护皮肤)。另外脂肪可隔热、保温,支持和保护体内各种脏器不受损伤,还能促进 A、D、E、K 等维生素的吸收。脂肪是一种富含热能的营养素。每克脂肪能产生 37.8 kJ 热量,比糖高一倍多。一般成人对脂肪的需要量为每天 60 g。

脂肪和油合称油脂。脂肪来自动物,油来自植物。市售植物油有粗制油和精炼油之分。粗制油色暗粘稠,容易变质,加热时起烟,其中含有一些对人体不利的芳香族物质。精炼油是将粗制油经脱酸、脱胶(均为有害物质)、脱色、脱臭而成。植物油中含亚麻油酸、亚麻油烯酸较多,动物脂肪中含花生油烯酸较多。因此,两种油脂应搭配食用。动物性油脂用量最好相当于植物油的一半。

3. 糖

糖是构成机体的重要物质,并参与细胞的许多生命活动。例如,糖脂是细胞膜与神经组织的组成成分,糖蛋白是某些抗体、酶和激素的组成成分等。糖类对肌体最重要的作用是供给能量,每克糖可产生 16.7 kJ 热量。一般成人每日需糖 500 g 左右,不足时会消耗体内的脂肪甚至蛋白质。

膳食中糖类多以淀粉形式摄取,分解为单糖后在小肠内被吸收利用。食物中的多糖纤维素和果胶,虽不能被人体消化吸收,但它能促进肠道蠕动,缩短粪便的滞留时间,从而减少细菌及毒素对肠壁的刺激,降低结肠癌的发病率。

4. 维生素

维生素是维持人体正常生理功能所必需的一类低分子有机化合物。目前已知的有 20 多种,它们性质各异,且一般不能在体内合成,必须由食物供给。

维生素按其溶解性可分为脂溶性(A、D、E、K 等)和水溶性(主要是 C 族和 B 族)两大类。

虽然成人每天所需各种维生素仅几毫克到几十毫克,但它们各有其独特的生理功能,一旦缺乏,就会患各种疾病,如表10-2所示。

表 10-2　维生素

名称	成人日需量	食物来源	主要功能	缺乏症
维生素 B₁ (硫胺)	1.5 mg	各种谷物、豆、酵母、动物的肝、肾、脑、瘦肉、蛋黄	调节糖代谢,维持心脏、神经及消化道的正常功能	脚气病,表现为多发性神经炎、心功能失调、消化不良、浮肿
维生素 B₂ (核黄素)	1.5 mg	动物内脏、牛奶、鸡蛋、阔叶蔬菜、豆类、酵母	构成脱氢酶的主要成分,参与糖、脂肪、蛋白质的代谢	口角炎、舌炎、角膜炎、结膜炎、皮肤皲裂
维生素 B₆ (吡哆醇)	1.25~2 mg	各种谷物、豆、蛋黄、肉、乳、动物内脏	氨基酸和脂肪酸代谢的辅酶	幼儿惊厥,成人皮肤病
维生素 B₁₂ (钴胺素)	2~3 mg	肉类、动物内脏、鱼、蛋、乳	促进红血球的发育和成熟,参与核酸蛋白质和胆碱的合成	恶性贫血
烟酸(尼克酸)	17~20 mg	蘑菇、酵母、肝、瘦肉、各种谷物	氢转移中的辅酶,参与葡萄糖的酵解、脂类和丙酮酸代谢	癞皮病,其典型症状为:皮炎,腹泻和痴呆
叶酸	0.1~0.5 mg	酵母、动物内脏、豆类、麦芽、绿叶蔬菜、水果	合成核酸和蛋白质	贫血,抑制细胞的生长和分裂
维生素 C (抗坏血酸)	60~75 mg	辣椒、红枣、弥猴桃、柑桔、柠檬等酸味水果、新鲜蔬菜	维持组织细胞的功能与再生,增进铁剂吸收及酸代谢,促进抗体的形成,提高白细胞的噬菌能力和肝脏的解毒能力	坏血病,其典型症状为牙龈、皮肤、粘膜等出血,骨骼、毛细血管脆弱,伤口不易愈合
泛酸	8~10 mg	酵母、动物肝、肾、肉、蛋、乳、各种谷物	组成辅酶 A	运动神经元失调,消化不良,心血管功能紊乱
维生素 A (视黄醇)	800~1000 g	动物的肝、肾、鱼肝油、蛋、奶	形成视色素,维持上皮组织的正常功能	夜盲症,角膜干燥、混浊,皮肤干燥、粗糙
维生素 D	5~10 μg	鱼肝油、动物肝脏、蛋黄、皮下所含脱氢胆固醇经阳光照射转化	促进肠道对钙、磷的吸收,促进骨骼和牙齿的矿质化	儿童佝偻病,手足搐搦症,成人骨质软化病

续表

名称	成人日需量	食物来源	主要功能	缺乏症
维生素　E（生育酚）	10 mg	谷物、植物油、绿色蔬菜	保持红细胞的抗溶血能力	不孕、流产、肌肉萎缩、增加红细胞的脆性
维生素 K	70～140 μg	绿叶蔬菜、蛋黄、豆油、肝脏、人体肠道细菌可合成	促进肝脏生成凝血酶原，从而促进血液正常凝结	延长凝血时间

5.矿物质

亦称无机盐,是构成机体组织的重要材料。与有机营养素不同,矿物质既不能在人体内合成,也不能在体内代谢过程中消失。

人体中已知的无机盐元素有 60 多种,钙、镁、钠、钾、磷、硫、氯七种元素含量在 0.01% 以上,日需量在 100 mg 以上,称为大量元素或常量元素。钠、钾、氯参加体内酸、碱平衡的调节和渗透压调节;钙、磷、镁是骨骼和牙齿的重要成分。人体内含量较少的铁、铜、碘、锌、锰、钴、镍、钼、铬、硒、氟、锶等被称为微量元素。微量元素含量虽微,但对人体的特殊生理功能却是无可替代的,主要功能有如下几个。

①微量元素是人体内多种酶的组分并对酶有活化作用。在已知的上千种酶里,60% 以上含有一种或几种金属离子。如抗坏血酸氧化酶、细胞色素氧化酶都含有铜离子,如果缺少了它,会影响造血功能使人贫血,或使局部皮肤色素脱失引起白癜风。

②微量元素是人体内激素或维生素的组成元素。如碘是甲状腺激素的组成成分,缺碘会导致甲状腺激素不足,发生甲状腺肿大。缺少低价铬会导致胰岛素不足,引起糖尿病。

③微量元素具有输送普通元素的作用,如血红素里的铁就是氧的携带者。

④能维持和调节体液的渗透压和酸碱平衡,保证人体的正常生理功能。

⑤在遗传方面起作用。核酸是遗传信息的携带者与传递者,而核酸的合成与代谢离不开铁、锌、铬、锰、铜、镍等微量元素。

表 10-3　人体必需微量元素功能与平衡失调症

元素	成人日需量	食物来源	主要功能	缺乏症	过量症
Fe	12～18 mg	肝,肉,蛋,鱼类及其制品,猪、羊血,黑木耳,海带	造血,组成血红蛋白、肌红蛋白和含铁酶,参与氧的运送、交换和组织呼吸过程	贫血,免疫力低,疲劳无力,头痛,口腔炎	影响胰腺和性腺,心衰,糖尿病,肝硬化
F	1～3 mg	饮水,茶叶,各种谷物	长牙骨,防龋齿,促生长,参与氧化还原和钙磷代谢	龋齿,骨质松疏,贫血	氟斑牙,氟骨症,骨质增生,损坏肾脏

元素	成人日需量	食物来源	主要功能	缺乏症	过量症
Zn	15 mg	肉类,鱼类及其它海产品,豆类,各种谷物,蔬菜	合成100多种酶,激活200多种酶,参与核酸和能量代谢,促进性机能正常,抗菌,消炎	生长缓慢,食欲不振,溃疡,炎症,不育,白发,白内障,肝硬化	胃肠炎,前列腺肥大,贫血,高血压,冠心病
I	0.15 mg	海带、紫菜、海鱼等海产品,含碘盐	合成甲状腺和多种酶,调节能量和机能代谢,促进生长发育	甲状腺肿大,幼儿发育迟缓,智力低下,痴呆,成人粘液性水肿,疲乏怕冷、体温低、毛发干涸等	甲状腺功能亢进,主要表现为:眼突、颈粗、多食、消瘦、多汗手抖等
Mn	8 mg	茶叶,各种谷物,豆类,核桃仁,板栗	组酶,激活剂,增强蛋白质代谢,合成维生素,防癌	软骨,营养不良,神经紊乱,肝癌,生殖功能受抑	无力,神经衰弱,头昏,头痛,多汗,发抖
Sr	1.9 mg	矿化水,大豆蛋白粉	长骨骼,维持血管功能和通透性,合成粘多糖,维持组织弹性	骨质疏松,抽搐症,白发,龋齿	关节痛,大骨节病,贫血,肌肉萎缩
Se	0.05 mg	啤酒酵母,海产品,肉类,茶叶,动物肝、肾,蔬菜,谷物	组酶,抑制自由基,护心肝,对重金属解毒	心血管病,克山病,大骨节病,癌,关节炎,心肌病	硒土病,心肾功能障碍,腹泻,毛发、指甲脱落
Cu	3 mg	动物肝、肾,鱼,肉,甲壳类,坚果类,豆类,蔬菜	造血,合成酶和血红蛋白,增强防御功能	贫血,心血管损伤,冠心病,脑障碍,溃疡,关节炎,脱发	黄疸肝炎,肝硬化,胃肠炎,癌

无论是常量元素还是微量元素,在人体内都有其合适的浓度范围,超过或不足都对身体有害无益,如表10-3。一般情况下,微量元素通过多样化的饮食会得到满足。如果缺少某种微量元素要根据医嘱,谨慎科学地进行补充,不可盲目地滥补。如碘对人体的重要作用已得到共识,但碘对甲状腺的影响具有双向性。缺碘和高碘都会引起甲状腺肿大。每日食用含碘盐5～10 mg即可满足生理需要。过多食用海带、紫菜尤其是碘制品会引起过剩性中毒,此类事件时有报导,应引起足够重视。

6.水

水是人体含量最大（人体含水约占体重 $\frac{2}{3}$）和最重要的组成成分。

一个人如果缺水几天或体内失水 20% 以上就会很快死亡。水在体内的生理作用有调节体温,转化和运送营养物质,维持正常的消化、吸收和排泄功能。此外,水还是体内各种生物化学反应的媒介。

一般情况下,一昼夜人体需水 2500 mL 左右。水在细胞内外和各组织器官之间的分布,总处于动态平衡。一旦呕吐、腹泻等引起消化液大量损失时,人体就会动用细胞内液和其它组织器官的体液,使人出现脱水症状。如果体内水分滞留过多,便会产生水肿等症状。

10.3.2　常用食物的营养成分

人体对各种营养素都有一定的需求量,过多、过少或不平衡都会引起营养失调,诱发疾病。表 10-4 为一些常用食物营养成分,只要一日三餐合理配制膳食,就会从各种食物中获取全面的营养素,达到平衡营养的目的。

表 10-4　每 100 g 常用食物中营养成分的含量

食物名称	蛋白质/g	脂肪/g	糖/g	热量/kJ	钙/mg	磷/mg	铁/mg	胡萝卜素/mg	维生素 B₁/mg	维生素 B₂/mg	尼克酸/mg	维生素 C/mg
粳米	6.7	0.7	78	1450	7	136	—	0	0.16	0.05	1.0	0
精白粉	7.2	1.3	78	2925	20	101	2.7	0	0.06	0.07	1.1	0
标准粉	9.9	1.8	74	1471	38	268	4.2	0	0.46	0.06	2.5	0
黄豆	36.3	18.4	25	1718	367	571	11.0	0.40	0.79	0.25	2.1	0
绿豆	22.1	0.8	59	1388	49	268	3.2	0.22	0.53	0.12	1.8	0
黄豆芽	11.5	2.0	7	385	68	102	1.8	0.03	0.17	0.11	0.8	4
绿豆芽	3.2	0.1	4	125	23	51	0.9	0.04	0.07	0.06	0.7	6
豆腐（南方）	4.7	1.3	3	171	240	64	1.4	—	—	—	—	—
豆腐（北方）	7.4	3.5	3	293	277	57	2.1	—	0.03	0.03	0.2	0
土豆	1.9	0.7	16	326	11	59	0.9	0.01	0.10	0.03	0.4	18
白萝卜	0.6	0	6	109	49	34	0.5	0.02	0.02	0.04	0.9	30
胡萝卜	0.9	0.3	7	142	32	32	0.6	4.00	0.02	0.05	0.3	8
大白菜	1.4	0.1	3	79	33	42	0.4	0.11	0.02	0.04	0.3	24
油菜	2.0	0.1	4	105	140	52	3.4	1.59	0.08	0.11	0.9	61

续表

食物名称	蛋白质/g	脂肪/g	糖/g	热量/kJ	钙/mg	磷/mg	铁/mg	胡萝卜素/mg	维生素B₁/mg	维生素B₂/mg	尼克酸/mg	维生素C/mg
卷心菜	1.3	0.3	4	100	62	28	0.7	0.01	0.04	0.04	0.3	39
菠菜	2.0	0.2	2	75	70	34	2.5	2.96	0.04	0.13	0.6	31
韭菜	2.4	0.5	4	125	56	45	1.3	3.49	0.03	0.09	0.9	19
芹菜	2.2	0.3	2	84	160	61	8.5	0.11	0.03	0.04	0.3	6
西红柿	0.6	0.3	2	54	8	37	0.4	0.31	0.03	0.02	0.6	11
茄子	2.3	0.1	3	92	22	31	0.4	0.04	0.03	0.04	0.5	3
辣椒	0.9	0	5	100	7	38	0.5	1.56	0.04	0.03	0.3	105
黄瓜	0.8	0.2	2	105	25	37	0.4	0.26	0.04	0.04	0.3	14
桔子	0.9	0.1	12	222	26	15	0.2	0.55	0.08	0.03	0.3	30
苹果	0.2	0.1	15	259	11	9	0.3	0.08	0.01	0.01	0.1	5
梨	0.1	0.1	12	167	5	6	0.2	0.01	0.01	0.01	0.2	3
桃	0.8	0.1	7	134	8	20	1.0	0.01	0.01	0.02	0.7	6
香蕉	1.2	0.6	20	376	10	35	0.8	0.25	0.02	0.05	0.7	6
干红枣	3.3	0.4	73	1292	61	55	1.6	0.01	0.06	0.15	1.2	12
花生米(生)	26.2	39.2	22	2282	67	378	1.9	0.04	1.03	0.11	10.0	2
鲜蘑菇	2.9	0.2	3	105	8	66	1.3	0	0.11	0.16	3.3	4
黑木耳	10.6	0.2	65	1271	357	201	185.0	0.03	0.15	0.55	2.7	—
海带	8.2	0.1	57	1095	1177	216	150.0	0.57	0.09	0.36	1.6	—
紫菜	24.5	0.9	31	961	330	440	32.0	1.23	0.44	2.07	5.1	1
肥猪肉	2.2	90.8	0.8	3465	1	26	0.4	—	—	—	—	—
瘦猪肉	16.7	28.8	1.1	1379	11	177	2.4	—	—	—	—	—
牛肉	17.7	20.3	4.0	1129	5	179	2.1		0.07	0.15	6.0	0
羊肉	13.3	34.6	0.6	1534	11	129	2.0		0.07	0.13	4.9	0
鸡	23.3	1.2	—	435	11	190	1.5		0.03	0.09	8.0	—
鸭	16.5	7.5	0.1	560	11	145	4.1		0.07	0.15	4.7	—
带鱼	18.1	7.4	0	581	24	160	1.1		0.01	0.09	1.9	—
鲤鱼	17.3	5.1	0	481	25	175	1.6		微	0.10	3.1	—
鲫鱼	13.0	1.1	0.1	259	54	203	2.5		0.06	0.07	2.4	—
河虾	17.5	0.6	0	314	40	161	0.7		—	—	—	—

续表

食物名称	蛋白质/g	脂肪/g	糖/g	热量/kJ	钙/mg	磷/mg	铁/mg	胡萝卜素/mg	维生素B₁/mg	维生素B₂/mg	尼克酸/mg	维生素C/mg
河蟹	14.0	2.6	0.7	343	141	191	0.8		0.01	0.51	2.1	—
鸡蛋	14.8	11.6	0.5	694	55	210	2.7		0.16	0.31	0.1	0
鸭蛋	13.0	14.7	1	777	71	210	3.2		0.15	0.37	0.1	0
人乳	1.5	3.7	6.4	272	34	15	0.1		0.01	0.04	0.1	6
牛乳	3.1	3.5	6.0	280	120	90	0.1		0.04	0.13	0.2	1

10.3.3　食品的科学加工与烹调

食品烹调加工的主要目的是消毒杀菌,增进食欲,促进营养素水解以利消化吸收。但食品在加工烹调过程中,不可避免地会损失一部分营养素,尤其是矿物质和维生素类。所以,在加工烹调食品时必须讲究科学。

1.米类

烹调以蒸、煮为主。蒸饭、焖饭营养素损失较少。捞蒸饭如果丢弃米汤,则维生素 B₁ 会损失 70% 以上,维生素 B₂ 会损失 50% 以上。煮稀饭时加碱的做法极不科学,因为维生素遇碱会被破坏。如 400 g 大米加 0.5 g 碱煮成的稀饭,维生素损失可高达 96%。

淘米也要讲究科学,力求轻淘、不搓、少冲洗。有人试验,大米用力淘洗 2～3 次可使维生素 B₁ 损失 40%～60%,维生素 B₂ 和烟酸损失 20～25%。当然,存放时间较长的陈米,其表面可能会生长强致癌物黄曲霉菌,应多搓洗几遍。

2.面食

烹调方法有蒸、煮、炸、烙等。一般蒸和烙的方法营养素损失较少。如蒸馒头、烙大饼,维生素 B₁、B₂ 及烟酸损失仅 10%～20%。煮面条时损失可达 30%～50%。油炸食品因高温和加碱,维生素 B₁ 几乎损失殆尽,维生素 B₂ 和烟酸损失 50%。此外,食用油反复循环使用可产生某些致癌物质,如 3,4-苯并芘等,因此,油炸食品不要长期食用。

3.蔬菜

蔬菜是维生素的贮存库。为了减少维生素的损失,加工烹调蔬菜时应注意以下几个方面。

(1)先洗后切

蔬菜切了以后再洗,维生素和无机盐就会从切口处溶解到水里,造成大量损失。另外,维生素 C 很容易被空气氧化而遭到破坏。所以蔬菜应先洗后切,随切随炒,随炒随吃,不宜存放时间过久。

(2)急火快炒

水溶性维生素大多遇热不稳定。比如青椒炒 6 min 维生素 C 损失 11%,炒 10 min 损失 29%。另外,蔬菜受热时间一长,菜叶里的叶绿素在有机酸的作用下会生成一种黄绿色物质使菜发黄。急火快炒,既保存了维生素,又使菜肴脆嫩可口,色、香、味俱佳。

（3）出锅加盐

如果在菜下锅以后立刻加盐,菜中的水分就会向外渗透,使菜本身的水分减少。这样炒出的菜就不会鲜嫩好吃了。另外,碘盐中的碘酸钾在高温和潮湿的空气中易析出碘,从而减弱碘盐防病治病的功效。

（4）勿煮勿熬

蔬菜经过煮或者熬,营养素的损失会更大。例如,新鲜的小白菜,放到水中煮 20 min,维生素 C 的损失高达 90% 以上。菠菜含草酸多,而草酸不但吃在嘴里有涩感,且吃进体内会和血钙反应生成不溶性的草酸钙排出体外,易引起缺钙症,所以做菠菜前应先用开水焯一下。其它青菜先焯再炒的做法不可取。

10.3.4　食品的营养强化

天然食品几乎没有一种是营养俱全的,特别是食品在加工、烹调、贮存等过程中往往还要造成部分营养素的损失。根据营养需要向食品中添加一种或多种营养素的过程,称为食品的营养强化。经过强化的食品称为强化食品,如赖氨酸面包、强化麦乳精、钙质饼干、多维豆奶、碘盐等等。

强化食品不仅可以弥补天然食物的营养缺陷,补充食品在加工、贮存等过程中的营养损失。还可以适应不同人群生理及职业的需要,简化膳食处理,方便进食。同时,它也是防病、保健的重要措施之一。

强化食品虽有许多优点,但也必需从营养学原理、安全卫生以及经济效果等方面全面考虑,有针对性地选用,以免引起不可逆的过剩性中毒。

10.3.5　食品中常见的有害物质

食物在种植、加工、包装、贮存等过程中,可能接触或产生某些有害物质。下面介绍几种世界公认的强致癌物。

1. 黄曲霉素

黄曲霉素是黄曲霉菌和寄生曲霉菌产毒菌株的代谢产物,是诱发肝癌的主要因素。目前,已确定结构的黄曲霉素有 17 种。其中以 B_1 的毒性与致癌性为最强（B_1 的毒性是 KCN 的 10 倍,砒霜的 68 倍）。

黄曲霉素不溶于水,耐酸、耐紫外线照射,对热也很稳定,一般烹调不能破坏,在高温下也不能完全破坏。所以预防措施应为防霉去毒,且以防霉为主。对已经被黄曲霉素污染的花生、玉米、豆类等要及时拣除,绝不可食用。

2. 亚硝胺

亚硝胺主要由亚硝酸盐和有机胺类在人体内合成,或在肉类、肉制品、啤酒的生产、贮存中产生,是诱发胃癌、食道癌的主要因素。预防措施:

①选用新鲜原料,以减少亚硝酸盐、硝酸盐（可还原为亚硝酸盐）和胺类的摄入量。硝酸

盐、亚硝酸盐主要来自蔬菜(鲜度越差亚硝酸盐含量越多)、肉类制品(常用硝酸钠、亚硝酸钠做发色剂或防腐剂)、腌制咸菜等。胺类化合物主要来自肉类、鱼类。谷物和烟草中也有一定含量。

②改进烹调工艺。腌制、煎炸、烟熏、烧烤等过程都会产生亚硝胺。

③应用维生素 C、E。维生素 C、E 虽不能破坏亚硝胺,但可以阻断亚硝胺的形成过程。我国生产的午餐肉中,一般加 200 mg/kg 的维生素 C,不但可阻止亚硝胺的形成,且对亚硝酸盐的发色抗菌作用也无影响。

3.3,4-苯并芘

3,4-苯并芘是一种由五个苯环构成的多环芳烃,可诱发皮肤癌、肺癌等。

苯并芘及其它多环芳烃(大多具有致癌性)主要存在于煤、炭黑、汽油、煤焦油、石蜡、沥青中。烟草和烟气中的含量也是很可观的。吸 100 支香烟可产生 4.4 μg 苯并芘。另外,熏烤、煎炸的食品以及产生的烟雾中苯并芘含量都较高。如人们喜食的烤羊肉串中苯并芘含量超标十至数百倍。

防止苯并芘的污染,要尽可能避免食品在加工、贮运等过程中的机械性污染。如粮食、油料作物在柏油路上翻晒,可使苯并芘含量高 8.37 倍。其次,熏烤、煎炸食品时,注意减少烟尘污染,并掌握好炉温和时间,防止烤焦或炭化。食用油不可反复加热循环使用。

还应指出,由于大量施用农药和化肥,使粮食和蔬菜都受到不同程度的污染。为了提高健康水平,应大力倡导发展无公害农业,生产绿色食品。

10.3.6　水质与饮料

1. 水质

优良水质是人体健康的重要保证,下面所列是我国生活饮用水水质标准。

(1)感官性指标

清洁的水无色透明,无异味和异臭,不含肉眼可见物。

(2)化学指标

①pH 值 6.5～8.5。

②总硬度不超过 450 mg·L^{-1}(以 CaCO$_3$ 计)。

③一些常见物质的最高容许浓度如表 10-5 所示。

表 10-5　常见物质的最高容许浓度

名称	Fe	Mn	Cu	Zn	Hg	Cd	Cr	Pb	As
最高容许浓度/mg·L^{-1}	0.3	0.1	1.0	1.0	0.001	0.01	0.05	0.05	0.05

名称	阴离子合成洗涤剂		亚硝酸盐(以 N 计)		氟化物(以 F$^-$ 计)		氰化物		酚类
最高容许浓度/mg·L^{-1}	0.3		0.06		1.0		0.05		0.002

(3)细菌学指标

①细菌总数。每毫升水中不应超过 100 个。

②大肠杆菌。每升水中不得超过 3 个。

2.饮料

①在名目繁多的饮料中,解渴、补充体液最好的当属白开水。在国外,25～30℃的新鲜凉开水被称为"复活圣水"。它的表面张力、密度、粘滞性、电导率等理化特性都接近生物细胞中的"细胞水",最易透过细胞膜而为细胞吸收利用,也有利于将聚积于肌肉、皮肤中的"疲劳素"——乳酸消除掉,还可润滑肠道、消除毒素、从而起到"内洗涤"作用。

理想的饮用开水应是煮沸 5～10 min 的新鲜水(不应隔夜存放)。煮的时间过长,将成为人造硬水,饮用不利健康。

②茶叶中的化学成分近 400 种,主要含有咖啡碱、茶碱、鞣酸、多种矿物质(如钙、磷、铁、铜、锌、硒、锗等)。茶中的咖啡碱、茶碱能提神解乏、强心利尿。鞣酸具有收敛、止血、杀菌、消食解腻等功效。饮热茶能对人体进行全面的体温调节,从根本上起到解热止渴的作用。饮茶对人体有很多好处,但应以清淡适量为宜,否则,过多的鞣酸会使消化道粘膜收缩,还会和食物中的蛋白质结合成鞣酸蛋白沉淀,影响食欲、消化和吸收。睡前饮用浓茶,大量的茶碱会使大脑皮层过度兴奋而引起失眠。茶叶中含有能使铁沉淀的鞣质,不利于铁的吸收,因此,贫血患者应少喝茶。

③矿泉水有天然矿泉水(水质必须是地下深部循环的无污染的地下水)和人工矿化水之分。两者均含有人体所需的矿物质,如钙、镁、钾、锌、锶、锂、溴、偏硅酸等。在经济比较宽裕的条件下,矿泉水不失为一种好的饮料。

④汽水主要由水、柠檬酸、小苏打、香精等调制而成。喝入汽水后,一部分二氧化碳从体内排出,带走人体的热量,从而起到消热去暑作用。一次饮用汽水过多,会引起胃液失效(胃酸被中和掉一部分),降低胃液的消化力和杀菌力。

⑤夏季人们喜食的冷饮、冰棒、雪糕、冰淇淋等,都是由糖(或糖精)、奶粉、淀粉、香料、色素等成分与水冻结而成。刚吃下去会因吸收体内一部分热量而使人感到凉爽惬意。但吃后不久,奶粉和糖等物质还需要水帮助消化,所以人们常常感到冷饮越吃越渴。此外,多食糖精、香精、色素等对健康不利。

⑥太空水,即纯净水,目前常用生物膜反渗透法制取。

10.3.7 食品安全分析

食品安全是关系到人体健康和国计民生的重大问题。近年来,我国的食品安全存在相当突出的问题,有关食品安全的恶性事件频频发生,食品品质方面产生的问题越来越引起全社会的关注。在现在全球化的影响下,食品安全性问题已经变得没有国界,世界各地区的食品安全问题都会相互交叉影响,从而也会对我国食品安全性的信誉带来巨大的负面影响。

目前,我国在食品安全方面存在的主要技术存在几个方面问题。

①食品安全检测关键技术不完善且落后。

②没有广泛地应用危险性评估技术,特别是对化学性和生物性危害的暴露评估和定量危

险性评估。

③缺乏完善的食品安全控制技术。

④食品安全标准体系与国际不接轨、内容不完善、技术落后。

下面介绍几种常见的食品安全分析技术。

1. 农药残留检测技术

目前在我国使用的农药大多数为化学农药。由于农药性质、使用方法及使用时间不同,各种农药在食品中的残留程度有所差别。

目前,欧美等技术发达国家由于技术和仪器设备方面的优势,对农药残留的检测已从单个化合物的检测发展到可以同时检测几百种化合物的多残留系统分析,兽药残留的检测也向多组分方向发展。目前,国际上最具代表性的多残留分析方法主要有美国 FDA 的多残留方法、德国 DFG 的方法、荷兰卫生部的多残留分析方法、加拿大多残留检测方法。同时,为了适用于不同介质样品的分析,有些国家将农药残留分析的主要步骤、样品的采集、制备、提取、纯化、浓缩、分析、确证等采用的不同方法建成不同的模块,根据样品及分析要求的不同组合成不同的处理分析流程,从而建立起一个多残留检测选择检索程序的前处理技术平台,使复杂的技术流程简化而又有分析质量保证。

在农药残留快速检测方面,国际上多采用酶联免疫法、放射免疫法、受体传感器法、金标记法和 cDNA 标记探针法等先进技术进行快速筛检。使用大型精密仪器检测时,为了缩短检测周期而使用一些先进技术,如快速溶剂提取(ASE)、固相萃取(SPE)、超临界萃取(SPF)、免疫亲和色谱(IAC)等样品的处理、浓缩技术,且实现了样品提取的自动化。为了追求灵敏度和效率,检测方法的更新和提高十分迅速,如 SPME 技术也正在从环境水、气样品分析应用向食品安全检测领域过渡。

目前在农药多残留检测关键技术方面,具有挑战性的任务主要包括以下三点。

①农药残留分析平台研究,按农药品种分组分类建立系统的检测方法和农药多残留检测的技术平台,覆盖农药品种的范围能基本满足国内外相关法规和标准的要求,方法适用于粮谷、茶叶、蔬菜、水果和果汁。

②我国已有最高残留限量但缺乏检验方法的农药残留量技术的建立,包括除草剂、生长调节剂、杀菌剂和杀虫剂。

③快速检测技术和设备的研制,重点为氨基甲酸酯农药和有机磷农药快速检测方法及其试剂盒和相关设备。

2. 兽药残留检测技术

兽药残留是指食品动物用药后,任何可食动物源性产品中某些药物残留的原型药物或其代谢产物以及与兽药有关的杂质残留。目前我国在畜牧生产和水产品生产过程中使用的主要兽药包括抗生素、β-受体激动剂、驱寄生虫剂、激素及其他生长促进剂等。

从解决我国市场监督和进出口食品中重要禁用兽药残留多组分检测技术着手,建立从筛选、定量到确证的系统分析方法,使我国在此领域的监控水平与国际同步。目前,在兽药残留分析领域所取得的重要进展或发展趋势主要有样品分离纯化技术和定量分析新技术两个方面。样品分离纯化技术的简单化、微型化和自动化大大提高了提取或净化效率及自动化水平。其该技术包括固相萃取（SPE）、免疫亲和色谱（IAC）和分子印迹技术（MIT）等。在兽药残留定量分析方面，除了 GC 和 LC 仍然是最常用的手段外，毛细管电泳、毛细管电色谱（CEC）、免疫分析技术、生物传感器及各种联用技术都在食品分析中发挥越来越大的作用。

3.食品添加剂和违禁化学品检测技术

随着食品工业的发展，大量食品添加剂进入人们的生活。食品加工技术的不断发展将会使用一系列的新工艺和新技术，如食品发酵工业中使用新的菌种、使用辐照技术来防腐、纳米钙与螯合钙等的出现，而这些也带来了一系列新的食品安全问题。在新技术方面，容易出现转基因食品安全性的不确定性和辐照食品副解产物的安全性问题。另外，食品工业用菌的安全性也是一个国际上备受关注的问题。食品新资源的开发利用导致新的菌种不断涌现，而我国在食品工业用菌的食用安全方面，从管理到技术支持均存在大片空白。即使是一些投产时认为安全的菌种，在长期的传代使用过程中也可能发生变异，突变为产毒菌种，导致有毒代谢产物对食品的污染。

针对我国添加剂检验方法跟不上允许使用限量标准发展，而违禁化学品和国外新开发的添加剂的检验方法更加不能满足需要的形势，建立相应检验技术有利于开展市场和进出口岸监督、保护我国消费者的健康和利益，为食品贸易建立技术措施。目前在食品添加剂和违禁化学品检测方面有以下几点亟待解决。

①重点建立还没有标准检测方法的甜味剂、色素、防腐剂和抗氧剂等的测定方法，同时将现有的分析方法提高分析等级，使之能满足现代食品工业的要求。

②功能食品中的有效成分，特别是建立我国功能食品中有效成分的测定方法，包括参类、褪黑素和低聚糖等。

③食品中违禁物测定方法，包括枸橼酸西地那非、盐酸酚氟拉明、罂粟碱和四甲基咪唑等分析方法。

④快速检测方法及其试剂和相关设备的研制，包括硝酸盐、亚硝酸盐、生物碱、巴比妥纸片速测技术和甲醇、杂醇油及食品中桐油、矿物油、磷化物等多功能、智能化光电比色计。

4.生物毒素检测技术

生物毒素主要指水产品中的生物毒素，包括河豚毒素、霉菌毒素、麻痹性贝毒、腹泻性贝毒和神经性贝毒微囊藻毒素。人类在摄食了含有这些生物毒素的水产品发生中毒后，追究中毒原因并逐步了解这些毒素的化学性质，从而建立它们的分离检测技术，为防治生物毒素中毒提供了强有力的技术保障。

河豚毒素的检测在我国有特殊的需要，但目前尚没有能满足日常监督检验需要的快速方法。我国在贝类生物毒素的检测能力，特别是在以现代生物手段发展的快速检测技术方面尚没有形成适应我国食品安全监控需要的能力。针对常规化学分析方法测定生物毒素难以满足国际上越来越严格的允许限量标准要求，在灵敏度方面取得突破，并满足食品安全监控中快速检测的要求。通过单克隆抗体技术制备一系列的生物毒素的抗体，进而制备免疫亲和色谱技术和 ELISA 测定试剂盒，使我国食品中生物毒素危害得到有效控制。

目前,在生物毒素检测方面我国亟待解决的技术有:

①霉菌毒素,包括黄曲霉毒素、伏马毒素、赭曲霉毒素、玉米赤霉烯酮、脱氧雪腐镰刀菌烯酮和展青霉素的检测。研究热点包括亲和色谱技术结合 HPLC 检测技术和 ELISA 试剂盒。在黄曲霉毒素检测方面能够检测 B1、B2、G1、G2,并发展黄曲霉毒素硅酸盐溶胶凝胶高效分离微柱技术。

②贝类毒素和藻类毒素,建立麻痹性贝毒、遗忘性贝毒、神经性贝毒、腹泻性贝毒、蛤毒素和淡水藻中微囊藻毒素的检测方法的免疫法和 LC－MS 法。

5. 转基因食品检测技术

转基因食品(GMF)是指部分或全部利用转基因生物体生产的食品和食品添加剂。与传统食品相比,转基因食品可以增加食品的营养成分,延长食品的保持期,降低生产成本,提高生产效率及产量等。然而,转基因食品对人类健康产生不良影响,表现在:转基因食品中可能含有对人体有毒害作用的物质;转基因食品中可能含有使人体产生致敏反应的物质;转基因食品的营养价值可能与非转基因食品具有显著不同,长期食用转基因食品可能对人体健康产生某些不利影响,如转基因食品可能影响人体的抗病能力。另外,转基因食品的原料即转基因生物对生态环境的影响,包括转基因生物与非转基因生物的生存竞争性、生殖隔离距离、与近缘野生种的可交配性及对非靶生物的影响等。

转基因食品的检测主要从两方面入手,一是核酸检测,即检测遗传物质中是否含有插入的外源基因;二是蛋白质检测,即通过对插入外源基因表达的蛋白质产物或其功能进行检测,或者是检测插入外源基因对载体基因表达的影响。核酸检测主要有各种 PCR 方法、Southern 杂交、Northern 杂交和基因芯片技术等。蛋白质检测主要有酶联免疫吸附测定法、蛋白质印迹法、"侧流"型免疫测定法和试纸法等。近年来,CE 技术也逐渐应用到转基因食品的检测中。CE 方法比平板凝胶电泳法具有更高的分离效率和更快的分离速度,于是有取代平板凝胶电泳方法的趋势。目前,有多种 CE 方法成功地应用在转基因食品的检测中,这些方法从电泳分离手段分类可分为毛细管凝胶电泳、毛细管无胶筛分电泳及芯片 CE 等,从电泳检测器分类可分为紫外检测、荧光检测、激光诱导荧光检测、化学发光及电致化学发光检测法等。另外,芯片 CE 技术也在转基因食品检测中得到了应用。

10.4　居室环境

继"煤烟型"、"光化学烟雾型"污染后,现代人正进入以"室内污染"为标志的第三污染时期。

10.4.1　居室环境的污染源及污染物

1. 装饰材料

我国目前使用的大部分装饰材料不同程度地含有甲醛、苯、二甲苯、三氯乙烯、酯类、醚类等对人体不利的有机化合物。

当这些有毒物质经呼吸道和皮肤侵入肌体及血液循环中时,便会引发气管炎、支气管炎、哮喘、眼结膜炎、鼻炎、皮肤过敏等。所以,装修房屋应选择绿色环保建材,房屋装修后一定要通风几天后再住。另外,这些有毒物质在很长时间内仍能释放出来,时刻注意开窗通风是很必要的。

2.家用电器

越来越多的现代化设备、家用电器进驻室内,由此产生的空气污染、噪声污染、电磁波及静电干扰,紫外线辐射等给人们的身体健康带来不可忽视的影响。

使用空调的房间由于封闭,会使二氧化碳浓度增高,在这样的环境中时间一长,人们就会感到胸闷、心慌、头晕、头痛等。同时,空调器内有水分滞留,再加上适当的温度,一些致病的微生物如绿脓杆菌、葡萄球菌等会繁殖蔓延。空调器也就成了疾病传播的媒介。因此,最好定时清洁空调器。还要注意适当通风。

3.厨房

煤、煤气、液化气、天然气等燃料燃烧时,食用油在煎、炸、炒过程中,都会产生许多有害物质。它们主要是二氧化硫、一氧化碳、二氧化碳、焦油、苯并芘、烟尘等。进行"厨房革命"应引起我们足够的重视。

4.灰尘

灰尘常吸附有害气体和致癌性很强的苯并芘、病原微生物等,甚至会含放射性物质。所以,室内灰尘要勤打扫,且晚上打扫比传统的清晨打扫更科学。

5.杀虫剂

各种蚊香、灭害灵等主要成分是除虫菊酯类,其毒害较小,但也有的含有机氯、有机磷或氨基甲酸酯类农药,毒性较大,长期吸入会损害健康。

10.4.2　室内环境质量评价标准

室内空气污染程度要比室外严重得多。而一般情况下,人们大约80％以上的时间是在室内度过的。2002年,我国发布了室内环境质量评价标准,将室内环境质量分为三级。其化学性指标见表10-6。

表 10-6 室内环境质量评价标准(化学指标部分)

污染物			级别			备注
类别	项目	单位	一级	二级	三级	
化学性指标	甲醛	mg·m⁻³	0.04	0.08	0.12	8 h 平均
	苯	μg·m⁻³	10	20	30	8 h 平均
	二甲苯	mg·m⁻³	0.30	0.60	0.90	8 h 平均
	TVOC*	μg·m⁻³	200	300	600	8 h 平均
	苯并[a]芘	ng·m⁻³	不得检出	1	2	日平均
	氨	mg·m⁻³	0.1	0.2	0.5	
	CO₂	mg·m⁻³	600	1000	1500	
	CO	mg·m⁻³	3	5	10	8 h 平均
	O₃	mg·m⁻³	0.10	0.12	0.16	8 h 平均
	SO₂	mg·m⁻¹	0.15	0.15	0.25	日平均
	NO₂	mg·m⁻³	0.10	0.10	0.15	日平均
生物学指标	细菌总数	Cfu·m⁻³	1000	2000	4000	
放射性指标	氡及其子体	Bq·m⁻³	100	100	200	

* TVOC 为总挥发性有机物(total volatile organic compounds)。

室内空气污染源来自室内装修、木器家具、地毯、杀虫剂和吸烟等等。它们均可产生多种挥发性有机物,包括甲醛。甲醛会引起眼睛不适,喉咙灼痛,恶心和呼吸困难,现已证明甲醛会导致哺乳动物患癌症。甲醛含量是评价室内空气质量的重要指标之一。测定甲醛先采用有流量测量装置的空气采样器,以重蒸水为吸收液,以 0.5～1.0 L·min⁻¹ 的流量采样 5～20 min。甲醛气体经水吸收后,在 pH≈6 的乙酸－乙酸铵缓冲溶液中,与乙酰丙酮作用,生成稳定的黄色化合物,在 λmax413 nm 处测定吸光度。显色反应如下:

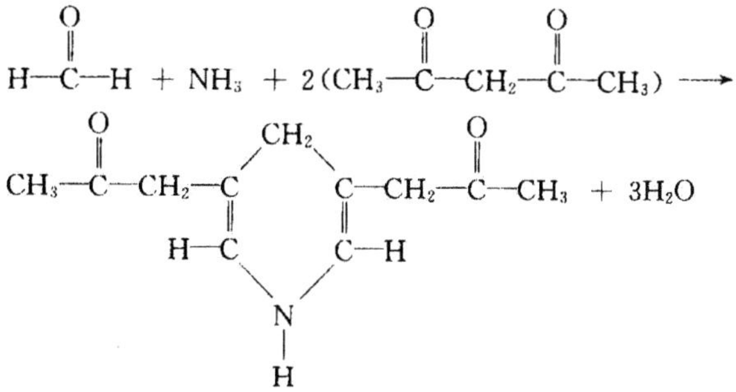

10.4.3 营造舒适的室内环境

舒适的室内环境有利于人们进行良好的工作、学习、生活和休息。营造一个宽敞明亮、清新雅致的环境,除了合理布置家具、陈设物使之协调美观外,还应特别注意通风采光。此外,室内养上一缸鱼,放上几盆花草,可调节室内空气湿度,点缀美化环境,使人怡情悦目。但需注意花草的耗氧问题和可能散发不利人体健康物质的问题,晚上将花草放在室外为好。

值得一提的还有空气里的"长寿素"——负氧离子。我们知道,海滨地区、山野林中空气格外清新宜人,因为这些地方空气里负氧离子的含量都比较高。田野里每立方厘米空气中含有 $750\sim1000$ 个负氧离子,海滨地区含有 $2500\sim5000$ 个,山谷瀑布旁达两万多个。

负氧离子进入人体后,能刺激神经末梢,起到镇静、消除疲劳、降低血压、减慢呼吸和脉搏等良好作用。由于空气严重污染,在大城市房间里每立方厘米空气中仅有 $40\sim50$ 个负氧离子。如果在室内装上一台小型负氧离子发生器,室内每立方厘米空气中可含 1000 个以上负氧离子,这样会使人感觉精神爽快,体力充沛。

10.5　控烟禁毒

10.5.1　控烟

吸烟是一种特殊的环境污染,害己又害人。据有关资料介绍全世界每年死于与吸烟有关的疾病人数达 300 万,吸烟已成为世界上严重的公害。在我国吸烟的危害尤其严重,不但吸烟人数逐年增加,而且为数不少的青少年也沾染了吸烟恶习,使品行和学习都受到了影响。据估计我国约有近 3.2 亿吸烟者,如不认真控烟,到 2030 年我国每年将有 170 万中年人死于肺癌。

烟草的化学成分十分复杂,吸烟时,烟叶在不完全燃烧过程中又发生了一系列化学反应,所以在吸烟过程中产生的物质多达 4000 余种。其中有毒物质和致癌物质如尼古丁、烟焦油、一氧化碳、3,4－苯并芘、氰化物、酚醛、亚硝胺、铅、铬等对人体健康危害极大。

尼古丁是一种有成瘾作用的生物碱,有剧毒。每吸一支烟产生尼古丁 $0.5\sim3.5$ mg,可以毒死一只小白鼠;尼古丁对人的致死量为 $50\sim70$ mg。它通过口、鼻、支气管及胃粘膜被人体吸收。尼古丁刺激植物神经系统,产生血管痉挛,引起心率加快,血压增高等症状。还可引起动脉壁增厚,是动脉粥样硬化和冠心病发病的主要因素。在法国进行的一次吸烟竞赛中,优胜者因连续吸烟 60 支而中毒死亡。

烟焦油在人体内沉积于肺中,含有 3,4－苯并芘和亚硝胺等致癌物质,并且还含有放射性同位素 ^{210}PO、^{210}Pb 和 ^{210}Bi。

每吸一支香烟,吸烟者约能吸入有害物质的三分之一,其余随烟雾飘逸到空气中,强迫别人甚至胎儿被动吸烟。吸烟致肺癌已被医学界列为肯定因素。长期吸烟者肺癌发病率比不吸烟者高 $10\sim20$ 倍,喉癌、鼻咽癌、口腔癌、食道癌也高出 $3\sim5$ 倍。

香烟上的过滤嘴可以减少吸人体内的烟尘和焦油,但只能挡住 $20\%\sim30\%$ 的尼古丁,其余毒物几乎阻挡不住。因此,为了自己和他人的健康,为了减少因吸烟造成的各种浪费,不要吸烟。

10.5.2　禁毒

历史上,中国饱受毒品戕害。鸦片给中华民族带来了百年的血泪和沉沦,留下了任人宰割的灾难和"东亚病夫"的耻辱。50 年代初期,我国短时间内就彻底解决了毒品危害,以"无毒国"而享誉世界。然而,20 世纪 80 年代以来,由于国际毒潮的泛滥和侵袭,毒品在我国又死灰复燃了。1998 年,经我国边防查获的毒品多达 7000 kg。

1. 毒品的种类

毒品是指鸦片、海洛因、冰毒、吗啡、大麻、可卡因以及国家规定管制的其他能够使人成瘾癖的麻醉药品和精神药品。

鸦片俗称大烟,是毒品三大母体之一,取之于罂粟科植物罂粟。加工后的鸦片呈褐色膏状,含有 20 余种生物碱,其中主要有吗啡、罂粟碱、那可汀等。经人工合成可制成的毒品有海洛因、杜冷丁等。

吗啡($C_{17}H_{19}O_3$)是从鸦片中提炼出来的一种无色或白色结晶粉末,有镇定催眠作用。用量过大可使呼吸变的缓慢、浅弱甚至中毒致死。

海洛因(二乙酰基吗啡)是用吗啡和乙酐加热后制得的白色粉末,俗称白粉,是一种纯度更高、毒性更强、成瘾性更强的毒品,人称"毒中之毒"。一般连续吸食海洛因的人只能活 7～8 年,大量吸食者生存时间更短。

可卡因是从古柯树叶中提炼出来的灰白或白色粉末,属中枢神经兴奋剂,吸食后会产生幻觉。

大麻是生长于温热带地区的一年生植物,它所含有的四氢大麻酚具有致幻作用,为毒品中最大众化、在世界范围内滥用最广的一种。

冰毒(疯药)属苯丙胺类毒品,化学名称为甲基苯丙胺盐酸盐,呈透明结晶状,因与普通冰块相似,故称之为"冰"。冰毒的毒性甚于海洛因,最大特点是第一次使用便会上瘾,因此它被称为"毒品之王"。

苯丙胺类毒品还有"摇头丸"、"甩头丸"、"快乐丸"等,服用后有强烈的兴奋作用,而且还会出现一定程度的幻觉,造成行为失控,如醉如狂,丑态百出。

2. 毒品分析方法

对于毒品的分析检测,目前主要有两类方法:一类是非色谱方法,另一类是基于色谱的方法。

非色谱方法是比较经典的方法。近年来,RIA 得到发展,当放射受体分析方法用于吗啡类毒品的分析检测时,具有快速、简单、灵敏度较高和准确度较好的特点。在非色谱方法中,毒品的传感检测技术是近年来发展最快的方法之一。另外,基于适体的毒品传感器也出现了,基于可卡因适体和电致化学发光检测的传感器可以检测低至 10^{-9} mol·L^{-1} 的可卡因。基于抗体的免疫传感器也已经被开发并用于其他各种毒品如吗啡等的检测,这类传感器有较高的灵敏度和较好的特异性。

基于色谱的方法主要有:GC 联用方法,LC 联用技术和 CE 联用方法。目前,用于毒品检测的主要是 LC－MS 或 LC－MS/MS 方法。结合各种 SPE 技术或 LLE 技术,LC－MS 或 LC－MS/MS 方法几乎可用于分析检测生物样品中各类毒品,UHPLC－MS 法还具有快速和试剂消耗量少的优点。CE(包括 CEC)－MS 是近年来发展起来的新的毒品分析方法,并已被尝试用于一些生物样品中的某些毒品,如可卡因和鸦片类毒品的检测,灵敏度和 GC－MS 以及 LC-MS 相当,但具有快速和试剂消耗量少等优点。

3. 吸毒,地狱之行

毒品有强烈的兴奋作用和致幻作用。开始吸食会使人产生一种飘飘欲仙感。这就是为什么明知毒品碰不得而吸毒的人数还是呈几何型递增的主要原因。

吸毒对大脑、心脏、血液循环、呼吸系统、免疫功能以及生殖能力等损害严重。吸毒者精神颓废,食欲不振,身体极度虚弱,丧失劳动能力……最终因导致循环系统并发症、呼吸系统并发症、消化系统并发症、神经系统并发症而死;因注射器不洁造成破伤风而死;或感染艾滋病而死;因吸毒过量致死的人数最多,占吸毒死亡人数的 50% 以上。90 年代初,全世界每年有 25 万人死于吸毒,97 年死亡人数达到 250 万,翻了 10 倍。吸毒者平均死亡年龄为 36 岁,一般寿命不超过 40 岁。

人一旦染上毒瘾就会身不由己。毒瘾发作时吸毒者会鼻涕不断,大汗不止,皮肤奇痒,忽冷忽热。严重时有如万蚁啮骨,万针刺心。如果在 3~8 小时内得不到毒品,吸毒者便会浑身抽搐,血压、体温、心跳、呼吸等急速上升和加快,头重脚轻。由于抵御不了这种生不如死的残酷折磨,不少人选择了自杀,走上了黑暗的不归路。

毒瘾能否戒掉呢? 一般戒毒三个月后,全身不舒服的感觉就会逐渐消失,身体不再对毒品有瘾了。但"心理毒瘾"终生无法摆脱。据昆明强制戒毒所的追踪调查,出所后复吸率达 85%。而另 15% 不是因吸毒致死,就是因吸毒犯罪被抓。总之,能够永远戒掉毒瘾的人可说是少之又少。意志不坚强只是其中一个很小的因素,主要原因是吸毒者大脑中最重要的神经传送体"多巴胺"不能再生。所以说,对毒品万万不可有第一次!"我吸了也能戒"的说法永远不能信!

4. 毒品,万恶之源

吸毒不仅毁了个人,败了家庭,伤及亲友,还会导致杀人、抢劫、盗窃、诈骗等多种犯罪。联和国秘书长安南疾呼:"毒品在吞噬我们整个社会,毒品在酝酿犯罪,毒品在传播疾病,毒品在毁掉我们的青年和未来。"为了不被毒品所害,唯一的办法就是:热爱生命,远离毒品!

第 11 章　功能材料的新进展

11.1　有机电致发光材料

11.1.1　有机电致发光材料概述

有机电致发光显示(organic electroluminesenee display)是一种平面显示技术,因其发光机理与发光二极管相似,所以又称之为有机电致发光二极管(organic light emitting diode, OLED)。OLED 是基于有机材料的一种电流型半导体发光器件,其典型结构是在 ITO 玻璃上制作一层几十纳米厚的有机发光材料作发光层,发光层上方有一层低功函的金属电极。当电极上加有电压时,发光层就产生光辐射。

与液晶显示相比,这种全新的显示技术具有更薄更轻、主动发光(即不需要背光源)、视角广、响应快速、工作温度范围宽和抗震性能优异等显示器件所要求的优异特征。

在信息化、网络化的 21 世纪,随着人们对使用电子邮件、随车地图、全球定位、便携电脑、大屏显示的需求日增,需要各种尺寸的高密度显示屏作为信息显示的终端界面,以适应不同场合的需求。有机电致发光器件由于所具有的诸多优点而在平板显示领域有着美好的应用前景。

有机电致发光现象最早报道于 1963 年,是 Pope 等在蒽单晶中发现的,当时必须在蒽晶片两侧施以高达 400 V 的电压才能观察到蒽发出的蓝光。在随后的很长一段时间里,虽然对于有机晶体的电致发光研究积累了很多经验,但是由于器件的量子效率很低、寿命短,从而限制了它们在实际中的应用。直到 1987 年,美国 Eastman Kodak 公司的 Tang 等用 8－羟基喹啉铝(Alq_3)作为电子传输和发光材料,制成了第一个高亮度、低驱动电压的双层有机电致发光器件,该器件在低于 10 V 的直流电压驱动下,发光亮度超过 1000 cd/m^2。这项工作使有机电致发光研究获得了划时代的发展。

另一项里程碑式的工作是 1990 年 Friend 等报道,以共轭聚合物聚苯撑乙烯(PPV,图 11-1)作为发光材料,制备了结构为 ITO/PPV/Al 的单层高分子 OLED 器件(其中,ITO 为阳极, indium tin oxide;Al 为阴极)。在 PPV 主链上引入合适的取代基,可以增加 PPV 在有机溶剂中的溶解性。1991 年,Heeger 等报道了以可溶性共轭高分子 MEH－PPV(图 11-1)为发光材料的电致发光器件 ITO/MEH－PPV/Ca,在施加约 4 V 电压后,便发出橙红色光,最大量子效率达到了 1%。这些突破引起国内外学术界和工业界的广泛兴趣,为 OLED 的实际应用开发出各种新材料。在过去的十几年中,有机电致发光材料和器件研究有了长足的进步,器件的效率、操作稳定性以及色彩方面已经取得了很大的进步,发光亮度、效率、使用寿命已达到或接近实用水平。

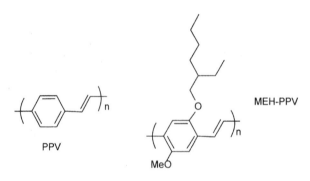

图 11-1　PPV 和 MEH－PPV 的结构式

11.1.2　OLED 的结构与发光机理

有机电致发光器件多采用图 11-2 所示的夹层式三明治结构，即有机层夹在电极之间。OLED 常用的阳极和阴极分别为氧化铟锡（indium tin oxide，ITO）透明电极和低功函数的金属（如 Mg,Li,Ca 等）。

有机材料的电致发光机理属于注入式的复合发光，空穴和电子分别由正极和负极注入，并在有机层中传输，在发光材料中相遇后复合成激子，激子的能量转移到发光分子，使发光分子中的电子被激发到激发态，而激发态是一个不稳定的状态，从激发态回到基态的过程产生可见光。

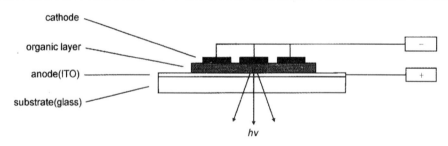

图 11-2　OLED 的结构示意图

经过十几年的发展，OLED 的结构类型也越来越多，各层的功能也有越来越细致的区分。其中结构最简单的是单层有机薄膜被夹在 ITO 阳极和金属阴极之间形成的单层 OLED 器件，如图 11-3(a) 所示，其中的有机层既作发光层（EML），又兼作空穴传输层（HTL）和电子传输层（ETL）。因为大多数有机材料是对单种载流子优先传输的，所以这种单层结构往往造成器件的载流子注入和传输的不平衡，从而影响器件的效率。

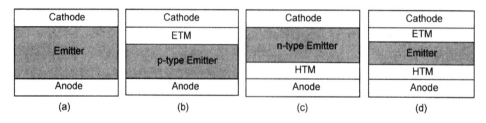

图 11-3　含有空穴传输材料（HTM）和电子传输材料（ETM）的 OLED 的常见结构

为了增强器件的电子和空穴的注入和传输能力,通常又在 ITO 和发光层间增加一层空穴传输材料,或者在发光层与金属电极之间增加一层电子传输材料,制备双层器件(图 11-3(b)、(c)),解决电子和空穴的注入和传输的不平衡问题,以提高发光效率。

图 11-3(d)所示的是由空穴传输层(HTL)、电子传输层(ETL)和发光层(EML)组成的三层结构。这种器件结构的优点是三层材料各司其职,对优化器件的性能十分有利。

在实际的器件设计中,为了更好地优化器件的各项性能,可以引入多种不同作用的功能层,如电子注入层、空穴阻挡层、空穴注入层、电子阻挡层。这些功能层的能级结构及其载流子传输性质决定了它们能在器件中起到不同的作用。

11.1.3 OLED 的重要进展

与液晶显示 LCD 相比,OLED 这种全新的显示技术具有更轻薄、主动发光、广视角、高清晰、响应快速、低能耗、耐低温、抗震性能优异、柔性设计等优异特征,被业界认为是最具发展前景的下一代显示技术。尤其是其具备柔性设计的特征,使得令人神往的可折叠电视、电脑的制造成为可能。

1. PLED 技术发展日趋成熟

1989 年,剑桥大学 Cavendish 实验室发现了在某些聚合物中通过电流会激发出光,这就是 PLED 的工作原理。剑桥显示技术公司(Cambridge Display Technology,CDT)成立于 1992 年,开始研究这项发现,并获得了 PLED 的基础知识产权。CDT 在 PLED 研究中取得的另一个重要的革新是采用喷墨印刷(ink—jetprint)的方式,将发射出光的聚合物印刷在玻璃或塑料上来制成 PLED 显示器。这一革新提供了一种低成本的彩色显示器制作方法,不但为 PLED 的产业化提供了可能,还使得它可以以柔软的塑料作为基底层,甚至可以是在一个不平整的表面上。

目前从事 PLED 研究的公司有:Philips、Toshiba—Matsushita 显示器、Du—Pont、Microemissive 显示器、Samsung SDI 和 Seiko—Epson 等。在我国,从事 PLED 研究的单位还比较少,就申请的中国专利来看,有如下一些单位:中国科学院化学研究所、中国科学院广州化学研究所、复旦大学、华南理工大学。

作为率先推出 PLED 的公司,CDT 与日本精工爱普生展示了一款 2.8 英寸的聚合物 OLED 显示器,其厚度不到十分之一英寸。一台喷墨打印机按每英寸 100 像素的密度将发红光、蓝光和绿光的聚合物材料喷射在基底上,这样可以按要求点亮或熄灭图像的不同色彩。

2. 高色纯度红色 OLED 发光材料的开发

色纯度是与亮度和寿命并列的 OLED 特性,对于生产色彩更鲜艳的显示器来说,色纯度的重要性正在逐步增强。2005 年,三洋电机与大阪大学平尾研究室联合开发成功了高色纯度红光磷光材料,结构式如图 11-2 所示。这种红光磷光材料是一类铱配合物,包括"$(QR)_3 Ir$"和"$(QR)_2 Ir(Acac)$"等几种衍生物,如图 11-4 所示,可发出波长为 653~675 nm 的光,在亮度为 600 cd/m^2 时,$(QR)_3 Ir$ 的色度在 CIE 色度图坐标中相当于($x = 0.70$, $y = 0.28$)。根据 CIE 色度图,x 坐标值越接近 0.73,y 坐标越接近 0.27,红光的色纯度就越高。过去作为高色纯度红光磷光材料而广泛使用的"$Btp_2Ir(acac)$"的色度坐标为($x=0.67$，$y=0.31$)。

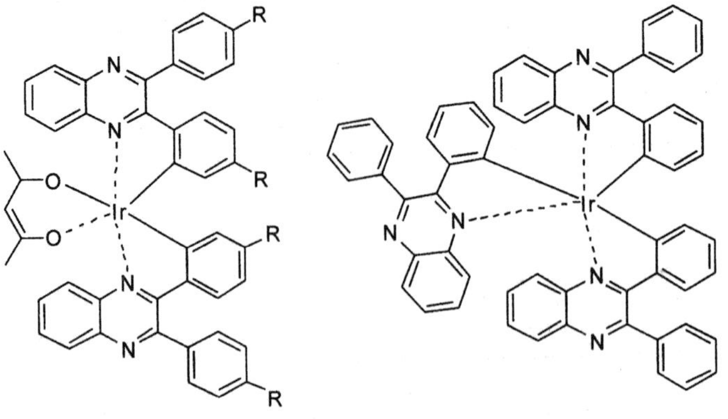

(QR)₂Ir(acac)
R = H, Me, OMe, F

(QR)₃Ir

图 11-4　高色纯度红色 OLED 发光材料的结构式

这类新材料可在高亮度、高效率下进行发光，而且色度稳定性高，其绝对量子效率为 $50\%\sim79\%$。把新材料作为掺杂物，n－型有机半导体作为主体材料而形成的薄膜即便在接近 $1000\ cd/m^2$ 的亮度下，色纯度也不会下降。

3.柔性显示器

最初用塑料制造显示器的动机是获得耐久性，但新的观点认为，它的价值在于，利用它的柔性特点可以创造出创新性的产品形式。这些显示器可以用于时尚产品中，如移动消费电子产品，也可以用于制作新颖广告。

生产柔性显示器面临的挑战在于，在设计的每个环节都需要进行改进，这包括基板、电子部件、显示方式、辅助薄膜和生产工艺。虽然进展比较迅速，但把这些因素整合为成功的批量产品仍然需要假以时日。

柔性显示器研究的一个领域将会很快取得成果：即用于柔性显示器背板的有机半导体。因为硅不适合于在应力下工作，所以在弯曲的基板上有机材料是较好的选择。

4.新型白色 OLED 光源问世

日本丰田自动织机日前通过结合使用荧光与磷光材料，成功开发出一种新型白色 OLED 光源，并在与"2005 年显示信息学会(SID 2005)"同期举办的展览会上展出了样品。这种白色 OLED 光源，在红色和绿色中引进了高效率的磷光材料。在蓝色方面，由于现有的磷光材料寿命较短，因此使用了荧光材料。此次的白色 OLED 光源的亮度半衰期在 $3000\ cd/m^2$ 的初始亮度下为 5000 个小时，基本上与过去仅使用荧光材料时相同。

11.1.4　OLED 的研发重点

1.主动化

被动矩阵型式因依次顺序驱动的缘故，一个点的画素劣化的话，会以劣化点为中心，于纵横两方向发生画素低落的现象,但主动驱动则即使发生缺陷亦仅限于劣化点缺损,故就显示器的全体显示而言,可将缺损抑制于最小限度。

2004 年,日本 Sony 与日本东北 Pioneer 进行了主动驱动 OLED 的生产,铼达等业者亦有转移至主动矩阵驱动的计划。

2.高精细化

就高精细化而言,OLED 的规格比现有的非晶 TFT 液晶分辨率低。高分子材料可通过喷墨打印的方法形成薄膜,于基板上利用间壁所形成的画素上喷射液状材料,但如果精度低的话可能造成颜色的混杂。此外愈是高精细化,所喷射材料的使用量愈是微量。高分子材料如果是以单色所采用的旋涂法来成膜的话,高精细化则是可能的。

3.大型化

OLED 屏幕尺寸的大型化主要是以电视用途为目标,因此不单是面积的扩大,同时还要求色再现性及亮度、寿命的提升等。面积大型化与正进行的大型基板相对应。以前的做法是将成膜基板置于真空状态下,一面旋转一面进行真空镀膜,因此基板尺寸的大型化势必引起制造设备投资的增加。目前开发的真空蒸镀装置则让基板一面滑动一面进行蒸镀。另外,为了提高材料的利用效率,于蒸镀装置的壁面上采用热墙(hot—wall)等以改善材料的使用效率。

11.1.5　OLED 存在的问题与前景展望

1.OLED 存在的主要问题

有机电致发光器件是一个涉及物理学、化学、材料和电子学等多学科的研究领域,经过了几十年的研究发展已经取得了巨大的成就。就目前情况来说,以有机小分子材料做成的电致发光器件已经实用化,产品主要集中在小屏幕显示方面,主要用于生产手机和其他手提电子设备的背光显示;而以有机聚合物材料为主的发光器件相对滞后一点,目前已在进行实用化的研究。

尽管世界上众多国家和地区的研究机构和公司投入巨资致力于有机平板显示器件的研究与开发,但其产业化进程远远低于人们的预料,其原因主要是该领域研究中尚有许多关键问题还没有得到解决。主要在 OLED 的发光材料的优化、彩色化技术、制膜技术、高分辨显示技术、有源驱动技术、封装技术等方面仍存在着重大基础问题尚不清楚,使得器件寿命短,效率低等成为制约其广泛应用的"瓶颈"问题。要解决这一系列重大问题,必须从材料的性能、新型器件结构、器件制备过程、器件工作原理、器件中界面特性、器件老化的物理机制、器件封装、先进的驱动和控制技术等方面入手。从技术角度,目前无论在高效稳定的电致发光材料制备、效率,还是在彩色化实现方案、驱动技术、电路、大面积成膜技术、高分子材料成膜的均匀性、封装技术、制备方法、制备工艺等方面都存在较多问题。例如,目前材料本身首先并不过关,在高分子电致发光材料方面,绿光材料的性能最好,如 Covion 生产的绿光材料效率可达 15 cd・A^{-1},Dow Chemical 的绿光材料也达到相近水平,但对高分子红光和蓝光材料,目前性能尚不能满足商业化要求,Covion 的红光材料效率只有 1~2 cd・A^{-1},Dow Chemical 的蓝光材料效

率也只有 $1\sim4$ cd $\cdot$ A^{-1}。在彩色化方面寿命也只有几十个小时。从科学角度上来说,还有许多重大关键问题仍然没有解决。

①材料结构和发光性能、结构与载流子传输特性以及材料的分子结构、电子结构和电子能态与发光行为等之间关系,这是解决材料合成的可操控性和确定性,调控材料发光颜色、色纯度、载流子平衡及能级匹配等关键问题的理论和实验依据;同时有些有机发光固体的理论有待突破。

最近,国内北京化学所等单位对芳基取代的含硅类发光材料给人留下深刻的印象。芳基取代的 silole 不但具有异常的"聚集诱导的荧光增强"现象,而且具有优秀的电致发光性能,其电致发光外量子效率高达 8%。然而,这些奇特现象和优异性能的形成机理和原因还不完全清楚。为了探询该类材料这些独特性能的内在原因,研究人员对芳基取代的 silole 进行了深入、系统的实验和理论研究。在晶体中这类化合物具有三维的非平面结构及一定的共轭性,分子间相互作用非常弱,难以形成激基复合物使发光猝灭。这种结构使其在溶液中发光很弱或不发光,而在固态下具有高的荧光量子效率,其发光效率高达 $75\%\sim85\%$。计算结果表明聚集使非辐射衰减速率减小,从而使荧光发射增强。另外,芳基取代的 silole 具有高的载流子迁移率,其数值接近或超过目前已实际应用的 Alq$_3$ 的相应值。研究结果对设计兼有高发光效率和高迁移率的发光材料具有重要的指导意义。

②材料和器件的退化机制、器件结构和性能之间的关系、器件中的界面物理和界面工程等,这是提高平板显示器件性能,提高器件稳定性和使用寿命的理论和实验基础,也是实现产业化的根本依据。

我们认为,要实现有机电致发光器件的大规模产业化,目前亟待解决的关键问题是器件的高性能化和长寿命,要解决:器件效率低、稳定性差、性能衰减太快、使用寿命达不到应用要求等问题。解决器件效率低的问题,首先要解决目前材料效率低的问题;解决稳定性差、寿命短的问题,首先要解决高性能封装的问题。彩色化、高分辨显示、柔性显示、有源驱动技术(TFT)、柔性封装及低成本制作等是 OLED 的发展趋势,解决 OLED 的寿命短、发光效率低的问题是目前 OLED 显示器能否大规模走向产业化的关键。

2. OLED 前景展望

电子显示技术是 21 世纪电子工业继微电子和计算机之后的又一次大的发展机遇。总结历史经验,在 CRT 的发展上,我国是被动的;在 LCD 的发展上,我国是落后的。在 CRT 和 LCD 等技术的应用方面,因为其生产工艺和核心技术等方面都已比较成熟,国外公司垄断着几乎所有相关核心专利技术和知识产权。面对国外 CRT 和 LCD 等成熟的技术、大规模的生产、我国远远落后的地位和庞大的研究与开发费用,我们除了全面直接引进技术和产品生产线外,别无选择。因此,虽然我国是显示器生产大国,但由于我国在前两代显示器材料的早期发展阶段,没有能够及时进入,导致关键部件或重要材料等方面缺乏核心技术和竞争能力,完全依赖国外公司。

与此不同,在有机/高分子平板显示领域,尽管器件制备及结构方面主要的核心专利也都掌握在一些国外大公司手中,如美国 Kodak 公司在 1987 年底的专利(US 4769292),第一次提出了"三明治"式的有机平板显示器结构,并首次引入空穴传输层。这项突破性的研究工作,不但显示了 OLED 的突出优点和巨大应用前景,而且揭示了 OLED 设计的关键所在。在高分子平板显示方面:1990 年,英国剑桥大学卡文迪许实验室的专利(US 5821690)发表的高分子(聚对苯撑乙烯,PPV)电致发光器件,是第一个有关高分子电致发光器件的专利,发明了高分子发光二极管的组成和构造;1993 年,美国 Uniax 公司的专利(US 5408109)提出了可溶性的共轭高分子旋涂成膜制作高分子电致发光器件的方法;1996 年,美国 Princeton 大学的专利(US 6365270)发明了采用柔性材料作基底,制备可卷曲全高分子电致发光器件的方法,并提出了具有应用前景的有机彩色显示的器件结构。这几个专利构成了高分子平板显示技术的基础,在器件组成和构造方面,要突破这些专利难度很大。但是,平板显示材料与器件方面,我们尚有赶上国际先进水平、跟上国际产业化步伐的机会。这是由于如下原因。

①平板显示产业初具规模,至今尚未实现大规模的产业化(只有小批量的单色显示器生产)。

②平板显示的研制费用相对较低,工艺技术和所需设备均较简单,研究与开发所需投入不像其他显示技术那么巨大,为我国在该研究领域降低了商业风险和进入成本。

③平板显示的技术尚未完全成熟,与成熟的无机半导体理论相比,有机半导体尚未形成一套自己的理论体系。

④平板显示器对材料的依赖性大,而这些材料主要是各类化合物。在材料的分子设计及材料合成制备上我国并不落后,完全有可能利用平板显示器件相关材料结构设计的多样性和所用材料的丰富性,通过对材料分子结构的设计、组装和剪裁,实现在分子、超分子水平上具有特定功能发光器件的设计,满足不同的需要。在新型电致发光材料和显示器件的新型结构等方面,我们完全有可能有所突破,争取到自主的知识产权,建立一套全新的标准化体系和批量生产机制,并形成我们自己的知识产权。

有机信息产业的前景已展现在我们面前,OLED 显示器件的产业化时代正在到来,这既是一次挑战,也是一次机遇。我们相信,只要加强电致发光材料和器件的研究工作,增强学术界和企业界的联系与合作,就一定能够在新材料、新结构、新方法等方面形成具有我国特色的研究方向和光电信息产业,提高我国在有机信息功能材料领域研究的整体水平,在国际上争得一席之地,为发展我国的信息产业做出贡献。

11.2 富勒烯有机太阳能电池

11.2.1 有机太阳能电池的基本概念

1. 光电流工作谱的定义

电极的光电流响应与照射波长的关系称为光电流工作谱。测定光电流工作谱,是为了研究吸收光子的波长变化对光电流产生的影响。在某一给定条件下,用不同波长光照射电极一般可以产生不同大小的光电流,如图 11-5 所示。

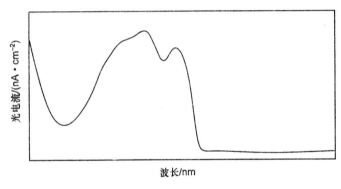

图 11-5　光电流工作谱

2. 太阳能电池的光电流和光电压

光电流工作谱反映了半导体电极在各波长处的光电转换情况，短路光电流（J_{sc}）和开路光电压（V_{oc}）是太阳能电池的两个重要的性能参数，电流－电压特征曲线如图 11-6 所示。

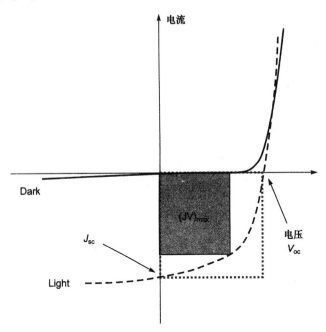

图 11-6　电流－电压特征曲线（$I-V$ 曲线）

短路光电流（J_{sc}）：电路处于短路（即电阻为零）时的电流。

开路光电压（V_{oc}）：电路处于开路（即电阻为无穷大）时的电压。

$(JV)_{max}$：太阳能电池的最大输出功率。

短路光电流是光电池所能产生的最大电流，此时的电压为零。开路光电压是光电池所能产生的最大电压，此时的电流为零。较高的短路光电流和开路光电压值是高效光电池所必须的。短路光电流和开路光电压值都可以由光电化学测量仪器直接读出。

3.光电转换效率的计算

光电转换效率通常有两种计算方法:光电转换量子效率和光电转换能量效率,它是描述材料光生电子能力的一个重要参数。单色光的光电转换量子效率(incident photo－to－electron conversion efficiency,IPCE)定义为单位时间内外电路中收集到的电子数(N_e)与入射光子数(N_p)之比,可以根据下面的公式计算:

$$IPCE(\%) = \frac{N_e}{N_p} \times 100\% = \frac{1240J_{sc}}{\lambda \cdot P_{in}} \times 100\%$$

太阳能电池的光电能量转换效率 η 定义为:

$$\eta(\%) = \frac{FF \cdot V_{oc} \cdot J_{sc}}{P_{in}} \times 100\%$$

其中, P_{in} (mW/cm^2)是入射光的强度, V_{oc} (V)是太阳能电池的开路电压, J_{sc} (mA/cm^2)是波长为 λ 的单色光在电路中产生的短路电流密度, FF 是填充因子。 FF 根据下面的公式计算:

$$FF = \frac{(JV)_{max}}{V_{oc} \cdot J_{sc}}$$

其中, $(JV)_{max}$ 是太阳能电池的最大输出功率。

11.2.2　有机太阳能电池的工作原理

有机太阳能电池的工作原理是基于半导体的光伏打效应,所以太阳能电池又称为光伏打电池。其基本原理有以下三点。

①一定光照射到光敏材料时,具有能量 $h\nu(> E_g)$ 的光子被光敏材料吸收,就会激发一个电子从价带跃迁到导带,而在价带处留出空位,这一空位称为空穴,空穴带有正电荷。这样在材料内部产生新的电子和空穴对,从而改变了材料的导电性质。

②在传统的半导体中,被激发的电子和形成的空穴会自由地向相反电极移动,而在导电聚合物中,受入射光子激发而形成的电子和空穴则会以束缚的形式存在,成为激子。

③通常这些电子－空穴是在光子激发时形成,如果在电场或在界面处,这些电子－空穴对就会分离成电子和空穴,也就是所谓的带电载流子,它们的迁移就形成了光电流,如图 11-7 所示。

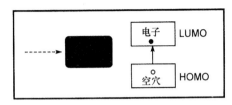
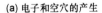
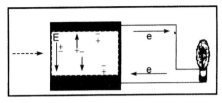

(a) 电子和空穴的产生　　　　　　　　(b) 激子的分离和迁移

图 11-7　有机光伏电池基本原理示意图

有机材料的激子分离与迁移并非全部有效,为了有效地将光能转化成电能,必须满足以下条件。

①在有机太阳能电池的激活区域,光吸收必须尽可能的大。

②光子被吸收后产生的自由载流子必须足够的多,表明存在内部电场。

③产生的载流子应能低损耗地到达外部电路,这样才能得到较大的光电转换效率。

11.2.3 富勒烯有机太阳能电池的研究进展

1. 含有富勒烯(C_{60})的聚合物

C_{60}是一个高度对称的球状结构,十分稳定。C_{60}有较高的电子密度和较强的电离势能,分子内电子流动性强,可以作为一种优秀的电子受体。1992年,Heeger等发现了从共轭聚合物到C_{60}的光诱导快速电子转移,重新引起了各国科学家对基于聚合物的塑料太阳能电池的极大兴趣。从共轭聚合物到C_{60}的光诱导电子转移的速度非常快(<100 fs),而电子回传的速度则非常慢,电荷分离状态的寿命为毫秒数量级,光诱导的电荷分离的量子效率接近100%。由于当时这种太阳能电池采用的是聚合物/C_{60}双层结构,电子给体层(共轭聚合物)和电子接受体层(C_{60})之间的界面接触不充分,其光电转化效率不到0.1%。1995年,Heeger等把"本体异质结"的概念引入到塑料太阳能电池中,把可溶性的C_{60}(如PCBM)直接混合到共轭聚合物(图11-8)中,增加了电子给体和受体之间的界面接触面积,同时提高了电子和空穴的传输性,因而大大提高了塑料太阳能电池的光电转换效率。

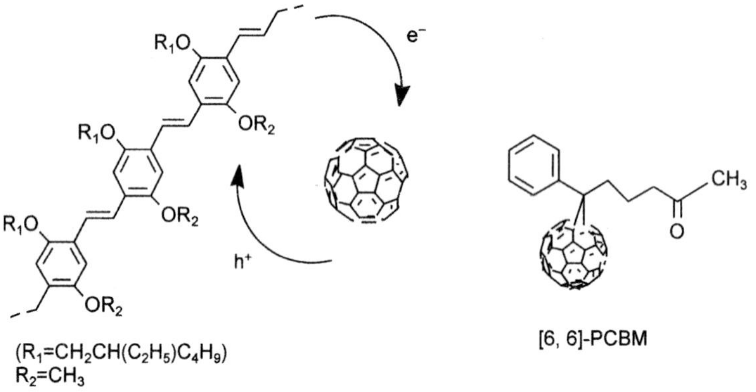

图 11-8　MEH－PPV:C_{60}的光诱导电荷转移示意图

2001年,Sariciftci等通过控制太阳能电池有机层的形态,减少了聚合物和C_{60}的相分离,增加了共轭聚合物链之间的相互作用程度,得到了光电转换效率达到2.5%的塑料太阳能电池。此后,Sariciftci等发现,在太阳能电池的阴极与有机层之间插入一层很薄的氟化锂,可以显著提高有机太阳能电池的填充因子,稳定太阳能电池的开路电压,把塑料太阳能电池的光电转换效率提高到了3.3%。2003年,Sariciftci等发现,把太阳能电池器件加热到高于聚合物玻璃化温度的同时施加高于开路电压的外加电压,可以使聚合物形成有序的排列,提高电子和空穴在复合层中的传输速度,因而提高了太阳能电池的短路电流,电池的外量子效率超过了70%,光电转换效率达到3.5%。

虽然共轭聚合物与C_{60}掺杂的双层有机太阳能电池的光电转换效率得到了一定提高,但是在这些有机太阳能电池的掺杂过程中,共轭聚合物与 C_{60} 的兼容性一直是一个难解决的问题,会出现相分离及 C_{60} 的簇拥现象,减少有效的给体/受体间的接触面积,进而会大大影响电荷的传输,降低光电转化效率。因此,为了减少给体与受体之间的相分离,设计和合成 P 型共轭聚合物骨架并使其通过共价键直接连接电子受体基团 C_{60} 的化合物,即 D−A 网络结构聚合物得到广泛的关注。此类化合物需满足以下几点要求:①化合物里给体骨架与受体 C_{60} 都应该避免互相之间的影响,保持原来各自的基本电子性质;②光诱导电子从给体骨架转移到受体部分必须形成亚稳态长寿命的电荷状态,这样才能保证自由载流子的生成;③化合物要有一定的溶解性。

Ferris 等人合成了聚二噻吩 C_{60} 聚合物,如图 11-9 所示。通过紫外－可见吸收光谱和氧化还原电位的测定,表明这类直接连接 C_{60} 的聚合物能有效避免给体与受体间的相分离和各自电子性能的互相干扰,同时聚合物还有比较好的溶解性。

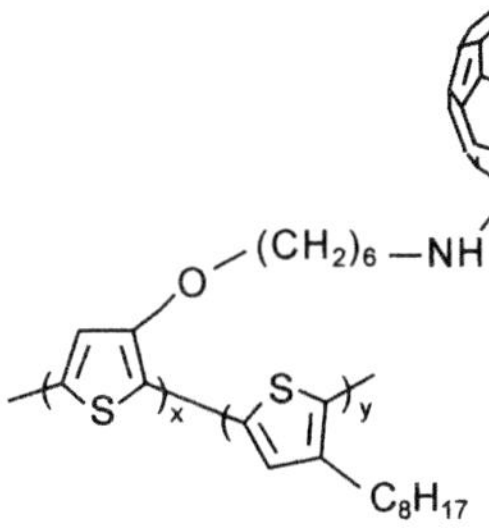

图 11-9　含有 C_{60} 的聚二噻吩化合物的结构

为了能更好地了解 C_{60} 的含量对聚合物的光电性能的影响,Zhang 等报道合成两种含量不同的 C_{60} 聚合物,如图 11-10 所示。其中,通过计算可得 C_{60} 含量分别为 14.5 wt% 和 24.2 wt%,实验表明,增加 C_{60} 的含量能有效地促进电荷的分离和传输,但是增加 C_{60} 含量的同时会降低聚合物的溶解性,这也是含有 C_{60} 的聚合物需要解决的一个重要问题。

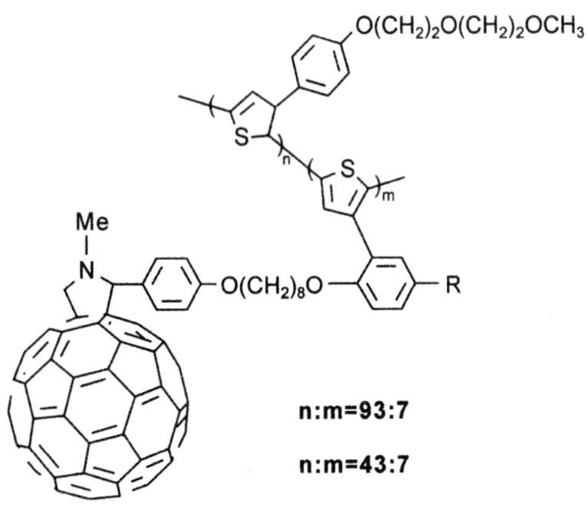

图 11-10　C_{60} 含量不同的聚噻吩类化合物

在这两个聚合物中也发现了不含 C_{60} 的此类聚合物在三氯甲烷蒸气条件下颜色由橙色变

为蓝色的现象,能使聚合物覆盖太阳光谱更宽的领域,形成宽电子吸收带,这对有机太阳能电池而言是非常有利的。其器件测试结果表明:这两种聚合物的 IPCE 值都有所增加,填充因子(FF)值为 0.25,能量转移效率为 0.6%,开路光电压达到 750 mV,比 PEOT 与 C_{60} 掺杂体系高得多。

近两年来,这种双层聚合物发展很快,特别是这种以共价键将 C_{60} 直接连接到共轭聚合物中的设计思路引起越来越多的科学家的注意,但如何解决增加 C_{60} 含量与聚合物溶解性之间矛盾、避免共轭聚合物与 C_{60} 受体之间的相互干扰作用和提高光电转换效率仍是关键。其中改善聚合物的溶解性,主要可以采取以下两种途径:通过使功能性可溶共轭聚合物直接与 C_{60} 反应生成可溶性聚合物;或直接聚合含有 C_{60} 的单体和被设计改善溶解性的单体以形成有较好溶解性的聚合物。

2001 年,Ramos 等人设计和合成了一类具有良好溶解性的含有 C_{60} 的 PPV 聚合物,如图 11-11 所示,并首次将该化合物运用到有机太阳能电池器件中。此类聚合物在甲苯溶剂中的荧光猝灭比不含 C_{60} 的聚合物高出两个数量级,固体薄膜也发生了荧光猝灭现象,这表明在聚合物分子内发生了光诱导电子迁移现象。其器件的测试结果:短路光电流密度(J_{sc})为 $0.42\ mA \cdot cm^{-2}$,开路光电压(V_{oc})为 830 mV,填充因子(FF)为 0.29,IPCE 值在 480 nm 时的最高值为 6 wt%,虽然其 IPCE 值与其他类有机太阳能电池相比较低,但是这类聚合物中 C_{60} 的含量只有 31.5%,比其他掺杂类有机太阳能电池(一般均为 75 wt%左右)要低得多。

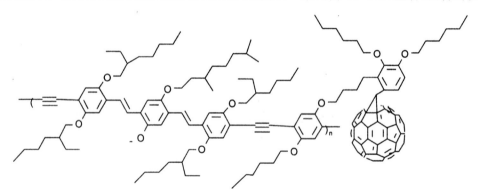

图 11-11　含有 C_{60} 的 PPV 聚合物的结构

另一类是具有良好的空穴传输性能的咔唑和三苯胺键接 C_{60} 的 PPV 聚合物也应用于有机太阳能电池中,如图 11-12 所示。这些聚合物的 C_{60} 含量分别为:19.9 wt%、21 wt%、57 wt%,特别是第三种聚合物的 C_{60} 含量已经基本接近聚合物/C_{60} 掺杂体系的含量。通过热重量分析,这些聚合物均具有较高的稳定性(分解温度在 380～460℃),在三氯甲烷溶液中测定的荧光猝灭现象显示聚合物内有光电子转移发生,能产生较高的光电转换效率。

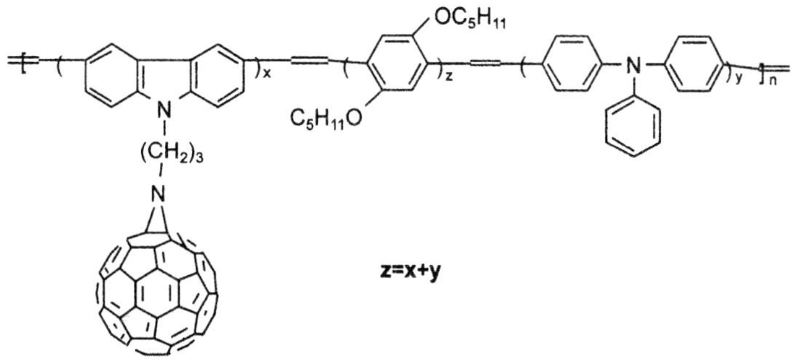

图 11-12　含有 C$_{60}$ 的聚咔唑类化合物

2.含富勒烯的小分子衍生物

富勒烯在有机太阳能电池方面的应用一直很受关注,除了聚合物与 C$_{60}$ 掺杂体系和含有 C$_{60}$ 的聚合物常作为有机太阳能电池材料外,一些小分子富勒烯衍生物也应用于有机太阳能电池中。

1996 年,Benincori 等首次报道了直接以共价键与 C$_{60}$ 相连的环戊二噻吩化合物,如图 11-13 所示。环戊二噻吩—C$_{60}$ 的聚合物的最大吸收在 440 nm,与未连接 C$_{60}$ 的聚环戊二噻酚相比发生了蓝移,这主要是由于单体的溶解性较差,使得聚合物的链不长,减少了有效共轭长度。但其氧化还原电位为 0.55 V,比相应的未连接 C$_{60}$ 的聚合物大得多,这说明了 C$_{60}$ 的吸电子效应。

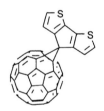

图 11-13　环戊二噻吩—C$_{60}$ 化合物

1998 年,Ferraris 等报道了二噻吩通过可弯曲的烷烃链连接 C$_{60}$ 的化合物,如图 11-14 所示。这主要是因为二噻吩与噻吩相比有较低的氧化电位,这样更有利于电聚合,同时,用可弯曲的烷烃链连接 C$_{60}$ 可以增加单体的溶解性及减少 C$_{60}$ 吸电子效应。

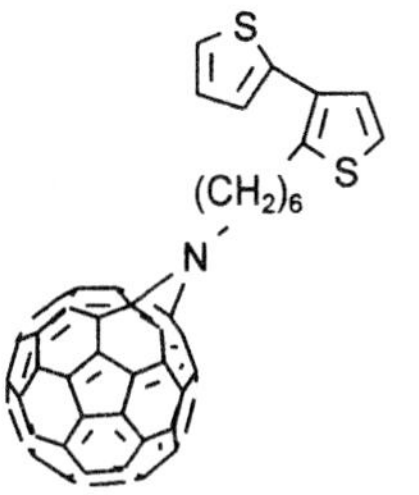

图 11-14　二噻吩—C$_{60}$ 化合物

　　该化合物的最大吸收在 480 nm，这个值与大多数聚噻吩的值一致，这表明共轭链中没有电子和立体微扰作用，电化学以及紫外－可见吸收光谱的测定均与聚噻吩类化合物一致，在阴极的循环伏安图中可以看到 C_{60} 的氧化还原波形。这些结果显示聚合物中共轭聚合物给体与 C_{60} 受体各自保持了本身的电子和电化学性质。而且可以通过改变烷烃链的长度来有效的阻止给体与受体间的相互作用，以符合有机太阳能电池材料的要求。

　　受聚噻吩与 C_{60} 及其衍生物 PCBM 掺杂的启发，化学家报道了二噻吩－吡咯烷－C_{60} 类化合物，如图 11-15 所示。此化合物有较好的溶解性且容易进行电聚合反应。在它的聚合物中发现了从聚噻吩到 C_{60} 之间的光诱导电荷转移现象。

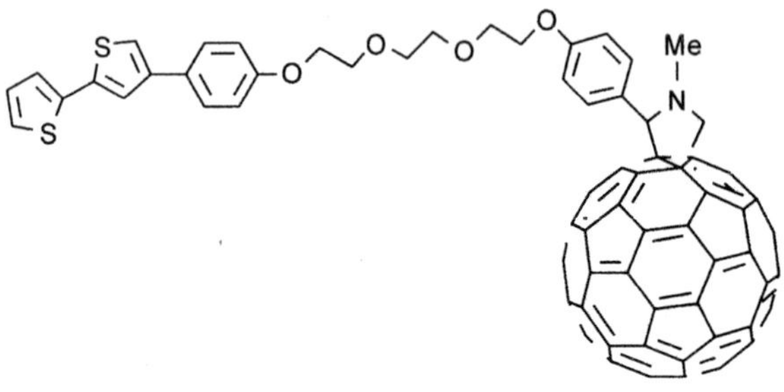

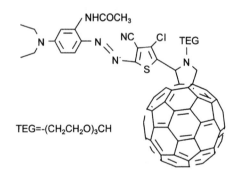

图 11-15　二噻吩－吡咯烷－C_{60} 化合物

　　2002 年，Maggini 等人报道了偶氮噻吩－C_{60} 类化合物，如图 11-16 所示，偶氮染料母体的最大吸收在 567 nm 处，可以充分利用更宽的太阳光吸收谱带；通过共价键与 C_{60} 相连，在溶液中发现了分子内存在能量和电子转移现象；同时为了增加化合物的溶解性和成膜性，在分子设计中引入烷氧烃长碳链。

TEG=-(CH₂CH₂O)₃CH

图 11-16　偶氮噻吩－C_{60} 化合物

　　其器件的测试结果为：短路电流（J_{sc}）为 1.6×10^{-3} A/cm²，开路电压（V_{oc}）为 0.66 V，填充因子（FF）为 0.28，能量转换效率（η）达到 0.37%，是目前为止效率最高的直接以共价键连接 C_{60} 的单层有机太阳能电池。

　　最近，Yoshio Aso 等报道了含有两个 C_{60} 的低聚噻吩（图 11-17）的光伏性能。结果表明：由于两个 C_{60} 的强吸电子作用，其短路光电流得到大大的改善，高达 376 mA/cm²。

　　如前所述，富勒烯（C_{60}）的应用开辟了有机太阳能电池材料的新纪元，作为良好的电子受体，C_{60} 能有效的促进电荷的分离，为取得高的光电转换效率奠定了基础。因此，进一步设计和

合成含 C_{60} 的化合物是当前有机太阳能电池材料研究的重要前沿课题之一。我们课题组在这一方面进行了一些有益的尝试,设计并合成了一系列新型的具有高电荷分离和传输效率的宽广谱敏化的 C_{60} 化合物,制备了太阳能电池器件,开发出若干个可应用于有机薄膜太阳能电池的有机材料,并探索了其太阳能电池器件及其实用化的制备工艺。

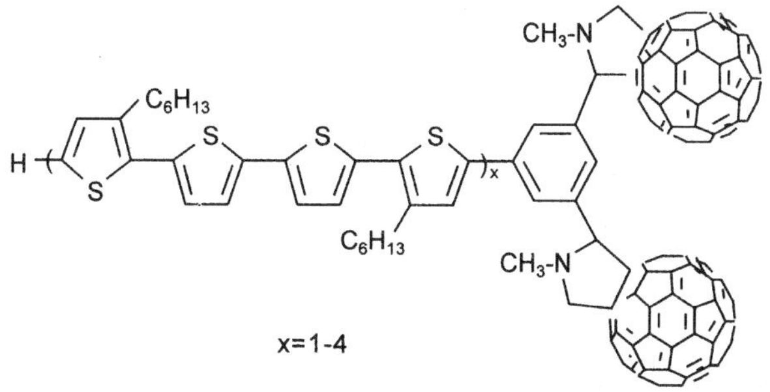

图 11-17　含有两个 C_{60} 的低聚噻吩化合物的结构

11.3　糖类药物

11.3.1　糖类药物概述

糖类化合物广泛存在于自然界,是地球上一切植物基架的结构组分,是生命体中所需能量的主要来源。糖类在自然界存在的一种重要形式是糖苷化合物,其结构多样性和活性多样性为人类提供了极其丰富的药用资源。

在人类基因组计划顺利完成之后,科学家的最新研究发现,糖类具有细胞间相互识别和信息传递的生物功能,与疾病过程和生命过程息息相关,调控糖基就有可能控制疾病的发生。以糖分子为"探针"阐释生命及疾病过程,为糖药物的研究和发展提供了理论和科学研究依据,是继人类基因组计划后,生命科学领域中的又一前沿研究热点。

1. 糖结构的多样性

核酸、蛋白质和糖是生命体中最重要的三类生物分子,但对这三种物质的认识程度却有很大的不同。作为生物分子之一的糖,早在一个世纪前就已为人们所认识,著名化学家 E. Fisher 就是因为在糖化学领域的杰出成就而荣获 1902 年的诺贝尔化学奖。但是在很长的时间里,糖仅是作为生物体内的能量和结构物质被认识的,对糖的生物学功能的认识远远落后于对核酸和蛋白质的认识,主要原因有以下两点。

（1）糖的化学较核酸和蛋白质复杂

核酸和蛋白质是分别通过磷酸二酯键和酰胺键相连的线性分子;而糖通过糖苷键相连,糖苷键有 α、β 两种立体异构形式,并且由于每个单糖有数个羟基而往往形成支链结构。因此,糖的分离、结构分析和化学合成都较困难。

(2)糖在生物体中的合成也远比核酸和蛋白质复杂

核酸和蛋白质的合成是一个由模板控制的过程,是高度精确的,基因工程就是建立在这个过程的原理之上;而糖链的合成是一个类似汽车制造的过程,每个糖苷键的合成或断裂由定位于这条生产线特定位置的特定糖基转移酶或水解酶控制,这个过程是不精确的,造成糖链的"微观不均一",使均一糖链的分离极其困难。

随着现代科学的发展,科学家们逐步认识到糖类在生命过程中也起着十分重要的作用。细胞表面密布着糖,糖是细胞与细胞间通讯的信息分子,如图 11-18 所示。

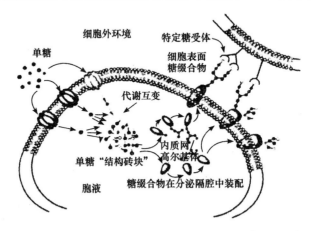

图 11-18　糖复合物的生物合成和细胞表面识别

糖的结构的多样性,使得它可能携带的信息量远远超过了蛋白质和核酸。举例来说,由 4 个核苷酸组成的寡核苷酸,可能的序列仅有 24 种,而由 4 个己糖组成的寡糖链,可能的序列则多达 3 万多种。要真正揭开生命的奥秘,就必须对糖的结构和功能有更深入的理解。目前的研究表明,人类的基因估计只有 3 万个左右,大大低于过去认为的 10 万个基因的数目。毫无疑问,这 3 万个基因本身所携带的信息远远不足以调控人体这样一个异常复杂的动态系统。因此,除了蛋白质之外,包含着庞大信息、由基因间接控制的糖类分子在人类的生命活动中也应该有着举足轻重的意义。

2.糖的生物学功能

人们在 19 世纪就已经认识到糖是生物体中最重要的成分之一,特别是发现细胞表面都覆盖着一层厚厚的糖衣。但是,对糖的生物学功能的认识却较晚,长期以来一直认为糖只是一种能量物质(如葡萄糖、动物糖原、植物淀粉等)或结构物质(如纤维素、几丁质、果胶等)。

到了 20 世纪 50 年代,随着化学和生物学的发展和分离分析技术的提高,人们才开始认识到糖的结构是非常复杂多样的,其生物学功能也绝非仅仅是能量和结构功能。特别是随后发现人的 ABO 血型的差别仅仅是血细胞表面一些末端寡糖的差别,如 A 型和 B 型的差别仅在于一个末端六碳糖 2 位取代基的不同,一个是乙酰氨基,一个是羟基,如图 11-19 所示。

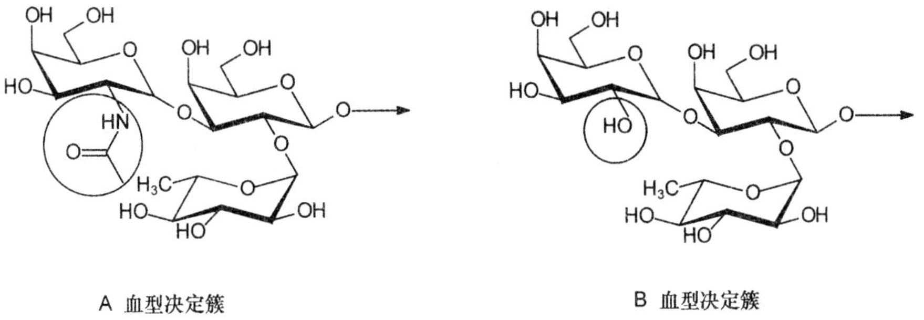

A 血型决定簇　　　　　　　　　　B 血型决定簇

图 11-19　两种血型决定簇

80 年代以后,人们得到了有关糖的结构和功能越来越多的信息,特别是近十年的研究使人们对糖的认识有了质的飞跃,认识到糖是除核酸和蛋白质之外另一类重要的生命物质,涉及到特别是多细胞生命的全部时间和空间过程,如受精、着床、分化、发育、免疫、感染、癌变、衰老等等。牛津出版社于 1991 年创刊国际性期刊"Glycobiology"是糖生物学作为一门学科正式诞生的一个标志,糖生物学被称为是"生物化学最后的巨大前沿之一"。

90 年代初,三个不同的研究小组几乎同时发现,当组织受到损伤或感染时,促使血管内皮细胞表面产生一种蛋白 Selectin,它能专一性地识别白细胞表面的四聚糖唾液酸路易斯 X(Sle^X,一种血型抗原),从而介导白细胞与内皮细胞粘附,使白细胞沿血管壁滚动,终至穿过血管壁进入受损组织以杀灭入侵病原物,过多的白细胞聚集则引起炎症。

1996 年,芬兰科学家 Gahmberg 等发现没有正确折叠的肽链不能从内质网(ER)腔外出并到达细胞外表面。N-糖基化与翻译同步的过程在 ER 内腔,翻译后的修饰在高尔基内腔。N-糖基化的共同前体寡糖的最内部的一个葡萄糖是糖蛋白折叠为正确构象的关键,由 ER 腔中两个细胞内凝集素(calnexin 和 calreticulin)识别该糖链后使蛋白折叠。在此基础上,发现 HIV 和乙肝病毒 M 外壳蛋白在感染细胞内的合成也是通过 N-糖基化的加工、识别并折叠的,糖基化异常导致新组装病毒无感染能力。

近年,牛津大学的科学家在疯牛病的研究中又有新发现。通过正常朊病毒(prion)PrP^c 和致病性朊病毒 PrP^{sc} 的研究表明,它们均是糖蛋白,PrP^{sc} 的糖链修饰与 PrP^c 不同,这种糖链修饰的变化是由细胞内 N-乙酰氨基葡萄糖基转移酶Ⅲ的活性降低引起的,该酶活性的降低与疯牛病病因及朊病毒的复制相关。该发现表明朊病毒的糖基化修饰与正常和病理状态下的朊病毒构象的变化是密切相关的。

2001 年,人类基因组计划已顺利完成,在所谓的后基因组时代,对糖的研究更显重要。人类基因组中只有约 3 万个基因,远远低于传统上认为的 10 万个基因的数目。而 3 万个基因本身所携带的信息又是如何作用于人体这样一个异常复杂的动态系统的呢?

糖缀合物(包括糖蛋白、糖脂及蛋白聚糖)的糖链大多存在于细胞表面和细胞分泌的蛋白上,正是与细胞通讯、信号传递密切相关。糖链的合成是由基因编码的酶催化的,据估计哺乳动物细胞基因组中有约 0.5%～1% 的基因参与糖链的合成与代谢,和参与蛋白磷酸化的基因数量相当。而这些基因如何调控糖链的合成以及基因所编码的生命信息如何通过糖链来体现仍是一个亟待探索的命题。

正如著名生物学家 Varki 指出的那样："在即将到来的'后基因组时代'当人们越来越多地将注意力集中到完整器官或生物体的发育和生理学的分子机制时,糖链生物学功能将会更加显而易见"。因此,在基因组学如火如荼,蛋白组学方兴未艾之时,所谓"糖组学"的概念也迅速得到很多科学家的认同。

从寡糖或糖缀合物入手,研究其结构,发现其在生物体中的功能,研究糖与糖、糖与其他生物分子之间的相互作用,阐明生理或病理过程的发生与发展的详细的分子机制,并进而以非天然的或天然的分子为探针对生理或病理过程进行干预和调控。化学糖生物学由此成为一个重要的研究领域。

11.3.2 糖类药物的应用

1. 天然糖类药物

糖类化合物一直是人类最重要的药物之一。早在公元前 1600 年,古埃及人就记载了强心苷的使用,现在使用的糖类化合物药物分子已超过 500 个,包括各种抗生素、核苷、多糖和糖脂等,针对几乎所有疾病。

我国传统中药的重要成分也多数与糖有关。许多自然界存在的糖苷作为植物药剂被应用于临床。

(1)天然糖苷

强心苷是使用最早的天然糖苷药物之一。

①毛地黄毒苷。发现于 1785 年,广泛用于充血性心力衰竭的治疗。

②洋地黄糖苷(图 11-20),是强心苷类研究得最彻底的代表物质,按其来源可分成两种。第一种是紫花毛地黄糖苷。有三分子毛地黄毒素糖连接在配基的 C−3 上。第二种是毛花洋地黄糖苷 A。糖基是一个四糖分子。

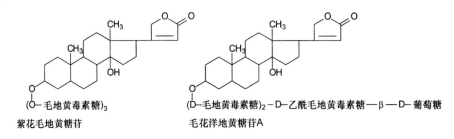

(O—毛地黄毒素糖)₃
紫花毛地黄糖苷

(D—毛地黄毒素糖)₂—D—乙酰毛地黄毒素糖—β—D—葡萄糖
毛花洋地黄糖苷A

图 11-20　洋地黄糖苷

(2)肝素

一种含有氨基、硫酸盐和羧酸基的糖聚合物,是在血栓形成的治疗和预防方面最广泛使用的一种多糖。20 世纪 40 年代以来,肝素就被广泛用作抗凝血药物,如图 11-21 所示。

(3)氨基糖苷类抗生素

这是一大类抗生素,其中的糖既可以糖苷键与非糖部分连接,又可与糖相互连接。如链霉素、庆大霉素、新霉素、万古霉素等。自 1943 年首次分离到链霉素以来,至今发现的氨基糖苷种类已增至 100 种以上。

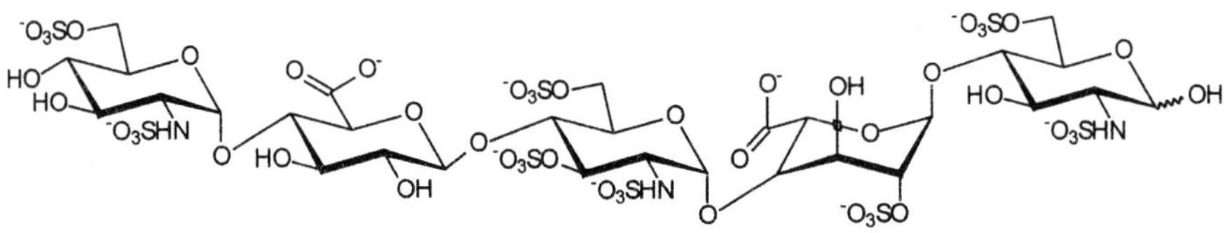

图 11-21　抗凝血肝素五糖

（4）透明质酸

主要用于伤口的恢复，特别是用于眼科手术及骨科治疗。它是一种酸性粘多糖，存在于眼球玻璃体、关节液、皮肤等组织。由于是皮肤中的天然成分，近年来用作护肤霜的基质。

2. 合成糖类药物

（1）核苷类

在 20 世纪 60 年代晚期到 70 年代，核苷类化合物作为潜在的癌症治疗药物的研究曾引起人们相当大的兴趣，但是最终能够上市的药物微乎其微。后来，随着艾滋病的发生，原先针对癌症筛选的许多核苷及其类似物，又被当作抗艾滋病毒药物而重新评价，由此发现了能够延长艾滋病人生命的药物叠氮基胸腺嘧啶脱氧核苷（AZT，azidothymidine），如图 11-22 所示。

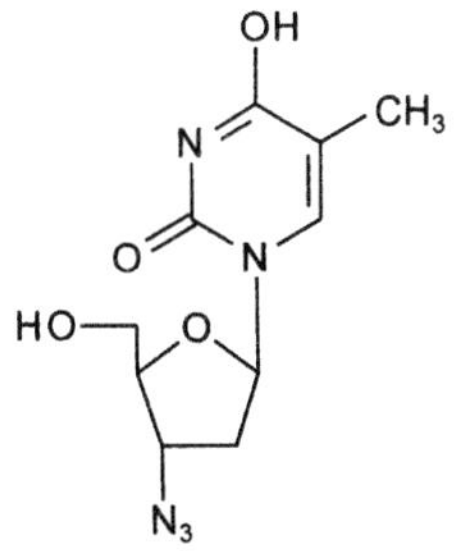

图 11-22　抗 HIV 病毒核苷类似物 AZT

（2）糖苷酶抑制剂

图 11-23 为治疗糖尿病新药"拜糖平"，其结构为一四聚糖类似物，可抑制淀粉的水解以阻止进食后血糖的升高。

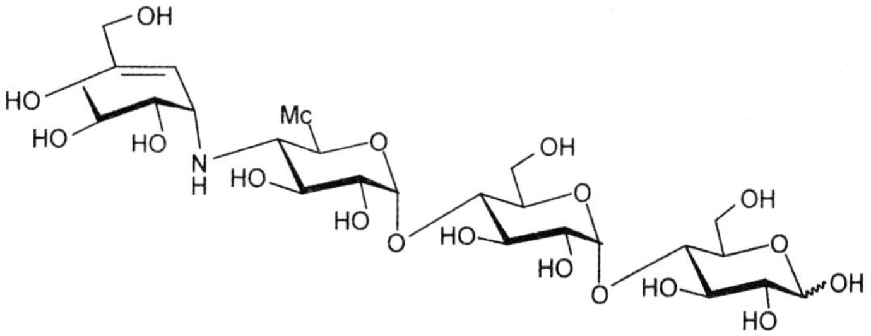

图 11-23　拜糖平

11.3.3 糖药物的研究进展

近年来,对糖类物质在生命过程中重要作用的认识,使糖类药物的研究进一步深入发展。糖参与了多细胞生命的全部时间和空间过程,与疾病的发生和发展有密切关系。如细胞表面糖链的异常高表达导致肿瘤发生与恶化;微生物感染、炎症等致病过程是由糖直接介导的;病毒细胞的寄宿过程中存在着糖基化基团的参与作用。而多数以糖类为基础的药物作用位点在细胞表面,参与并干扰细胞和细胞间、细胞和活性分子间的相互作用,调控糖基,就有可能控制疾病的发生。因此,糖药物应运而生,成为当今糖化学、生命科学领域的研究热点。

1. 糖疫苗

细菌细胞壁上存在的多糖导致了把寡糖共价结合到运载蛋白上产生抗不同血清型的疫苗的尝试。在某些情况下,这样产生的疫苗免疫原性较低,相对价格较高,但是产生的抗体可以应用于疾病的诊断方面。

转移的肿瘤细胞通过在它表面呈现糖蛋白和糖脂的形式的伪装而躲过体内正常的免疫系统的监视。这些细胞表面上的糖可能是肿瘤细胞有别于正常细胞的标识物质,将这些糖抗原进行巧妙的处理,使得体内的免疫系统能"看见"癌细胞,进而攻击并杀死它们,这就是目前糖抗肿瘤疫苗研制的基本原理。

糖疫苗用于艾滋病的预防方面的工作也逐渐成为一个研究热点。

2. 唾液酸

唾液酸是最常见的细胞糖蛋白和糖脂中的末端单糖,在细胞表面的糖与蛋白质的相互识别中起重要作用。已发现唾液酸衍生物是流感病毒唾液酸水解酶的抑制剂,因而在抗流感、抗病毒制剂方面有应用前景。事实上,两种唾液酸衍生物 Zanamivir 和 Oseltamivir(图 11-24)已经在美国作为抗流感病毒药物被批准上市。在哺乳动物的初乳中发现许多唾液酸化的寡糖,推测它们在新生儿的生长过程中有重要作用。此外,唾液酸转移酶抑制剂也是潜在的抗肿瘤转移和抗病毒药物。

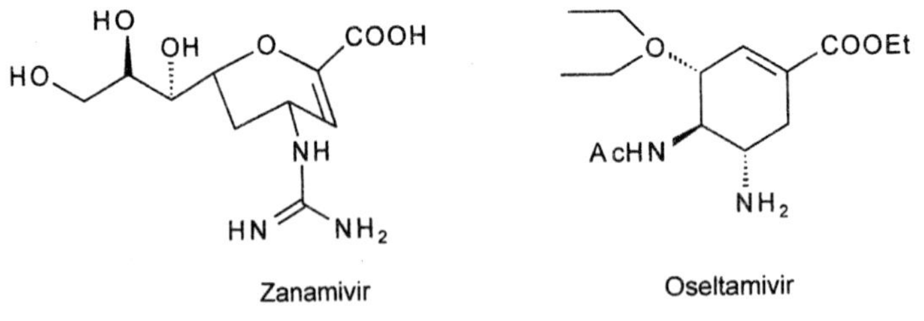

图 11-24 两种抗流感病毒药物

3. 环糊精

环糊精由于其本身结构独特,人们在它的功能基修饰方面做了大量的研究工作,希望优化它的性质,寻找新的更好的药物传递系统。

4.肝素模拟物

肝素自 20 世纪 40 年代以来一直被广泛用作抗凝血药。虽然多年来对肝素作用方式的研究导致了肝素疗法的改进,但是主要的突破来自于肝素多糖中一个五糖序列的发现,该五糖序列不仅呈现出肝素本身的抗凝结活性,而且比肝素本身具有更大的选择性。天然的五糖序列已经被合成,人们正在设计合成它的类似物或模拟物,期望得到生物活性更高的化合物。

5.选择蛋白拮抗剂

选择蛋白是糖受体蛋白中的一个家族,它介导白细胞与血管内皮细胞的粘附,因而与炎症密切相关。一个四糖序列 Sle^x,被所有三种选择蛋白(E-,P-和 L-选择蛋白)所识别,这样这个四糖分子本身或其类似物有望作为潜在的抗炎化合物而引起人们的极大兴趣。几种多糖化合物也被作为选择蛋白的拮抗剂而测试它们对风湿性关节炎的预防效果。一种葡萄糖衍生物 amiprilose,也有望在风湿性关节炎的治疗方面得到应用。P-选择蛋白的拮抗剂还有可能在阻止肿瘤扩散方面得到应用,因为转移的肿瘤细胞夺取血小板上的 P-选择蛋白,并且利用它们作为保护壳来达到逃避免疫系统攻击的目的。

11.4　高性能有机颜料

11.4.1　高性能有机颜料概述

有机颜料为不溶性有色的有机化合物。并非所有的有色物都可作为颜料使用,有色物质要能作为颜料使用,它们必须具备下列性能。

①色彩鲜艳,能赋予被着色物(或底物)坚牢的色泽。

②不溶于水、不溶于有机溶剂或不溶于应用介质。

③在应用介质中易于均匀分散而且在整个分散过程中不受应用介质的物理和化学影响,保留它们自身固有的晶体构造。

④耐晒、耐气候、耐热、耐酸碱和耐有机溶剂。

有机颜料与染料相比,它与被着色物体没有亲和力,只有通过胶黏剂或成膜物质将有机颜料附着在物体表面,或混在物体内部使物体着色。近年来,有机颜料的发展极为迅速,这是因为与无机颜料相比,它具有较高的着色力,颗粒容易研磨和分散,不易沉淀,色彩鲜艳,还具有耐晒、耐水浸、耐酸、耐碱、耐有机溶剂、耐热、晶形稳定、分散性、抗迁移性等特性。有机颜料普遍应用于油墨、涂料、橡胶制品、塑料制品、文教用品和建筑材料的着色,还用于合成纤维的原浆着色和织物涂料印花。有机颜料的品种、产量以及应用范围都在不断增长和扩大,已成为一类重要的精细化工产品。在过去的十几年间,我国的有机颜料生产量有了很大的发展,从 1989 年的年产量不足 1 万吨,发展到 2005 年的产量 15.6 万吨,占全球产量的 50% 以上。

高性能有机颜料(high performance pigments,HPP)是指那些具有非常高应用牢度的一类有机颜料,它们可分为九大类,即:喹吖啶酮类,二噁嗪类,异吲哚啉酮和异吲哚啉类,吡咯并吡咯二酮类(DPP),杂环蒽醌类,苝类,苯并咪唑酮类等。特别需要指出的是,普通酞菁颜料的应用性能和各项牢度都非常好,比起其他种类的高性能有机颜料毫不逊色,但是它却不在高性能有机颜料的名单中。为什么?事实上在我国不能生产酞菁颜料的时代,它是在这个名单里的,但是自从我国大规模生产这类颜料后,它的价格一路下跌,如今它的价格与普通的有机颜料相当,所以它被划出了高性能有机颜料的队伍。从这个事例来看,高性能有机颜料还同时意味着高附加值。

在 2000~2005 年间,全球有机颜料的生产受全球经济不景气的影响,产量一直徘徊在 23 万~25 万吨,增长率几乎为零。与此同时,高性能有机颜料的总产量却每年增长 3%,从 2000 年的 1.7 万吨增长到 2005 年的 2.0 万吨,这说明高性能有机颜料发展较为活跃。增长的一个原因是与我国的经济发展强劲有关。我国于 2008 年举办奥运会,北京与青岛等地兴建体育场馆,这些场馆将是当地标志性的建筑物,所以对所用的外墙涂料的色泽坚牢度有严格的要求。又如,我国近年来汽车工业发展很快,所以对轿车原始面漆和修补漆的需求量在逐年上升。还有,我国的塑料加工业在这几年也发展很快,许多高档的塑料制品开始销往国际市场,这也需要相应的高档塑料着色用有机颜料。为此,我国每年进口高性能有机颜料的数量在不断增加。

虽说我国在过去的十几年间有机颜料的生产有了很大的发展,但是生产的有机颜料品种绝大多数是低档的或中低档的,高性能有机颜料的生产无论是品种还是数量,仍差强人意。2005 年我国生产的高性能有机颜料的数量不到 1000 吨,不到全球高性能有机颜料产量的 5%。这个比例与我国有机颜料的总产量极不相称。生产的高性能有机颜料的品种仅十几个,其中产量较大的有:二噁嗪类颜料,典型品种是 C.I. 颜料紫 23(1990 年由华东理工大学在国内开发成功并实现工业化生产,成果获 1992 年度国家教委科技进步奖),产量在 450~500 吨;喹吖啶酮类颜料,典型品种是 C.I. 颜料紫 19 和颜料红 122,产量在 150 吨左右;DPP 类(吡咯并吡咯二酮)有机颜料,典型品种是 C.I. 颜料红 254,264,产量在 100 吨;苝系有机颜料(由华东理工大学率先在国内实现工业化生产,成果获 2005 年度上海市科技进步奖),产量是 50 吨;苯并咪唑酮类颜料典型品种是 C.I.颜料黄 151 和黄 154(1999 年由华东理工大学率先在国内实现工业化生产,成果获 2003 年度教育部科技进步奖),颜料红 176,185 和 208,产量在 100~130 吨。高性能有机颜料在我国的生产情况这么低下,对我国有机颜料的研究与开发既是一个机遇又是一个挑战。

11.4.2 喹吖啶酮类颜料

喹吖啶酮类颜料的化学结构如图 11-25 所示。

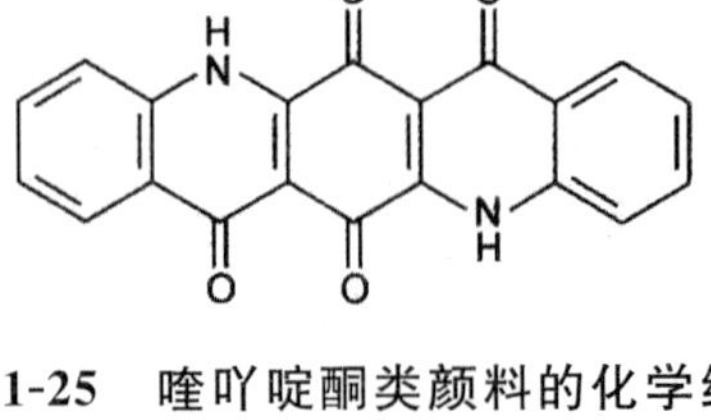

图 11-25 喹吖啶酮类颜料的化学结构

1.喹吖啶酮颜料的应用性能

市售的喹吖啶酮颜料都是深红色的,只是有的带黄光,有的带蓝光,有的品种所具有的蓝光是如此之强,以致看起来更像是紫色的。喹吖啶酮颜料没有熔点,在很高的温度下,它们未经熔融便分解了。

喹吖啶酮颜料在常见的有机溶剂中溶解度极小,其 N,N-二甲基甲酰胺(DMF)的溶液呈橙色,并且光稳定性较差。这与我们看到的颜料自身的颜色及测得的应用牢度并不相符合。什么原因呢?对该颜料的单晶 X-衍射分析给出了答案。喹吖啶酮颜料分子具有很好的平面性,单个颜料分子在晶体中以层状的方式堆积,相邻的分子间依靠分子中的羰基(—CO—)和亚氨基(—NH—)形成了氢键,再加上分子间的范德华力和各个分子中的 π-电子与相邻分子间电子云的重叠使得分子在晶体中形成了"三维"的缔合体。正是因为这样一个构造,使得该晶体具有很好的稳定性。因为束缚该晶体的力是如此之强,所以决定该晶体颜色的因素主要也就在于晶体结构而不是分子结构。同样,正因为晶格力是如此之强,使得该晶体在溶剂中的溶解度极低。在喹吖啶酮颜料分子中引入取代基会破坏分子的平面性,因而会降低分子间电子云重叠的程度和减弱分子间的范德华力。如果在喹吖啶酮分子中的 5,12-位(即 N 原子所在的位置)上引入甲基,这样就不能再在相邻分子间形成氢键,因而束缚晶体的力大大减弱。由这种结构的喹吖啶酮分子组成的晶体在有机溶剂中的溶解度大大增强,甚至可溶于乙醇。当然,它们的稳定性(包括热稳定性和化学稳定性)也随之降低,故而失去了作为颜料的使用价值。

改变颜料色光的方法除了改变它的晶型和引入取代基外,工业上较为常用的方法还有制备"混晶"或"固态溶液",它们是一种多组分的颜料,也就是将两种或多种结构与性能类似的颜料组合起来使用。组合的方法有化学的也有物理的。化学组合是指在合成时按一定的比例将多个组成颜料分子的组分一起反应,使其生成大分子或超分子;物理组合是指将两个或多个颜料简单地按一定比例混合,先使其溶解,然后再使其从溶液中析出,这样在生成晶体时,晶胞或晶格由不同的颜料分子组成。混晶类或"固态溶液"的喹吖啶酮颜料既可以在色光上又可以在着色性能或应用性能上有所改进,有时这种混晶类或"固态溶液"的颜料在着色强度上要比组成它的两个组分都要高,产生了 1+1>2 的效果,这种现象称作加和增效。

2.喹吖啶酮颜料的合成

丁二酸二酯法(图 11-26)是最早开发的方法,也是目前在工业上最常使用的合成方法。

丁二酸二乙酯在高沸点溶剂中,在醇钠的作用下,经二聚及闭环反应形成 3,6-二氢-对苯二酚-2,5-羧酸酯,后者与两倍摩尔量的苯胺在原反应介质中于 250℃反应,经闭环而成 α-晶型的二氢喹吖啶酮,反应产率 75%。二氢喹吖啶酮的脱氢以间硝基苯磺酸钠为催化剂,在碱性的乙醇介质中进行。在碱浓度较低的乙醇介质中进行脱氢,得到的是 α-晶型喹吖啶酮。α-晶型喹吖啶酮在 DMF 的存在下进行球磨,得到的是 β-晶型喹吖啶酮;而在二甲苯的存在下进行球磨,得到的是 β-晶型喹吖啶酮。当有 2-氯蒽醌或二甲苯存在时,在碱浓度较高的乙醇介质中进行脱氢,得到的都是 β-晶型喹吖啶酮。

图 11-26   丁二酸二酯法

3.喹吖啶酮颜料的同质多晶性

迄今已发现喹吖啶酮颜料有五种晶型,即:α-晶型,β-晶型,γ-晶型和 δ-晶型,其中 γ-晶型还有一种变体,称为 γ'-晶型。用前述的各种反应路线制得的喹吖啶酮颜料粗品的晶体构型大多为 α-晶型。与 β-晶型和 γ-晶型的喹吖啶酮颜料相比,α-晶型的各项应用牢度均较差,故而不适宜用作颜料。在工业上一般是通过各种方法,将其转变为 β-晶型和 γ-晶型。δ-晶型和 γ'-晶型的喹吖啶酮颜料未见有商业化生产的报道。

将 α-晶型转变为 β-晶型或 γ-晶型有多种方法,较为常见的有:球磨法、溶剂法、酸溶法以及热处理法,这些方法实际上也就是喹吖啶酮颜料粗品的颜料化方法。在二氯苯或二甲苯的存在下对 α-晶型进行球磨,得到的颜料为 β-晶型;而在 DMF 的存在下对 α-晶型进行球磨得到的颜料为 γ-晶型。对 α-晶型进行酸溶处理,即将其完全溶于浓硫酸,再加水稀释使其析出,得到的颜料也为 β-晶型。或者将其溶于多聚磷酸,再加乙醇使其析出,得到的颜料也为 β-晶型。然而,这样得到的 β-晶型会含有少量的 α-晶型。在有机溶剂中,如:DMF、二甲基亚砜,对 α-晶型进行回流可得到 γ-晶型。在压力下于乙醇中对 α-晶型进行回流,也得到 γ-晶型。

α-晶型和 β-晶型的 X-射线衍射行为如图 11-27 和图 11-28 所示。

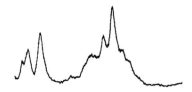

图 11-27 α-晶型喹吖啶酮颜料的 X-射线衍射图

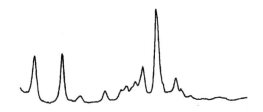

图 11-28 β-晶型喹吖啶酮颜料的 X-射线衍射图

11.4.3　二噁嗪颜料

二噁嗪颜料的品种较少,最重要的品种是 C.I.颜料紫 23,结构式如图 11-29 所示。

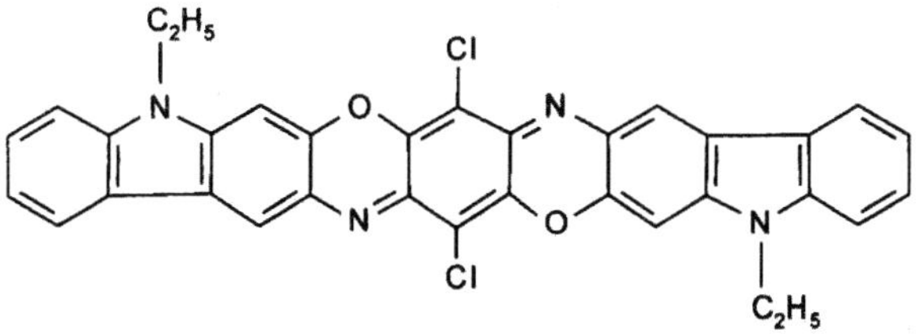

图 11-29　二噁嗪颜料的结构式

该颜料几乎耐所有的有机溶剂,所以在许多应用介质中都可使用且各项牢度都很好。该颜料的基本色调为红光紫,通过特殊的颜料化处理也可得到色光较蓝的品种。它的着色力在几乎所有的应用介质中都特别高,只要很少的量就可给出令人满意的颜色深度。二噁嗪颜料的生产工艺很复杂,尤其是颜料化工艺。

被《染料索引》收录的二噁嗪类颜料有四个品种,即颜料紫 23,34,35,37。但目前仅颜料紫 23 和 37(图 11-30)有生产。

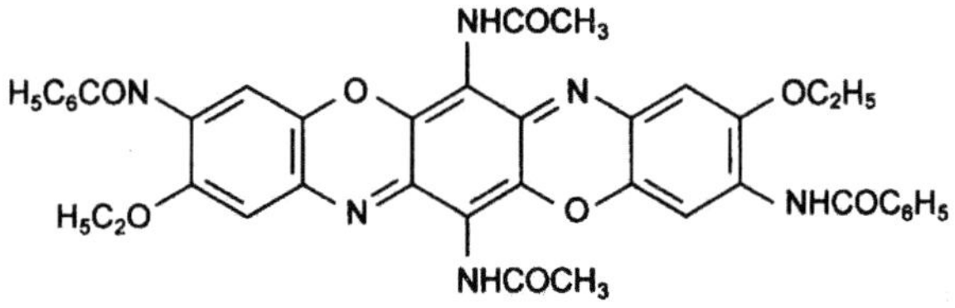

图 11-30　颜料紫 23 和 37 的结构图

在国际市场上,二噁嗪类颜料的生产与供应商主要为 Clariant 公司、Ciba 公司和我国,其中我国颜料紫 23 的产量已占国际市场的 50%。

1.C.I.颜料紫 23 的应用性能

C.I.颜料紫 23 的着色力在几乎所有的应用介质中都特别高,只要很少的量就可给出令人满意的颜色深度。它既可作为主体着色颜料单独使用,也可作调色颜料与其他颜料拼混使用,甚至可作为“雕白剂”与白色颜料一起使用。这是因为当它与白色颜料(例如钛白粉)混合使用时,可遮盖钛白粉的黄光,从而产生令人赏心悦目的白色。在这种应用场合,只需要极少的量就可达到此目的,例如:在 100 克钛白粉中只需添加 0.05～0.0005 克即可。当它单独使用时,它主要给出红紫色;当它与酞菁蓝混合使用时,可使酞菁蓝带有更强烈的红光。

C.I.颜料紫 23 可用于调制各种类型的涂料(包括外墙涂料)或油漆,尤其适用于以合成树脂为黏合剂的乳胶漆。在这样的介质中,它的各项应用牢度,即使在冲淡的情况下(例如当它与钛白粉的混合比为 1:3000 时),也非常高。C.I.颜料紫 23 在烘烤漆中具有非常好的耐再涂性。在涂料中,C.I.颜料紫 23 的耐热性不太高,在通常的情况下仅耐 160℃。为了在使用介质中得到较高的分散稳定性并防止它在介质中产生絮凝,在对涂料着色时需要加入较高比例的分散剂和黏合剂,这是它与众不同的地方。

鉴于 C.I. 颜料紫 23 的重要性,我国自 1970 年就立项开发这个颜料。当时,颜料的化学合成非常成功,获得了这个颜料分子(又称颜料粗品),但是在对其实施颜料化加工时,受旧观念的影响没有成功,以致制得的产品质量不能满足用户的需要。直到 1989 年,华东理工大学的研究者突破旧观念,才基本解决该颜料的质量与应用性能的问题。1990 年,上海美满化工厂在华东理工大学的技术支持下,首先在国内生产出合格的工业化产品。

2. C. I. 颜料紫 23 的合成

C. I. 颜料紫 23 的合成如图 11-31 所示。

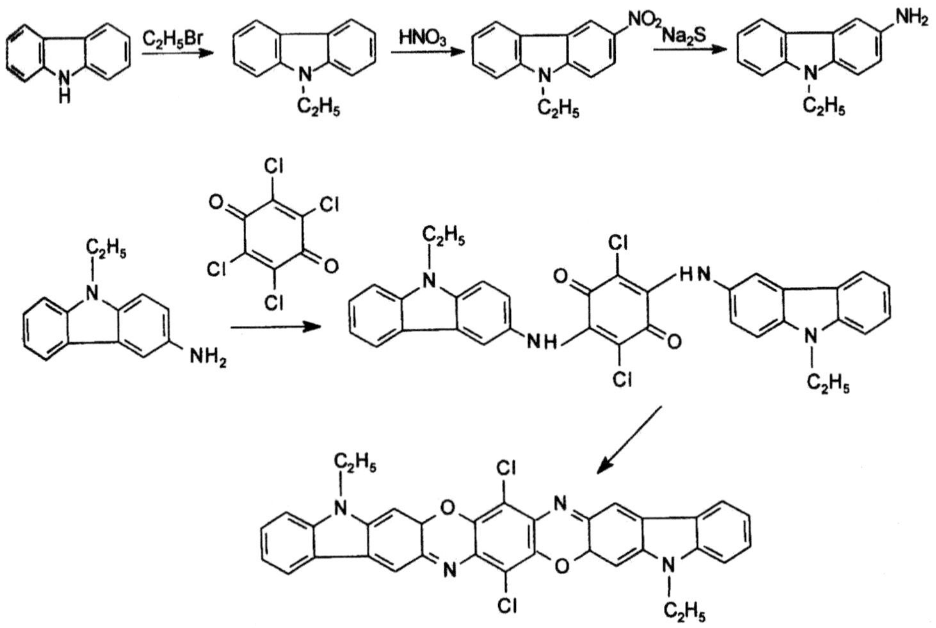

图 11-31 C. I. 颜料紫 23 的合成

对咔唑(煤焦油中的一个组分)进行 N -烷基化得到 N -乙基咔唑。N -乙基咔唑经硝化和还原便得到 3-氨基 N -乙基咔唑。3-氨基- N -乙基咔唑与四氯苯醌经缩合、闭环后得到 C. I. 颜料紫 23。上述合成方法自被开发以来,几乎无多大改进,它可作为合成三苯二噁嗪类化合物的范例。

对该颜料常用的颜料化方法是:球磨或捏合。球磨或捏合时除了要添加助磨剂(一般为无水氯化钠或无水氯化钙)外,常常还需加入有机溶剂,如二甲苯、醋酸乙酯或醋酸丁酯等。用不同的方法对粗品进行颜料化处理,得到的成品其晶型也不一样。

11.4.4 异吲哚啉酮颜料和异吲哚啉颜料

异吲哚啉酮和异吲哚啉有机颜料分子中均含有下列构造,如图 11-32 所示。

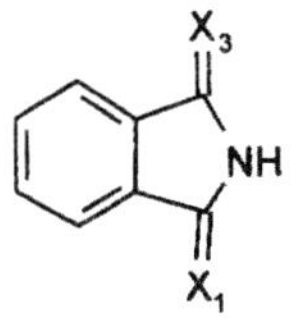

图 11-32　异吲哚啉酮和异吲哚啉有机颜料分子中均含有的构造

当 $X_1 = H$，$X_3 = O$ 时，上述分子称为异吲哚啉酮；当 X_1，$X_3 = H$ 时，上述分子称作异吲哚啉。现有的异吲哚啉酮和异吲哚啉类化合物可以作为颜料使用且有商业价值的数目很有限。此类颜料的生产工艺较为复杂，它们的色谱大多是黄色，具有很高的耐晒牢度和耐气候牢度，主要用于高档的塑料和涂料。典型的品种有 C.I. 颜料黄 110 和 C.I. 颜料黄 139，如图 11-33 所示。其中，C.I. 颜料黄 110 为异吲哚啉酮系颜料，C.I. 颜料黄 139 为异吲哚啉系颜料。

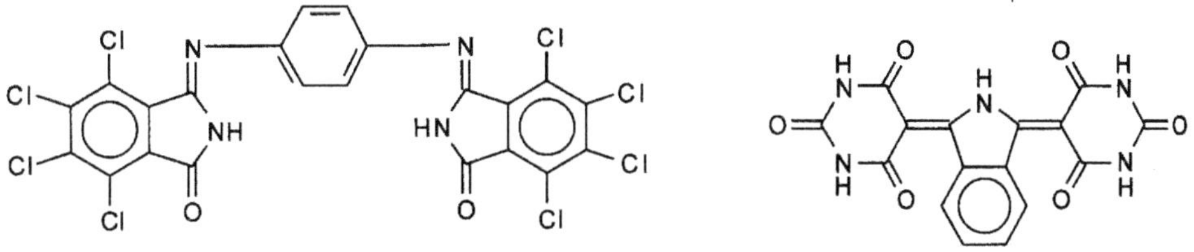

图 11-33　C.I. 颜料黄 110 和 C.I. 颜料黄 139

异吲哚啉酮类和异吲哚啉类有机颜料的色谱范围较广，从黄色、橙色、至红色、棕色，但较有商业价值的品种其色谱为绿光黄色和红光黄色。如果在无取代的异吲哚啉核上引入氯原子，衍生物的吸收光谱会发生红移。异吲哚啉酮类和异吲哚啉类有机颜料不溶或微溶于大部分有机溶剂，其耐溶剂性、耐迁移性、耐酸碱、耐氧化还原性都很好，耐热性特别好，可耐热约 400℃。这些颜料的耐晒牢度、耐气候牢度也很好。异吲哚啉酮和异吲哚啉颜料属于高性能有机颜料，主要用于汽车漆，塑料、高级油墨及合成纤维的原液着色。

1. 异吲哚啉酮颜料的合成

它们是由 2 摩尔 4,5,6,7-四氯异吲哚啉酮(或其衍生物)与 1 摩尔二元芳胺在有机溶剂中缩合生成的，如图 11-34 所示。

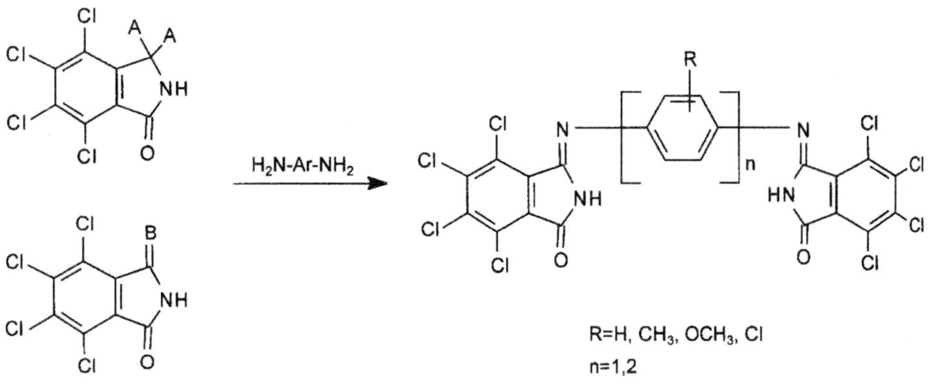

图 11-34　异吲哚啉酮颜料的合成

尽管起始原料不同,但异吲哚啉酮有机颜料的合成方法都一样。4,5,6,7-四氯异吲哚啉酮(或其衍生物)与对苯二胺(或其衍生物)在邻二氯苯中于 160~170℃反应,产物经颜料化处理后即得红光黄色的颜料。

另一种较新的合成方法如图 11-35 所示。

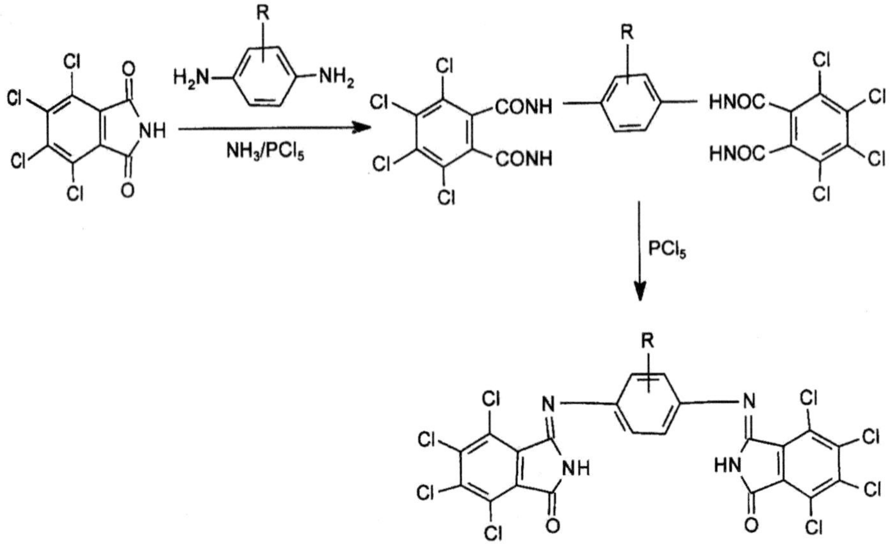

图 11-35　较新的异吲哚啉酮颜料的合成方法

该方法的优点在于可以采用来源易得的四氯邻苯二甲酸酐作为原料。采用特殊的颜料化技术可将上述化合物制成 β-或 γ-晶型的颜料。

2.异吲哚啉有机颜料的合成

它是由 1 摩尔 1,3-二亚氨基异吲哚啉与 2 摩尔巴比妥酸反应而得到,如图 11-36 所示。

3.研究与开发异吲哚啉酮和异吲哚啉颜料的重要性

普通级别的黄色有机颜料大多是联苯胺类的衍生物,生产这类颜料要用到 3,3-二氯联苯胺,后者已经被证明对人体有害,可导致膀胱癌,所以已经被禁止用于合成染料。之所以仍然被用于有机颜料的合成,是因为由它们合成的颜料在水中的溶解度较小,在一般情况下不易被裂解为有毒的 3,3-氯联苯胺。再则,禁止 3,3-二氯联苯胺用于有机颜料合成将使得目前的市场无价廉物美的黄色有机颜料供应。换言之,取代此类颜料的品种尚未研发出来。目前有一种理念是使用异吲哚啉酮和异吲哚啉颜料代替目前的联苯胺类黄色有机颜料,如果这种理念得以实施,则对此类颜料的需求将有一个爆炸性的增长,因为联苯胺类黄色有机颜料在这几年的全球消费量为 6 万吨,而 2005 年异吲哚啉酮和异吲哚啉颜料的全球使用量仅 2000 吨。

另一方面,有一类无机的黄色颜料其生产与使用量也相当大,它们是铬黄颜料。在化学上,铬黄颜料的主要成分是铬酸铅($PbCrO_4$),属于有毒的重金属类化合物。生产与使用此类颜料对环境保护不利,因此在发达国家已经有呼声要求禁止使用铬黄颜料。铬黄颜料在 2005

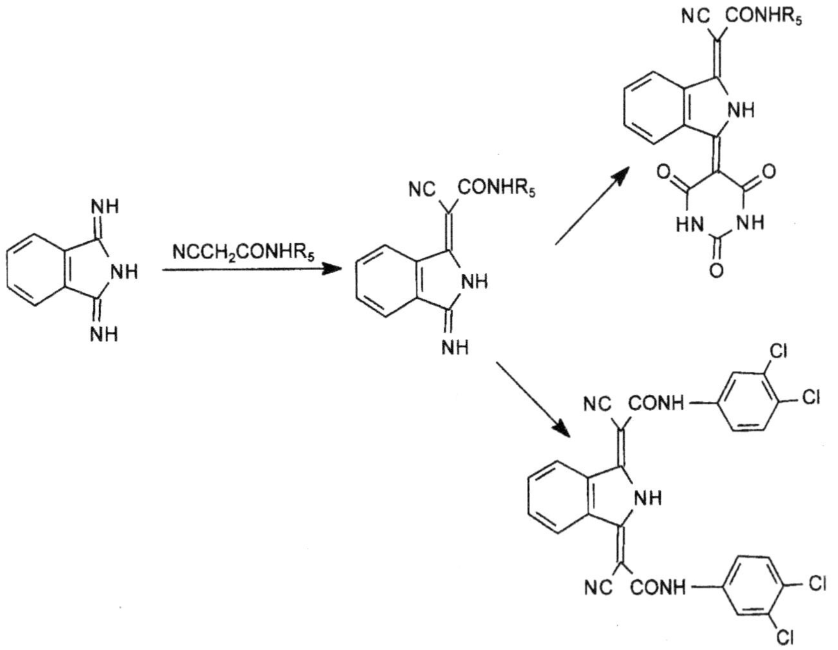

图 11-36　异吲哚啉有机颜料的合成

年的生产与使用量也为 6 万吨。如果一旦该类颜料被禁止使用,则又需要有 6 万吨的其他颜料品种。据说,能代替铬黄颜料的黄色颜料品种也是异吲哚啉酮和异吲哚啉颜料。可想而知,在不久的未来,对异吲哚啉酮和异吲哚啉颜料的需求将是多么巨大！这就是为什么我们迫切需要研究与开发此类颜料的原因。

虽然在目前异吲哚啉酮和异吲哚啉颜料是一类高性能有机颜料,但是实际上它们的合成相对比较容易,所用的原材料也比较易得。只是因为目前我国尚不能规模化地生产这类颜料,所以国外厂商以非常高昂的价格向市场供应这类品种。一旦我国掌握了异吲哚啉酮和异吲哚啉颜料的生产技术,中国产的异吲哚啉酮和异吲哚啉颜料将很快占据国际市场,它们的市场价格将随之大幅度地下降,就如同 1980 年代的酞菁颜料。当时它在国际市场上的销售价格平均为 50 美元/公斤,如今它的价格平均为 4 美元/公斤。基于这个原因,华东理工大学已经开始研发这个颜料。

11.4.5　1,4-吡咯并吡咯二酮系颜料

1,4-吡咯并吡咯二酮系颜料(即 DPP 系颜料)是由 Ciba 公司在 1983 年推向市场的一类全新结构的高性能有机颜料,该类颜料的问世被誉为是有机颜料发展史上的一个新的里程碑。2003 年以前,由于知识产权的原因,全球只有 CIBA 公司能生产并销售该类颜料。2003 年以后,我国的颜料生产企业立即跟进,也向市场推出了中国产的 DPP 颜料。DPP 系颜料属交叉共轭型发色系,所以尽管分子量不大,但是色谱却主要为鲜艳的红色,它们具有很高的耐晒牢度、耐气候牢度和耐热稳定性能,常用以调制汽车漆。

DPP 系颜料的结构通式为图 11-37。

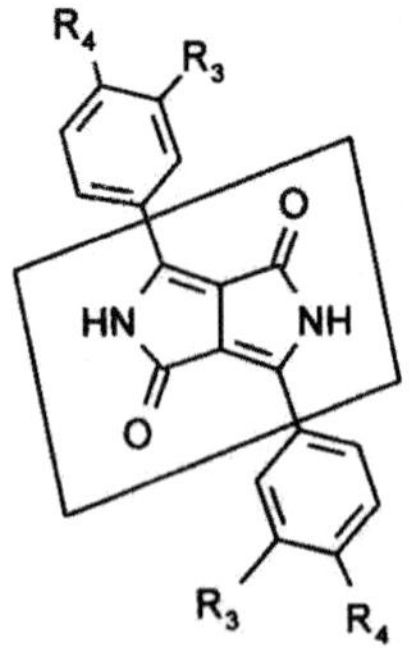

图 11-37　DPP 系颜料的结构通式

根据《染料索引》的记载,已经实现商业化生产的 DPP 类有机颜料有 7 个品种,它们一般呈红色。

1.合成方法及反应机理

合成 DPP 分子的方法有多种,但是有工业价值的方法为二酸酯合成路线。在这条路线中,丁二酸酯与苯腈类化合物在强碱的存在下缩合,反应产率很高。反应机理如图 11-38 所示。

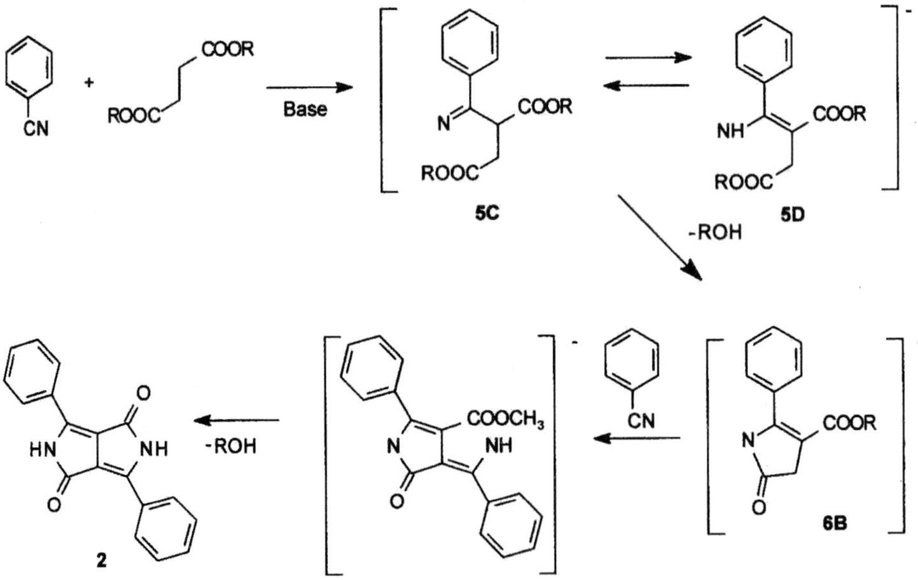

图 11-38　二酸酯合成路线

丁二酸酯与苯腈在醇钠的存在下缩合先生成 5C(它有一个互变异构体 5D),脱醇后闭环生成内酰胺,后者在碱性介质中再与另一个分子的苯腈缩合生成 DPP 分子,也有人认为是两个酸同时与两个分子的苯腈分子作用。

2.单晶 X-射线衍射分析

DPP 分子在晶体中的排列情况可以由单晶 X-射线衍射分析得知,已经有人做了这方面的工作,其中,C.I.颜料红 255 的分子结构如图 11-39 所示。

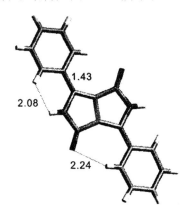

图 11-39　C.I.颜料红 255 的分子结构

由上图可以看出 DPP 分子是一个平面型分子,两个苯环与中心杂环有一个 7°的夹角,亚胺上的氮原子与苯环上的碳 6 原子间的距离是 2.08Å,而碳 10 上的氢原子与杂环中的氧原子之间的距离是 2.24Å。在相同情况下,它们间的范德华半径分别是 2.4Å 和 2.6Å,这意味着,DPP 分子中的发色团和苯环之间有着强烈的相互作用。碳 3 和碳 5 之间的键长是 1.43Å,这明显短于联苯分子中两个苯环间的碳-碳键长(1.496Å)。这些事实都很好地印证了前面讨论的 DPP 分子在溶液中和在固态时吸收波长的差值与分子内和分子间的相互作用有关的说法。

图 11-40 是 C.I.颜料红 255 在晶体中 bc 平面上的排列方式,从中可以明显看到羰基中的氧原子与亚胺中的氮原子存在着分子间氢键。这也决定了在 ab 平面上同样存在着这样的分子间作用。此外,在两端的苯环间有着较弱的范德华接触。

图 11-41 是 C.I.颜料红 255 分子间的氢键和 π—π 堆积的几何图解。从中看到,由于苯环与杂环不在同一平面上,相邻两个 DPP 分子间的氢键也有点倾斜。

晶体沿着 a 轴的排列方式取决于分子层的 π—π 堆积。图 11-42 是氢键的侧视图,从中可以很好地看到层与层之间的距离。两个杂环层间的距离是 3.36Å,两个苯环层间的距离是 3.54Å。它们都短于相应范德华距离,这就是 π—π 堆积体间存在相互作用的有力证据,当然,以这样的方式排列对堆积体而言也是最稳定的。

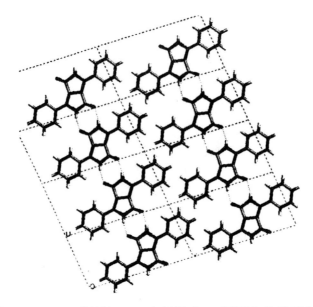

图 11-40　C. I. 颜料红 255 在晶体中 bc 平面上的排列方式

图 11-41　C. I. 颜料红 255 分子间的氢键和 π—π 堆积的几何图解

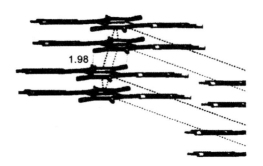

图 11-42　氢键的侧视图

3. 国内的研究状况

前面提到,2003 年有关生产 DPP 类颜料的专利已经到期。在此情况下,国内自 2003 年以来已经至少有 7 家企业宣称开发出了这类颜料。实际上,他们不是开发出一类,而是仅一个颜料,即颜料红 254。即便如此,他们中的大多数也只是简单地模仿 CIBA 公司的现有产品。他们的出发点非常简单,用同样的产品,较低的价格,抢 CIBA 的市场份额。其实,他们忽视了一个事实,DPP 颜料就其化学属性而言是新化合物。按照欧盟的法律(简称 EINECS)和美国的法律(简称 OPEN TSCA),凡是 1982 年以后问世的新化合物,如果要在他们国家或地区销售,必须到当地国注册。也就是向这些国家说清楚此新化学品的毒性、对人体的危害性、对环境的危害性等。而要说清楚这些问题,你就必须到有关部门去做检测,然后拿着这些检测报告去注册。很显然,做这样的检测所需要的费用不是一个小数,动辄几万美元乃至几十万美元。这是我们中国的颜料制造商目前很难做到的。

还有,简单地模仿 CIBA 公司的现有产品,一是侵犯了 CIBA 公司的知识产权,二是打不开自己产品的销路。

为此,华东理工大学不是模仿 CIBA 公司的现有产品,而是根据产品的应用特性和对象,有目的地设计此类颜料的新品种,例如,具有超高遮盖力的和超高透明性的产品。相关的研究成果已经申请了中国发明专利。

11.4.6　杂环蒽醌颜料

蒽醌颜料是指分子中含有蒽醌构造或以蒽醌为起始原料的一类颜料,它们是一类较为古老的化合物。最初这类化合物仅作为还原染料使用,由于它们的色泽非常坚牢,色谱范围很广,促使人们将其改性成有机颜料使用。此类颜料的生产工艺非常复杂,以致生产成本很高。所以,由于价格/性能比的因素,并非所有的蒽醌类还原染料都可被用作有机颜料。较为重要的品种有下面几种。

1. C. I. 颜料黄 24

C. I. 颜料黄 24 俗称黄蒽酮,耐晒牢度特别好,其化学结构和合成路线如图 11-43 所示。

1-氯 2-氨基蒽醌与苯酐反应,得到 1-氯-2-邻苯二甲酰亚氨基-蒽醌,接着在铜的催化下进行 Ullmann 反应得到 2,2′-二邻苯二甲酰亚氨基-1,1,1′联蒽醌,最后在碱性介质中脱去邻苯二甲酸同时闭环得到黄蒽酮。

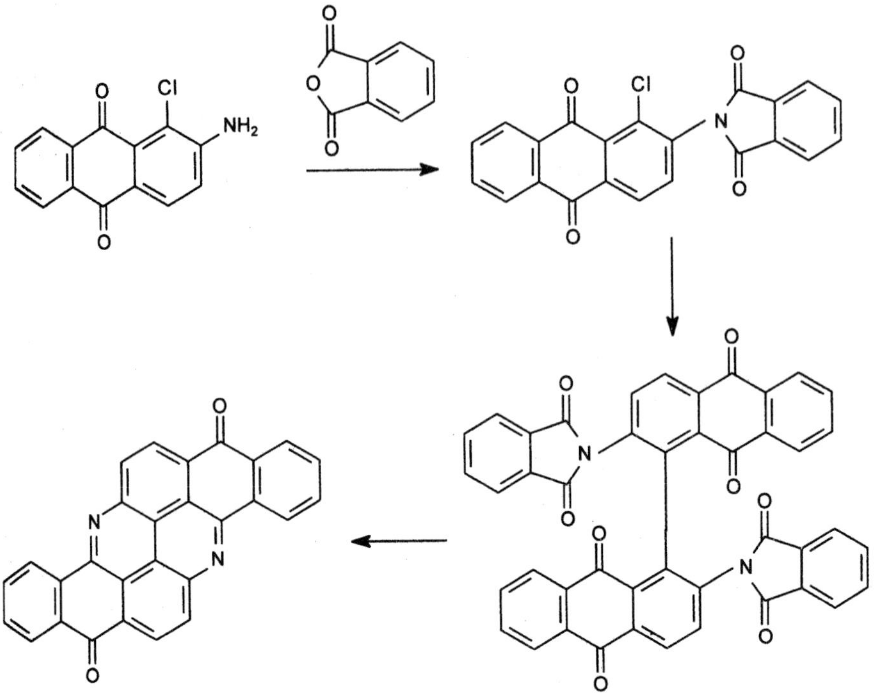

图 11-43　C. I. 颜料黄 24 的化学结构和合成路线

2. C. I. 颜料黄 108

C. I. 颜料黄 108 的化学结构如图 11-44 所示。

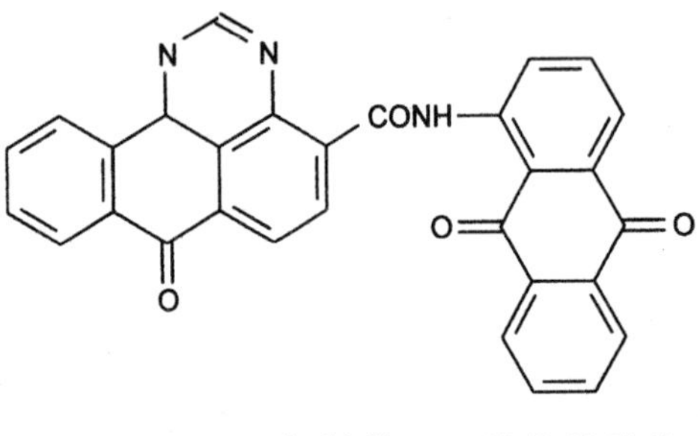

图 11-44　C. I. 颜料黄 108 的化学结构

合成方法如图 11-45 所示。

1-氨基蒽醌与蒽并嘧啶-2-羧酸、氯化亚砜一起在高沸点有机溶剂（如：邻二氯苯、硝基苯）于 140～160℃反应，得到的固体产物经过滤、甲醇洗涤，再与次氯酸钠溶液一起沸煮，产物经颜料化处理，即为颜料黄 108。

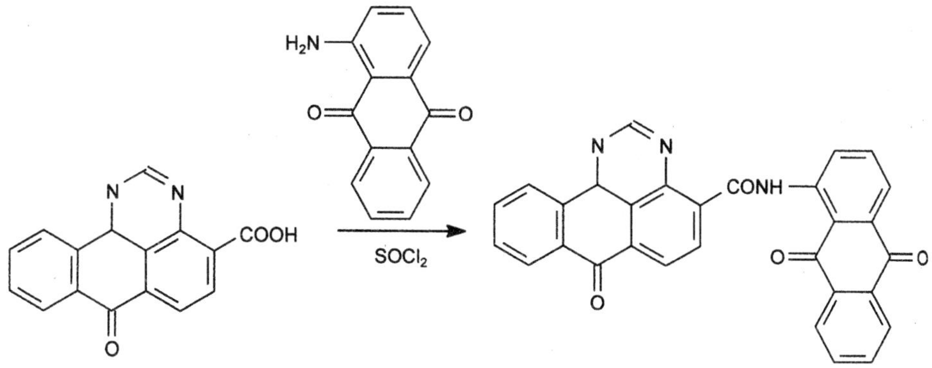

图 11-45　C. I. 颜料黄 108 的合成方法

3. C. I. 颜料红 177

C. I. 颜料红 177 的化学结构如图 11-46 所示。

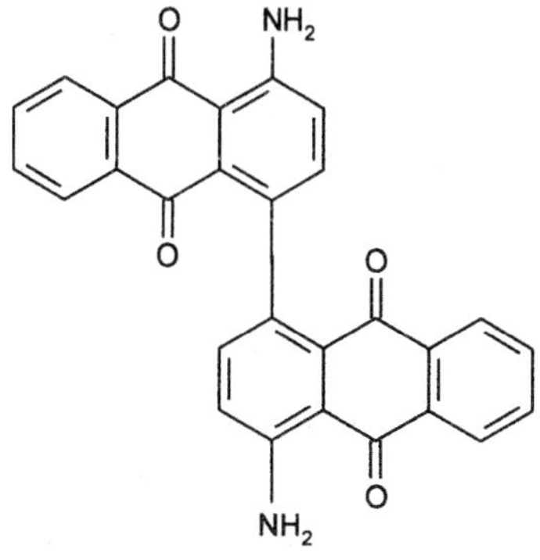

图 11-46　C. I. 颜料红 177 的化学结构

它的合成方法如图 11-47 所示。

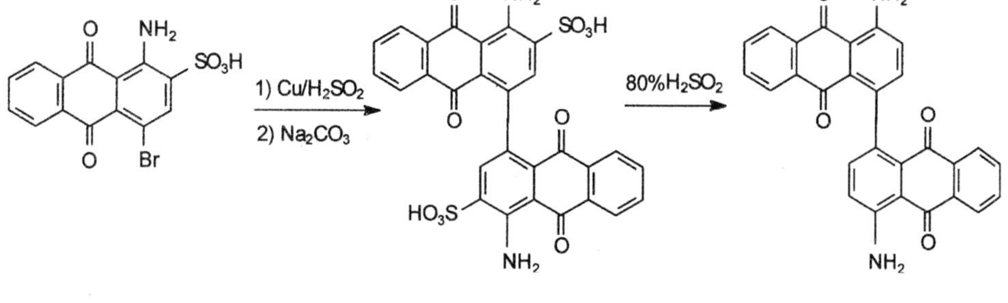

图 11-47　颜料红 177 的合成方法

反应的起始原料是 1-氨基-4-溴-蒽醌-2-磺酸(溴氨酸),在稀硫酸中 75℃时,溴氨酸在细铜粉的作用下发生 Ullmann 反应,生成两分子的聚合体(4,4′-二氨基-1,1′-二蒽醌-3,3′-二磺酸），它再在 80% 硫酸中，于 135～140℃ 发生磺化反应的逆反应，使分子中的两个磺酸基脱去而得到 C.I.颜料红 177。

4.C.I.颜料蓝 60

C.I.颜料蓝 60 的化学结构如图 11-48 所示。

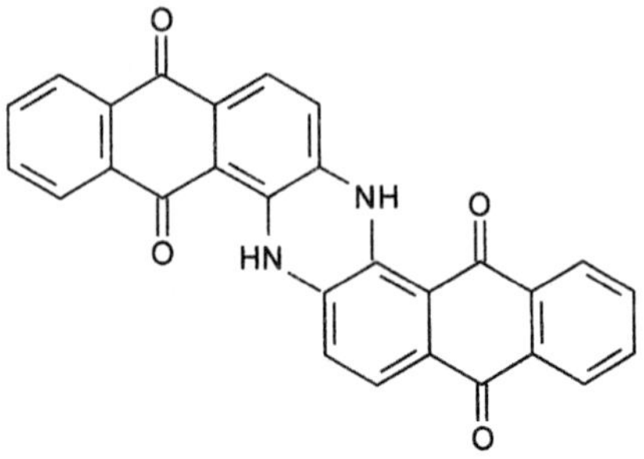

图 11-48　C.I.颜料蓝 60 的化学结构

它的合成方法如图 11-49 所示。

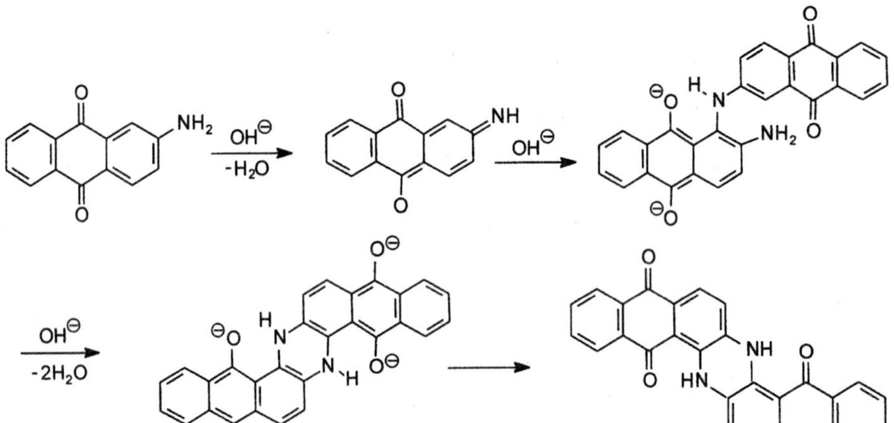

图 11-49　C.I.颜料蓝 60 的合成方法

　　C.I.颜料蓝 60 在作为颜料使用前，一直作为还原染料使用。用它染色的纤维具有"丝烂色不褪"的效果，可见它的色牢度是何等高！

　　上面介绍的还原染料作为一个化合物，国内的企业可以生产，欠缺的是对它们的颜料化加工技术。由于国内的企业不太注重知识产权问题，所以华东理工大学的研究者不敢轻易研发此类颜料。因为毕竟所谓的颜料化加工技术，一旦公开其实也较为简单，很容易被别人模仿。

11.4.7　苝系颜料

　　苝系有机颜料(图 11-50)所具有的化学稳定性是普通颜料不能与之相提并论的，传统的苝系颜料的色谱主要为红～红棕色,所以它们常常又被称为苝红颜料。苝红颜料具有极高的耐有机溶剂性和热稳定性,以及很高的耐晒和耐气候牢度。在塑料中有非常高的耐迁移牢度,在油漆中有非常好的耐再涂性能。现代的苝系颜料还包括黑色品种,称为苝黑颜料。尽管苝黑颜料的色谱与苝红颜料不同,但是它们的各项应用性能却与苝红颜料相同,同时在化学结构上也与苝红颜料相关。

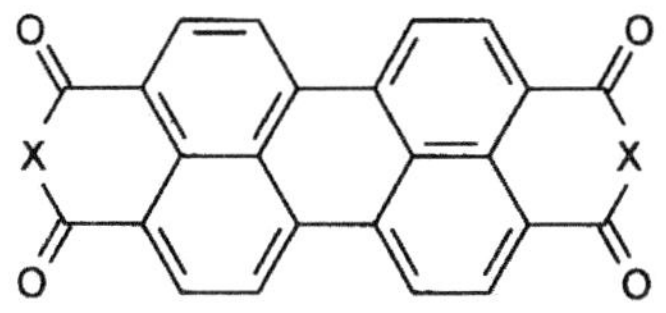

图 11-50　苝系有机颜料

苝系有机颜料的颜色不是由它的分子结构唯一决定的,除化学结构外,颜料晶体结构的差异也是影响颜料颜色的重要因素。苝系有机颜料分子大多为平面型,在晶体中以面对面的方式一层一层的堆积。在分子堆积体中,分子不是以柱状的方式堆积。层与层之间的分子位置是错开的(就好像砌墙一样),分子层之间错开的距离决定了晶体的颜色。如果错开的距离在纵向上达到分子长度的 27%～30%(相当于一个苯环的长度),或是在侧向上错开的距离小于分子宽度的 20%,则这种分子在晶体中的排列方式会使得晶体呈黑色。如果在侧向上错开的距离大于分子宽度的 20%,则这种排列方式使得晶体呈红色。限于目前的科研水平,尚不能根据苝系有机分子的结构预测它们晶体的颜色。

苝系颜料都具有很高的耐晒牢度、耐气候牢度和耐热稳定性能。它们的生产工艺都非常复杂,因此价格非常昂贵,常用于需要较高牢度的场合,如用于汽车金属漆、高档塑料制品以及合成纤维原液的着色。

合成苝系颜料的中间体是 3,4,9,10-苝四甲酸二酐(苝酐),合成方法如图 11-51 所示。

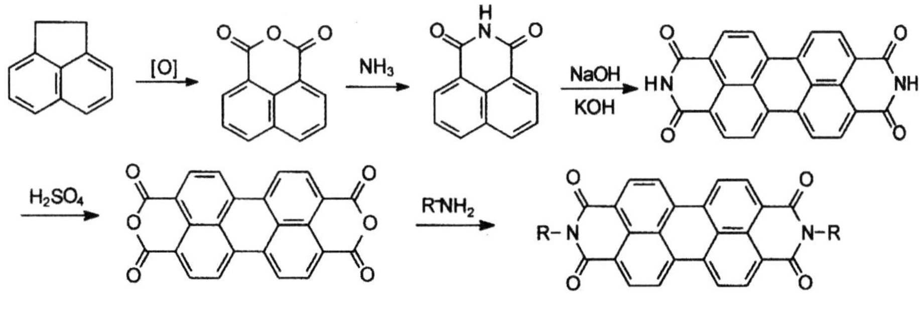

图 11-51　苝系颜料的合成方法

苊(来自煤焦油)经空气氧化(以五氧化二二钒为催化剂)得到 1,8-萘酐,它与氨水反应得到 1,8-萘酰亚胺。1,8-萘酰亚胺釉氢氧化钠、氢氧化钾和醋酸钠组成的混合碱中在高温下(200～260℃)反应得到 3,4,9,10-苝四甲酸二酰亚胺的隐色体,它经空气氧化成为 3,4,9,10-苝四甲酸二酰亚胺粗品,然后它再在浓硫酸中被转化为苝酐,它再与伯胺反应生成苝系颜料。

苝系颜料中最典型的品种是颜料红 179 和颜料红 149,这两个品种是目前苝系颜料中产量和使用量最大的。

颜料红 149 是一种色光艳丽的红色颜料,主要用于塑料的着色。它的熔点大于 450℃,所以热稳定性特别好,非常适合用于聚苯乙烯、耐冲击聚苯乙烯、ABS 以及其他需在高温加工的塑料的着色。颜料红 149 具有很高的着色力,配制 1/3 标准色深度高密度聚乙烯制品(含 1% TiO$_2$)所需的颜料量少于 0.15%。颜料红 149 具有很高的耐晒牢度。在 1/25 标准色深度的透明性塑料制品中以及 1/3 至 1/25 标准色深度的遮盖性制品中,耐晒牢度都达 8 级。1999 年以前,C.I. 颜料红 149 在我国没有生产,制约因素主要在于中间体 3,5-甲基苯胺在我国没有生产。华东理工大学与辽阳联港染料化学公司合作,已成功地制得了 3,5-二甲基苯胺,利用这个 3,5-甲基苯胺又生产出 C.I. 颜料红 149。

颜料红 179 的化学结构按照《染料索引》是 N,N'-二甲基苝四酸二酰亚胺,但是以这个结构为代表的化合物本身呈大红色,而商品化的颜料红 179 却呈紫红色,所以业内认为该品种实际是一个由 N,N'-二甲基苝四酸二酰亚胺与其他化合物组成的混合物。颜料红 179 有极好的耐气候牢度,在油漆中易分散且能耐 180～200℃高温,可耐烘烤漆用高沸点有机溶剂,并有良好的耐再涂性能,储存稳定性能和抗絮凝性也非常好,所以它主要用于汽车的原始面漆和修补漆。生产颜料红 179 的原料简单、易得,但是生产工艺较复杂。1995 年以前,我国曾有多家企业试图生产这一品种,但是都未成功,其中一个原因在于不知道掺入到商品颜料中的另一组分是什么,另一个原因在于颜料化工艺。华东理工大学与辽阳联港染料化学公司进行合作,研究已获得成功,产出了用户满意的颜料红 179。

11.4.8 苯并咪唑酮颜料

苯并咪唑酮颜料得名于分子中所含的 5-酰氨基苯并咪唑酮基团,如图 11-52 所示。

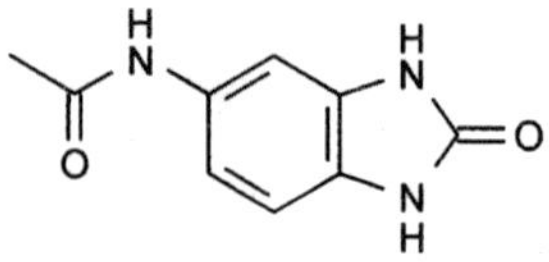

图 11-52　5-酰氨基苯并咪唑酮基团

苯并咪唑酮类有机颜料的生产难度较高,尽管它们在化学分类上属于偶氮颜料,但是它们的应用性能和各项牢度却是其他偶氮颜料不能相提并论的。苯并咪唑酮类颜料的色泽非常坚牢,适用于大多数工业部门。由于价格/性能比的原因,它们主要被应用于高档的场合。

1. 性能与应用

苯并咪唑酮颜料的分子中具有苯并咪唑酮构造,所以具有很高的耐溶剂性、化学惰性和耐迁移性能。苯并咪唑酮颜料品质能满足用户的耐热要求,其中有些甚至是目前已知的最为耐热的有机颜料品种。苯并咪唑酮颜料还具有优越的耐晒牢度,黄、橙系列的品种还具有很高的耐气候牢度。同质多晶性在苯并咪唑酮颜料中也普遍存在象,但目前已上市的商品化颜料仅以一种晶体构型供应。

由于具有各种优越的牢度性能,苯并咪唑酮系列颜料的应用几乎遍布整个颜料的应用领域。它们能满足比较特殊或非常特殊的应用要求,特别是考虑到它们的耐晒牢度、耐气候牢度、热稳定性、化学惰性和耐迁移性。苯并咪唑酮颜料可用于整个油漆行业以制造各种各样的工业漆,来满足工业机械、农用机械及配件的着色要求。

许多苯并咪唑酮颜料能满足轿车漆的应用标准,有些甚至能满足最高的使用标准,可用以制造轿车原始面漆、修补漆和金属漆。具有高透明性的品种能提供金属性的效果。具有高遮盖性的品种经性能优化可用作诸如铬黄、钼铬红等无机颜料的替代产品。优越的流动性能使其能提高油漆中的颜料浓度而不影响油漆的光泽,油漆的遮盖力因而可得以提高。这种高遮盖性品种常与无机颜料拼混使用,如铬黄、镍钛黄、氧化铁黄颜料,这些混合品种也具有优异的耐晒牢度和耐气候牢度,但有些这样的品种,它们的耐气候牢度会随着白色颜料浓度的提高而迅速降低。

用于烘烤漆中的颜料需要满足一项重要的技术指标,即耐再涂性,对苯并咪唑酮颜料而言,它们在很多应用介质中都具有这种性能。大多数苯并咪唑酮颜料适宜用于以聚酯、丙烯酸或聚氨酯为基料的粉末涂料,因为这类颜料具有很高的热稳定性能可满足加工和应用的需求并且在这些介质中不会变色。大多数该类颜料品种甚至能满足卷钢涂料的高耐热标准。当然,它们同样适合用于建筑用漆和乳胶漆。

苯并咪唑酮颜料,特别是红色系列,最初主要被用于塑料的着色。用于聚氯乙烯时,大多数苯并咪唑酮颜料在 220℃ 以下是稳定的。具有特别高的耐晒牢度,其中一些颜料在耐冲击聚氯乙烯中和硬质聚氯乙烯中有很高的耐气候牢度,甚至有长期的耐气候性。大多数苯并咪唑酮颜料可用于以聚氯乙烯为基材的合成皮革涂层胶。

黄、橙色苯并咪唑酮颜料的结构通式如图 11-53 所示。

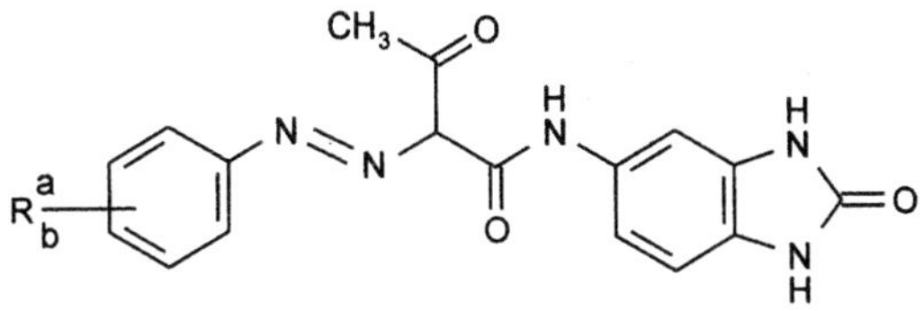

图 11-53　黄、橙色苯并咪唑酮颜料的结构通式

典型的品种是 C.I. 颜料黄 151、C.I. 颜料黄 154 和 C.I. 颜料黄 180。

红、棕色苯并咪唑酮颜料的典型品种是 C.I. 颜料红 176、C.I. 颜料红 185 和 C.I. 颜料 208。

2. 合成

2000 年以前,这类颜料在国内尚未有生产,一个关键因素中间体是 5-氨基苯并咪唑酮在我国不能经济而有效地生产,那时国内的研究者采用下面的合成路线,如图 11-54 所示。

这种合成方法具有原料易得,工艺简单,易操作的优点,缺点是苯并咪唑酮在硝化时容易生成二硝基物且后者不易除去。当一硝基苯并咪唑酮被还原时,二硝基苯并咪唑酮也同时被还原二氨基苯并咪唑酮,它极易被氧化成黑色的副产物,从而影响最终产品的质量。

为了避免二氨基物对最终产品质量的影响,华东理工大学与山东胶州精细化工有限公司

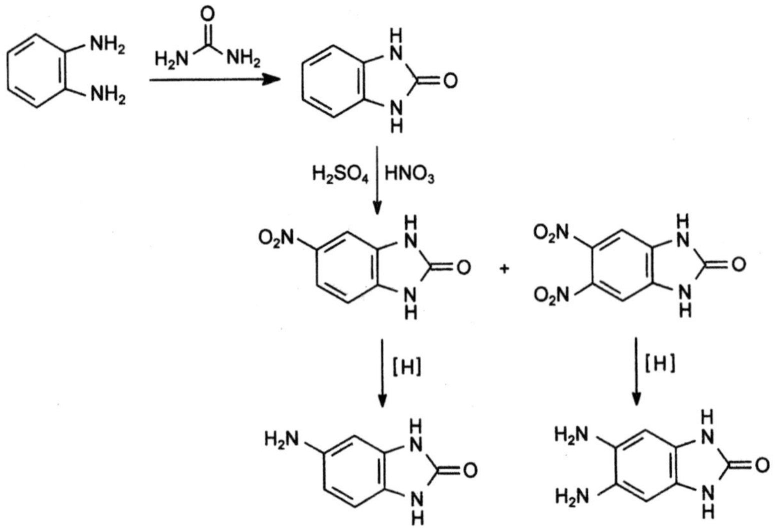

图 11-54 国内研究者采用的合成路线

合作采用下面的合成路线,如图 11-55 所示。

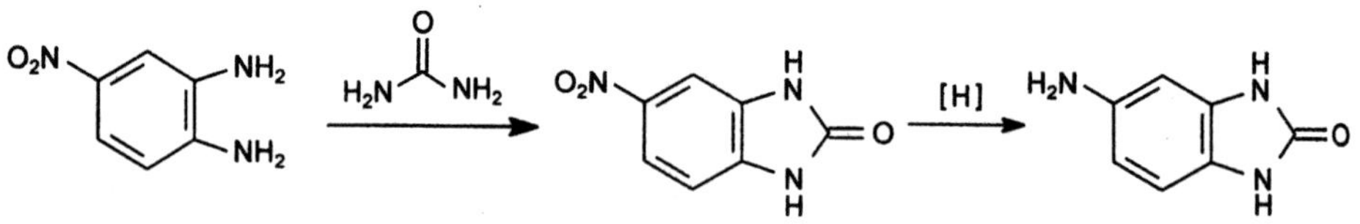

图 11-55 华东理工大学与山东胶州精细化工有限公司合作采用的合成路线

以 2-氨基-4-硝基-苯胺作为起始原料,用光气或熔融的尿素与其反应生成 5-硝基苯并咪唑酮,还原后即得 5-氨基苯并咪唑酮。

自 2000 年以后,华东理工大学与山东胶州精细化工有限公司合作研制成功该类颜料,国内的企业在他们的带领下,纷纷投产这类颜料,如今国内已经能够生产前述重要品种。

11.4.9 无色荧光颜料

无色荧光颜料是一类本身无色或浅色,在紫外光的照射下会发出强烈而又可见荧光的有机或无机物,限于篇幅,本章的内容仅涉及到有机的无色荧光颜料。

1.无色荧光颜料与荧光增白剂的不同

根据上面的定义,似乎无色荧光颜料与荧光增白剂一样,因为荧光增白剂也是一类本身无色或浅色,在紫外光的照射下会发出强烈而又可见荧光的有机物质。但是,事实上,这两者有很大的差别。归纳起来,差别有以下几点。

(1)溶解度不同

荧光增白剂在水或有机溶剂中,有一定的、可观察到的溶解度;而大多数无色荧光颜料在水或有机溶剂中的溶解度很小。

（2）产生荧光的状态（或机理）不同

大多数荧光增白剂在溶解于水或有机溶剂后，处于分子状态时才会在紫外光的照射下发出强烈的可见荧光。当它们处于固体（或晶体）状态时，在紫外光的照射下不一定会发出强烈的可见荧光。而所有的无色荧光颜料当它们处于固体（或晶体）状态时，在紫外光的照射下，均会发出强烈的可见荧光。相反，大多数无色荧光颜料溶解于水或有机溶剂后，在紫外光的照射下不会发出强烈的可见荧光。简言之，荧光增白剂发出的荧光属于分子荧光，而无色荧光颜料发出的荧光属于晶体荧光。产生分子荧光的机理在物理学上已经非常明了，但是产生晶体荧光的机理在物理学上尚未十分明了。

（3）发出荧光的能力不同

荧光增白剂在紫外波段吸收的最大波长在 370 ± 20 nm，发出的最大荧光波长在 $440+20$ nm，换句话说，发出的荧光以蓝色调为主，各个品种间的荧光差异在于这种蓝色调是偏红还是偏绿，即是红光蓝色还是绿光蓝色。物理学上，将这种最大荧光波长与最大吸收波长间的差值称为斯道克思位移（Stoke's Shift）。由此，荧光增白剂的 Stoke's 位移约为 70 nm。

有机的无色荧光颜料在紫外波段吸收的最大波长在 350 ± 20 nm，发出的最大荧光波长在 $460\sim610$ nm 之间，视品种的不同而不同，也就是说，无色荧光颜料发出的荧光除了蓝色调以外，还可发出绿色调、黄色调和红色调。后三种色调是组成可见光的基色，理论上，用这三种基色拼混可得到各种色调的颜色。由此可见，无色荧光颜料的 Stoke's 位移最大值约为 260 nm。

2. 无色荧光颜料的品种、结构和性能

无色荧光颜料是一种新的颜料品种，它的大规模生产和应用的历史不长。在我国，1990年版百元钞票的印制也许对使用无色荧光颜料而言是开了一个先河。由于无色荧光颜料本身的制造成本很高，再加上它的应用对象非常特殊，因此国内外的生产厂家从未正式公布无色荧光颜料的化学结构。为此，《染料索引》就无法对其登录。迄今为止，无色荧光颜料的生产和销售没有一个规范的名称和统一的质量标准。一般按发出的荧光波长对无色荧光颜料分类，即可发红色荧光的，称为无色红荧光颜料；可发绿色荧光的，称为无色绿荧光颜料，等等。

无色红荧光颜料在化学上是一种稀土金属元素铕与有机配位体的络合物。无色黄荧光颜料和无色绿荧光颜料则既可以是稀土金属元素铽与有机配位体的络合物也可以是纯粹的有机化合物。这种有机化合物主要是一些杂环类化合物，例如，噁嗪和噁唑类衍生物。

稀土类的络合物受紫外光激发后发出的荧光很强，配制全色的油墨制品仅需 5%～7% 的颜料，但是它们在油墨或涂料中的耐晒牢度和耐气候牢度不好，仅相当 1 级。这些稀土类的络合物也不耐制品中的有机溶剂，即使在暗处存放也会失去光学活性。此外，它们的热稳定性也不够高，只能耐受低于 180℃ 的温度。纯粹的有机化合物受紫外光激发后发出的荧光不如稀土类络合物那么强，配制具有与稀土类络合物同样荧光强度的油墨制品需 10%～15% 的颜料，但是它们在油墨或涂料中的耐晒牢度和耐气候牢度却比稀土类络合物要高，相当 3～4 级。这些有机化合物也较耐制品中的有机溶剂，在暗处存放不会失去光学活性。有机化合物的热稳定性也不够高，只能耐受低于 150℃ 的温度。

3.应用

无色荧光颜料是一类具有特殊性能的高技术材料，它在日光下无色，而在紫外光的照射下会发出耀眼荧光的材料，在日常生活中被广泛用作醒目标志。无色荧光颜料属高技术产品，不仅研究开发的难度很大而且生产难度也很大，因此在市场上无色荧光颜料的价格相当高昂。受价格的限制，无色荧光颜料的应用范围目前尚局限在少数特殊的领域，如：用于有价证券、票据、名牌产品的商标等印刷的荧光防伪油墨、重要场合的标志涂料、要害部门证章盖印用的防伪印泥、制作夜间醒目涂料。

4.生产

因为无色荧光颜料的价格比普通的颜料高得多，所以它的使用量不大，一般在大学的实验室中组织生产就可满足用户对数量的需求。因此，国内生产无色荧光颜料的原始厂家都在一些著名的大学中，它们中较为典型的学校是华东理工大学。在生产无色荧光颜料方面，该校已获得国家专利且与上海慧峰科贸有限公司合作，生产出一系列的无色荧光颜料，产品采用超细粉碎，所以非常容易在油墨或涂料中分散。为了突破此类颜料产品名称不规范且质量无统一标准的局面，他们已制订出相关的企业质量标准。此标准已被上海市质量监督局授权为无色荧光颜料行业的指导标准。

11.4.10 喹酞酮类颜料

喹酞酮本身是一类较古老的化合物，但是作为颜料使用的历史不长，该类颜料具有非常好的耐晒牢度、耐气候牢度、耐热性能、耐溶剂性能和耐迁移性能，生产工艺不是很复杂，色光主要为黄色，颜色非常鲜艳，主要用于调制汽车漆及塑料制品的着色，典型的品种有 C.I. 颜料黄138，化学结构如图 11-56 所示。

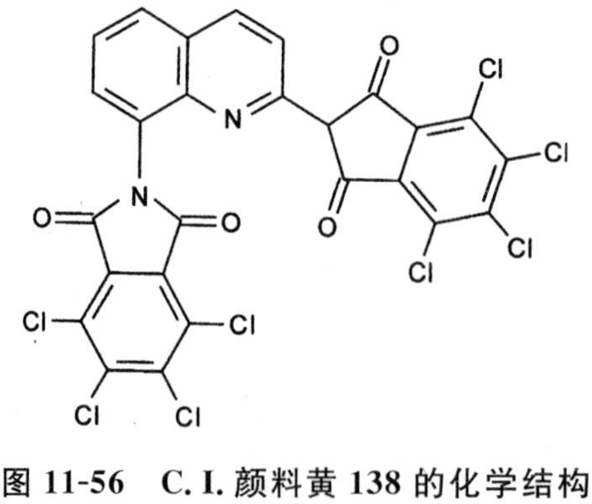

图 11-56　C.I.颜料黄 138 的化学结构

1.C.I.颜料黄 138 概述

颜料黄 138 具有非常好的耐晒牢度、耐气候牢度、耐热性能、耐溶剂性能和耐迁移性能，色光为绿光黄，颜色非常鲜艳，主要用于调制汽车漆及塑料制品的着色。

　　市售的颜料黄 138 大多为颗粒较粗大的品种,比表面积较小($25\ m^2/g$),具有较高的遮盖力,适合用于需要高遮盖力的场合。因为它的颗粒较粗大,所以在漆制品中的流动性能较好,用它调制油漆可以得到颜料含量既高流动性能又好的制品。颜料黄 138 耐常见的各类有机溶剂(如:醇、酯、酮、脂肪烃和芳香烃),用它调制烘烤瓷漆具有很好的耐再涂性能,可耐热 200℃。

　　颜料黄 138 以全色或深色使用时,具有很高的耐气候牢度,即使长期露置在户外,色彩的艳丽性仍很好,但是一经 TiO_2 冲淡,它的耐气候牢度就急剧下降。颜料黄 138 对某些油漆用的黏合剂敏感。

　　颜料黄 138 用于调制汽车原始面漆和修补漆时既耐酸也耐碱,但是用其调制外墙涂料时,在某些介质中对碱敏感。

　　颜料黄 138 也有一些比表面积较大的品种,它们的透明性较好,着色力也较高,但是耐晒牢度和耐气候牢度不如比表面积较小的品种,在油漆中的流动性能也稍逊一等。

　　颜料黄 138 用于塑料着色时,在各种塑料中的着色强度都较高。调制 1/3 标准色深度的高密度聚乙烯制品(含 $1\%TiO_2$)约需 0.2% 颜料,此制品像全色制品一样耐热 290℃,1/25 标准色深度的制品可耐热 250℃。颜料黄 138 在部分结晶性的聚合物中有成核性,故会影响此类塑料的注塑制品的扭曲性。不过此效应会随塑料加工温度的升高而降低。颜料黄 138 在高密度聚乙烯中,全色制品的耐晒牢度达 7～8 级,1/25 标准色深度制品的耐晒牢度为 6～7 级。

2.C. I. 颜料黄 138 的合成

C. I. 颜料黄 138 的合成方法如图 11-57 所示。

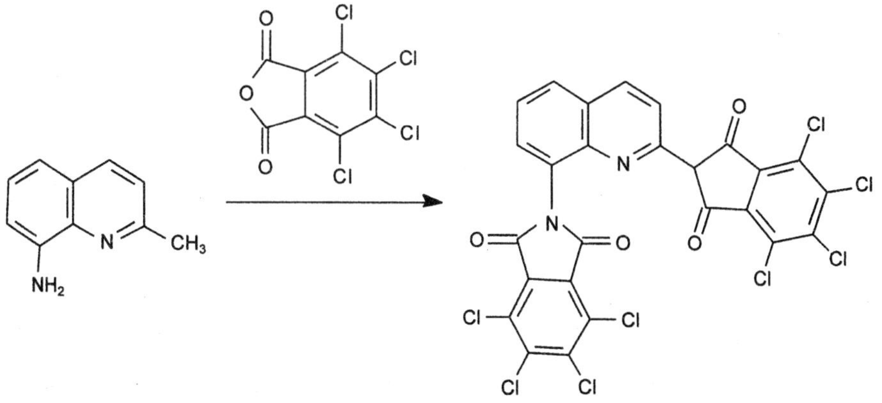

图 11-57　C. I. 颜料黄 138 的合成方法

　　1 mol 2-甲基-8-氨基-喹啉与 2 mol 量的四氯苯酐反应就生成了分子中有八个氯原子的喹酞酮衍生物。进行上述合成的困难在于 2-甲基-8-氨基-喹啉的易得性,因为四氯苯酐在国内已是一个易得的化学品。虽然 2-甲基-喹啉是一个天然产物,存在于煤焦油中,可以通过一系列的提取过程得到这个化合物,但是 2-甲基-8-氨基-喹啉不是由它硝化、还原制得的,因为在目前的条件下,直接对 2-甲基-喹啉进行硝化反应得到的硝化产物是一个混合物,里面有多个异构体,相互间不易分离,所以华东理工大学正在设法通过其他途径合成 2-甲基 8-氨基-喹啉。

11.5　酞菁类功能材料

酞菁是一类拥有高度离域的二维 18 π 电子共轭结构的有机物,不仅其分子结构易于调变,还具有优良的热和化学稳定性且易于处理加工,可以在很宽的范围内剪裁它们的物理、光电和化学参数,因此能够应用于非线性光学、光电导性、电致变色和电致发光显示器、光电池、低维导体、化学传感器、光数据存储、CD、DVD、LB膜、液晶和光动力癌症治疗等许多高技术领域。

最早合成酞菁是在 1907 年,Brau 和 Tcherniac 在高温下加热邻氰基苯甲酰胺时作为副产物被偶然发现。在 1933 年,Linstead 最先使用 phthalocyanine 一词描述该类有机物。目前酞菁通常是以苯甲酸或其衍生物为原料合成的,如邻苯二甲酸酐、邻苯二甲酰亚胺、邻苯二酰胺、邻氰基苯甲酰胺或邻苯二腈等。如果有些情况下大环的形成受到抑制,可用高反应活性的异吲哚啉二亚胺来改善。DBU(1,8-diazabicyclo-[5.4.0]-undec-7-ene)是一种能使邻苯二腈在溶液中发生环化四聚合反应的很有效的试剂,可生成含取代基的无金属酞菁和金属酞菁(当 InCla、CuAc$_2$、TiCl$_4$ 或其他金属盐存在时可得到相应的金属酞菁)。对称二取代单体的反应会形成八取代酞菁;不对称取代单体,环化四聚合反应后会生成结构异构体的混合物,如图 11-58 所示。与八取代酞菁相比,四取代酞菁拥有更高的溶解性,主要原因是其在固相中有较低的有序度,这样可与溶剂分子产生强的相互作用而容易分散。另外,在酞菁大环上侧向取代基的不对称分布会引起高的偶极矩。近些年,由酞菁与高分子的结合或酞菁聚合高分子制备出的新型材料展现出特殊的性质,引起了国内外广泛的研究兴趣。

基于酞菁(Pcs)的材料常常具有很强的非线性光学响应,这点与 C$_{60}$ 和它的有机/高分子衍生物相类似。酞菁在相当宽泛的 UV/Vis 光谱范围内通过激发态吸收过程限制纳秒激光脉冲的强度,作为一种很有研究和应用前景的 NLO 材料,酞菁已备受青睐,因为它具备良好的稳定性和可加工性,对其分子结构的灵活裁剪可以对非线性响应进行调制。酞菁化合物在由 Q 带和 B 带组成的光学区域内的非线性吸收机理涉及到激发态的布居,与基态相比,激发态吸收更能有效地吸收激光,这就是通常所说的由多光子吸收而导致的反饱和吸收(RSA)现象。大量研究表明,酞菁化合物所展现出来的 RSA 现象是由于激光辐照时发生了从能量最低的激发单重态(S$_1$)到能量最低的三重态(T$_1$)之间的系间串跃,从而导致在纳秒级的时间范围内 T$_1$ 布居数的迅速增加。

由于酞菁结构的可裁剪性能,人们可以用多种多样的化学或物理方法修饰酞菁的结构,达到精确调节或改变适应于不同目标应用的非线性光学响应速度和大小。大约 70 多种不同元素可以作为酞菁的中心原子,其中许多作为中心原子的金属元素都具有一到两个可以配位各种轴向配体的位置。在酞菁环上和中心原子处引入的不同的侧基和轴向取代基团的位置和数目对材料的电子吸收光谱和非线性光学性能有很大影响。其他影响光学非线性的因素分别是 π-电子共轭长度、化合物晶体结构和使用的薄膜制造技术(如果可制膜的话)。

关于酞菁的三阶 NLO 特性的最初报道来源于 1987 年一篇关于侧基未取代的氯镓酞菁(PcGaCl)和氟铝酞菁(PcAlF)的文章。在波长位于 1.064 pm 处测得的 PcGaCl 的 $\chi^{(3)}$ 值(三阶非线性光学系数)是 PcAlF 的一半。伴随着这一结果的报道,科学家通过 THG(三次谐振

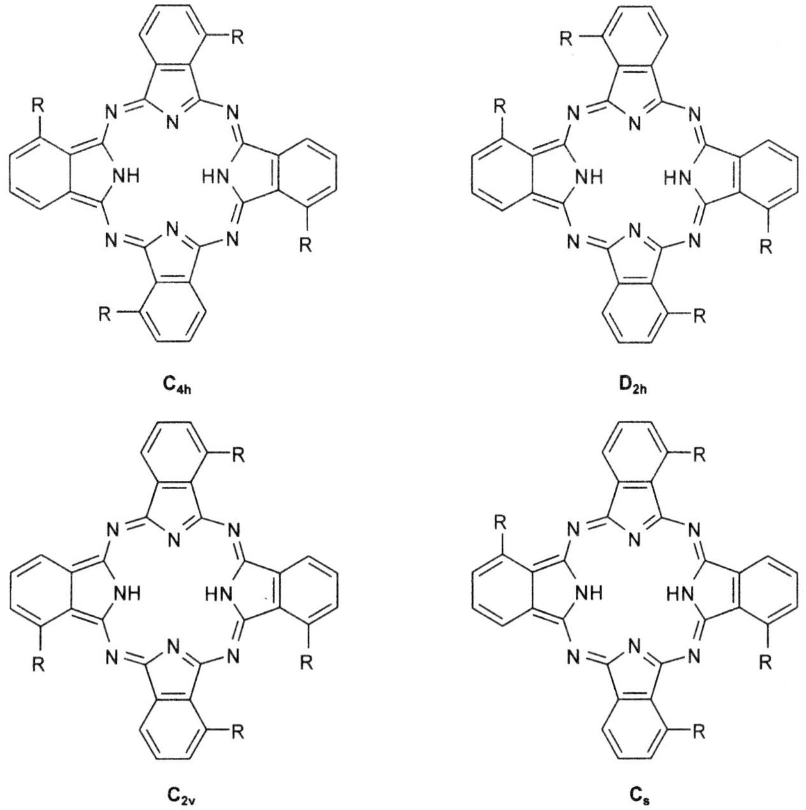

图 11-58 1,(4)-四取代酞菁的四种结构异构体

发生)技术测量了诸如 PcAlCl、PcInCl 和 PcTiO 等多种酞菁化合物的 $\chi^{(3)}$ 值。与没有轴向配体的酞菁化合物的 $\chi^{(3)}$ 值相比,带有轴向配体的酞菁(如 PcVO,PcTiO,PcAlF,PcGaCl 和 PcInCl 等)在 THG 测试中都呈现出很高的 $\chi^{(3)}$ 值。在轴向取代的酞菁化合物中,由于存在中心金属-轴向配体偶极矩,使得 π 电子分布发生改变,从而诱导分子的电子结构发生相应变化。在 $PcCu-C_{60}$ 和其他一些化合物中,电荷转移增强了它们的三级光学非线性。以酞菁和蒽醌单体为基础的超分子在受到光激发后,两个发色基团间的电荷发生转移,从而导致分子的超极化率增强。

随着对酞菁 NLO 特性研究的进一步深入,基于这类化合物的光限幅(OL)材料被开发出来,成为最具发展前景的材料之一。光限幅是一种非线性光学现象,即当一束强激光通过光限幅材料时,这些材料能有效地将激光强度降低到光学仪器及人眼能接受的水平。激光技术的迅速发展已使人们制造出一系列新的性能更为优异的能满足各种不同波长应用需要的激光系统或器件。激光在日常生活中的应用几乎无处不在,CD 播放器、价格和物品清单扫描器、演讲用激光指示器、激光电影等都离不开激光技术的支撑。从 20 世纪 70 年代开始激光用作军事目的,大量的实验证明激光武器是一种非常有价值的武器,其对敌方目标的打击能力是常规武器的几个数量级。目前的高功率变频激光器的出现使得现有的固定波长激光保护器无能为力。因此激光防护器走向实用的关键就是如何研发能满足军民两用需要的广谱激光保护器但又不影响观测图像传输的新型材料和器件。虽然国际上开发了各种各样的光学保护方法，但相对而言，基于非线性光学原理的激光防护器（又称为光限幅器）具有广谱抗变波长激光的能力，响应时间快、保护器激活后不影响仪器的探测或图像处理与传输能力，是一类具有实际应用价值的激光防护器。所以，近年来在 OL 领域的研究者们投入了相当的精力去研发能够防止激光所引起的日益严重的社会和国防安全问题的材料及其器件。因而，最好建立一套独立的尺度或者衡量标准，来"衡量"、"定量化"或"比较"在文献中出现或报道的各种各样的 OL 参数大小，使其具有可比性。一些作者建议使用"透过率下降到其线性通过率值的一半时所对应的光通量"，即所谓的"域值通量"来规范 OL 参数。Justus 等报道的 C_{60} 的域值通量值为 $0.33 \ J \cdot cm^{-2}$；$[C_{12}H_{25}O]_8 PcPb$ 的域值通量为 $27 \ mJ \cdot cm^{-2}$；Sun 等报道说在 532 nm 处悬浮于水中的多层炭纳米管和溶解于甲苯中的 C_{60} 的域值通量值分别为 $1 \ J \cdot cm^{-2}$ 和 $1.1 \ J \cdot cm^{-2}$，这些样品在 532 nm 处的线性透过率均为 50%。Vivien 等在讨论单壁碳纳米管悬浮液中光限幅波长依赖性问题时，采用了与前者同样的研究方法。在 532 nm 处测试得到的单壁碳纳米管分别悬浮在水中和氯仿中的域值通量值为 $150 \ mJ \cdot cm^{-2}$ 和 $40 \ mJ \cdot cm^{-2}$。另一方面，饱和域值通量（投射光达到饱和值时所对应的光通量）也可以用来为定量化光限幅响应。Tutt 和 Kost 在线性透光率为 80% 的 C_{60} 溶液中所测得的饱和域值通量为 $1 \ J \cdot cm^{-2}$。用同样的方法测得的 $tBu_4PclnCl$ 的饱和域值通量为 $0.47 \ J \cdot cm^{-2}$。McLean 等则引入了另一个在纳秒激光辐照时优化光限幅的光通量参数 F_c，这个参数可定义为：$F_c = \dfrac{h\upsilon}{\sigma_{ex} - \sigma_0}$，其中 h 是光子能量，σ_{ex} 和 σ_0 分别是激发三重态和基态吸收交叉截面。用该方法所测得的具有 55% 线性透光率的 C_{60} 溶液的光通量值为 $60 \ mJ \cdot cm^{-2}$。值得注意的是在报道材料在溶液或在悬浮液中的光限幅行为时，如果使用材料的某种线性透过率值来代替材料的质量浓度或摩尔浓度时会增加更多的不明确性，尤其是当从宏观响应角度来预测一个分子性质的时候。尽管不同作者频繁使用各种各样的光通量参数来界定材料的光限幅行为，但有一点是肯定的，激发态吸收交叉截面与基态吸收交叉截面的比值，$\dfrac{\sigma_{ex}}{\sigma_0}$，作为衡量光限幅性能的一个很好指标已被大家广泛接受。不过，

美国海军实验室的 Shirk 教授争论说，$\dfrac{\sigma_{ex}}{\sigma_0}$ 的比值并不能很好地表征材料的非线性吸收强度，他认为吸收交叉截面的差值（$\sigma_{ex} - \sigma_0$）才是衡量光限幅作用的一个更加实用的指标。在酞菁类化合物中，在 532 nm 激光辐照下所得到的最大的 $\dfrac{\sigma_{ex}}{\sigma_0}$ 值是 33（$tBu_4PcInCl$）。Perry 等对于同样的化合物得出了 30 ± 6 的结果。在 532 nm 波长处，Zn 作为卟啉结构中心原子的四苯卟啉的 $\dfrac{\sigma_{ex}}{\sigma_0}$ 比值接近 30，这个结果是由 Wood 等报道的。对于怎样定量确定非线性活性材料的光限幅能力的大小还是存在明显地争论，一部分原因是因为不同的分散机理影响了对光限幅作用的理解，一部分则是由于不同人测试光限幅响应时使用的测试技术存在差异，另一部分则是不同作者在观点上有所不同。

参考文献

[1]陈建华,马春玉.无机化学.北京:科学教育出版社,2009

[2]史主权.无机化学.武汉:武汉大学出版社,2011

[3]吴伟文.无机化学.北京:国防工业出版社,2011

[4]北京师范大学无机化学教研室.无机化学.北京:高等教育出版社,2002

[5]陈亚光.无机化学.北京:北京师范大学出版社,2011

[6]章伟光.无机化学.北京:科学出版社,2011

[7]张祖德.无机化学.合肥:中国科技大学出版社,2008

[8]龚孟濂.无机化学.北京:科学出版社,2010

[9]天津大学无机化学教研室.无机化学.北京:高等教育出版社,2010

[10]李淑丽.基础应用化学.北京:北京石化出版社,2009

[11]黄志刚.基础应用化学.北京:航空工业出版社,2010

[12]马金才,包志华,葛亮.应用化学基础.北京:化学工业出版社,2007

[13]王美芹.化学应用基础.济南:山东大学出版社,2009

[14]王佼.应用化学基础.北京:科学出版社,2012

[15]宿辉.材料化学.北京:北京大学出版社,2012

[16]卢江,梁晖.高分子化学.北京:化学工业出版社,2010

[17]戴金辉.无机非金属材料概论.哈尔滨:哈尔滨工业大学出版社,2004

[18]唐黎明,庹新林.高分子化学.北京:清华大学出版社,2009

[19]乔英杰.材料合成与制备.北京:国防工业出版社,2012

[20]赵志凤,毕健聪,宿辉.材料化学.哈尔滨:哈尔滨工业大学出版社,2012

[21]戴起勋.金属材料学.北京:北京工业出版社,2011

[22]左汝林.金属材料学.重庆:重庆大学出版社,2008

[23]袁亚莉,周德凤.无机化学.武汉:华中科技大学出版社,2007

[24]李建成,曹大森.基础应用化学.北京:机械工业出版社,2000